D1705829

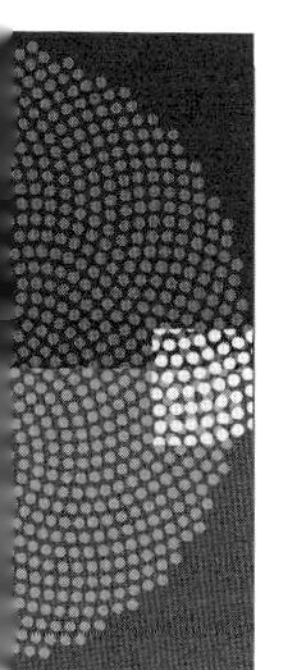

Le Dictionnaire Penguin des curiosités géométriques

CHEZ LE MÊME ÉDITEUR

Du même auteur

Le Dictionnaire Penguin des nombres curieux
n°3636

Tout est nombre, enseigna Pythagore il y a 25 siècles.
Combien de grains de sable faudrait-il pour remplir tout l'univers ?
Quel est le lien entre le tournesol et le nombre d'Or ?
En quoi le 18 est-il plus qu'un simple appel d'urgence ?

Les réponses à ces questions, et à de nombreuses autres, se trouvent toutes dans cet ouvrage fascinant. De moins un et sa racine carrée, en passant par les nombres cycliques, tordus, amiables, parfaits, intouchables et chanceux. Le problème du bétail, le triangle de Pascal, et l'algorithme de Syracuse, la musique, la magie et les cartes, les polyèdres et les palindromes, jusqu'à des nombres dont la taille défie toute imagination, des anciens grecs aux super-ordinateurs : tout ce que vous avez toujours voulu découvrir sur les nombres sans jamais savoir où chercher. Et pour les cas , o combien embarrassants !, où l'on se souvient du nom, mais pas du nombre ! Un index détaillé est prévu pour vous aider.

Le Dictionnaire Penguin des curiosités géométriques

David WELLS

Traduit de l'anglais par Marc Genevrier

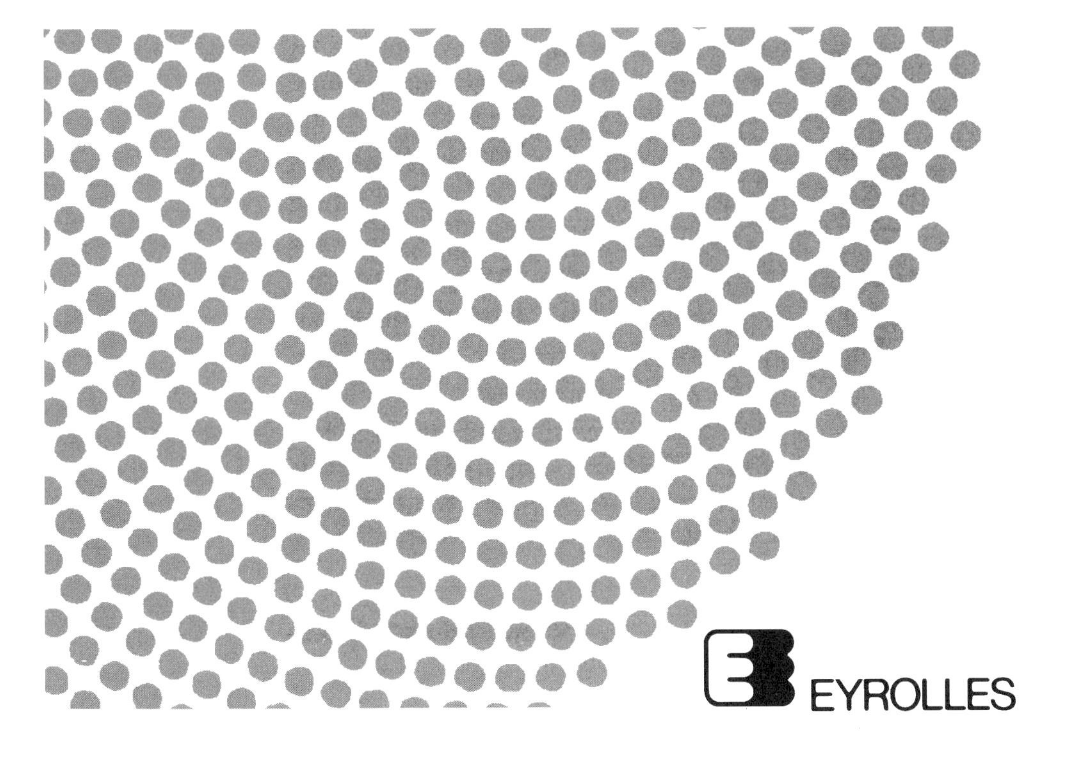

EYROLLES

ÉDITIONS EYROLLES
61, Bld Saint-Germain
75240 Paris Cedex 05

Sommaire

Introduction

Cercles, rectangles, triangles et spirales sont apparus dès l'art préhistorique et dans les œuvres et décorations des hommes primitifs. Mais ils existaient déjà dans la nature bien avant que les hommes entrent en scène, dans d'innombrables cristaux aux formes géométriques à la fois si parfaites et si mystérieuses qu'elles firent croire, jusqu'à encore récemment, que leur croissance dans le sol obéissait à quelque principe vital.
L'architecture égyptienne employait de nombreuses formes géométriques, et un ancien style d'art Grec est même qualifié de géométrique à cause de ses motifs. Dès que les Grecs commencèrent à s'intéresser pour elles-mêmes aux figures géométriques, c'est toute une profusion de propriétés qui apparut soudain. Le triangle de Pythagore, pourtant, est bien plus ancien que Pythagore lui-même et pourrait en fait remonter à l'âge de pierre.
Le jour où Ménechme découpa un cône, il mit au jour des figures qui se révélèrent fournir deux mille ans plus tard une clé au mouvement des planètes. Et en calculant des volumes par addition de nombreuses tranches parallèles, Archimède anticipait déjà sur le calcul intégral.
Dans l'histoire des mathématiques, de nombreux progrès décisifs furent réalisés grâce à des avancées, bien souvent d'ailleurs tout à fait ordinaires et familières, dans le domaine de la géométrie. L'ironie de l'histoire veut ainsi que les topologistes aient été les premiers à jeter un œil de mathématicien sur le nœud simple, qui est pourtant aussi vieux que l'histoire elle-même.
Plus récemment, l'étude des fractales et du chaos a donné lieu à des images d'une beauté inattendue, profonde et mystérieuse, tout en témoignant une nouvelle fois de la continuité des modes de pensée géométriques en sciences physiques.

Ce livre se veut un compagnon du *Dictionnaire Penguin des nombres curieux*, avec une différence, cependant. La diversité des figures géométriques est si grande qu'aucun livre ne peut en contenir plus de quelques-unes. Des ouvrages entiers ont été consacrés aux seuls pavages ou aux curiosités topologiques, ou encore aux propriétés géométriques extrémales,

sans parler de la montagne d'ouvrages de géométrie classique. Dans cette immense corne d'abondance, ce qui suit constitue donc ma sélection personnelle.
La plupart des entrées sont repérées par le nom de leur découvreur (ou par le nom que la tradition leur a attribué – qui ne correspond pas toujours à la même personne!). Tous les noms mentionnés sont répertoriés dans l'*Index*.
J'ose cependant espérer que le lecteur, armé d'un papier et d'un stylo, sera au moins aussi courageux pour se lancer lui-même dans les recherches qui l'intéressent que pour consulter d'autres ouvrages spécialisés. La géométrie, comme la théorie des nombres, et comme d'ailleurs toutes les mathématiques, ne doit pas rester une discipline de spectateur!

Je souhaite remercier vivement les nombreux détenteurs de copyright qui m'ont autorisé à reproduire ici des schémas issus de leurs ouvrages ou revues. Leur liste est donnée ci-dessous.
Un grand merci également à David Singmaster pour les heures passées dans sa formidable bibliothèque, à Peter Mayer pour ses précieuses suggestions, à John O'Driscoll pour les figures dessinées à la main, et à Ravi Mirchandani de *Penguin Books* pour son enthousiasme et sa patiente collaboration à ce dictionnaire.
Enfin, toute ma reconnaissance va à John Sharp pour la réalisation des illustrations par ordinateur, lui qui, bien souvent, a amélioré sensiblement leur présentation habituelle, et en a produit quelques-unes qui n'avaient jamais été montrées.

REMERCIEMENTS

L'auteur et l'éditeur remercient les personnes suivantes pour leur autorisation à reproduire des illustrations : R. DIXON, *Mathographics*, pp. 165-166, Basil Blackwell, Oxford, 1987, pour la spirale de Fermat et la rubrique inversion ; P. DO CARMO, *Differential Geometry of Curves and Surfaces*, pp. 223-224, Prentice Hall, Engelwood Cliffs, New Jersey, 1976, pour les hélicoïdes ; MARTIN GARDNER, *The Sixth Book of Mathematical Games from Scientific American*, W.H. Freeman, San Francisco, 1971, pour la trajectoire d'une boule de billard dans un cube ; D. HILBERT et S. COHN-VOSSEN, *Geometry and the Imagination*, p. 23, Chelsea Publishing Company, New York, 1952, pour les surfaces orthogonales ; DAVID WELLS, *Hidden Connections, Double Meanings*, p. 31, Cambridge University Press, 1988, pour la construction des polyèdres de Haüy ; *The Mathematical Association of America, Mathematics Magazine*, vol. 52(1), janvier 1979, p. 13, pour l'illustration chinoise du théorème de Pythagore.

Liste chronologique de mathématiciens célèbres

Cette liste contient tous les mathématiciens importants mentionnés dans ce dictionnaire, sauf ceux encore en vie, ainsi que plusieurs scientifiques et autres personnalités comme Léonard de Vinci et Galilée. Il est surprenant de voir combien de mathématiciens célèbres sont souvent connus des non-mathématiciens en tant que physiciens, ingénieurs ou autres !

Thalès de Milet	v. ~ 625 – v. ~ 547	Grec
Pythagore	v. ~ 580 – v. ~ 480	Grec
Hippocrate de Chios	v. ~ 440	Grec
Platon	v. ~ 427 – v. ~ 347	Grec
Aristote	~ 384 – ~ 322	Grec
Euclide	v. ~ 295	Grec
Philo	v. ~ 250	Grec
Nicomède	v. ~ 240	Grec
Persée	v. ~ IIIe s.	Grec
Archimède	v. ~ 287 – ~ 212	Grec
Dioclès	v. ~ 180	Grec
Appolonius de Perge	v. ~ 225 – v. ~ 175	Grec
Héron d'Alexandrie	v. 62	Grec
Ménélaus d'Alexandrie	v. 100	Grec
Ptolémée	v. 85 – v. 165	Grec
Pappus d'Alexandrie	v. 300 – 350	Grec
Abu'l Wefa	940 – 998	Perse

Regiomontanus, Johannes	1436 – 1476	Allemand
Pacioli, Luca	v. 1445 – 1517	Italien
Léonard de Vinci	1452 – 1519	Italien
Dürer, Albrecht	1471 – 1528	Allemand
Galilée (Galileo Galilei)	1564 – 1642	Italien
Kepler, Johannes	1571 – 1630	Allemand
Mersenne, Marin	1588 – 1648	Français
Pascal, Étienne	1588 – 1651	Français
Desargues, Girard	1591 – 1661	Français
Descartes, René du Perron	1596 – 1650	Français
Fermat, Pierre de	1601 – 1665	Français
Roberval, Gilles Personne de	1602 – 1675	Français
Torricelli, Evangelista	1608 – 1647	Italien
Schooten, Frans van	1615 – 1660	Hollandais
Pascal, Blaise	1623 – 1662	Français
Cassini, Giovanni Domenico	1625 – 1712	Italien
Huygens, Christiaan	1628 – 1695	Hollandais
Wren, Christopher	1632 – 1723	Anglais
Mohr, Georg	1640 – 1697	Danois
Newton, Isaac	1642 – 1727	Anglais
Leibniz, Gottfried Wilhelm	1646 – 1716	Allemand
Ceva, Giovanni	1647-8 – 1734	Italien
Tschirnhausen, Ehrenfried Walther von	1651 – 1708	Allemand
Bernoulli, Jakob	1654 – 1705	Suisse
Simson, Robert	1687 – 1768	Écossais
Bernoulli, Daniel	1700 – 1792	Suisse
Euler, Leonhard	1707 – 1783	Suisse
Malfatti, Gian Francesco	1731 – 1807	Italien
Lagrange, Joseph Louis	1736 – 1813	Italien
Watt, James	1736 – 1819	Écossais
Haüy, René-Just	1743 – 1822	Français
Monge, Gaspard	1746 – 1818	Français
Mascheroni, Lorenzo	1750 – 1800	Italien

Carnot, Lazare Nicolas Marguerite	1753 – 1823	Français
Gergonne, Joseph Diez	1771 – 1859	Français
Bowditch, Nathaniel	1773 – 1838	Américain
Gauss, Carl Friedrich	1777 – 1855	Allemand
Poinsot, Louis	1777 – 1859	Français
Crelle, August Leopold	1780 – 1859	Allemand
Brianchon, Charles	1783 – 1864	Français
Poncelet, Jean Victor	1788 – 1867	Français
Cauchy, Augustin Louis	1789 – 1857	Français
Möbius, August Ferdinand	1790 – 1868	Allemand
Lobachevski, Nicolaï Ivanovitch	1792 – 1856	Russe
Dandelin, Germinal Pierre	1794 – 1847	Belge
Steiner, Jakob	1796 – 1863	Suisse
Feuerbach, Karl Wilhelm	1800 – 1834	Allemand
Plücker, Julius	1801 – 1868	Allemand
Plateau, Joseph Antoine Ferdinand	1801 – 1883	Belge
Bolyai, János	1802 – 1860	Hongrois
Verhulst, Pierre-François	1804 – 1849	Belge
Jacobi, Carl Gustav Jacob	1804 – 1851	Allemand
Kirkman, Thomas Penyngton	1806 – 1895	Anglais
Schläfli, Ludwig	1814 – 1895	Suisse
Salmon, George	1819 – 1904	Irlandais
Cayley, Arthur	1821 – 1895	Anglais
Lissajous, Jules Antoine	1822 – 1880	Français
Cremona, Antonio Luigi Gaudenzio Giuseppe	1830 – 1903	Italien
Beltrami, Eugenio	1835 – 1899	Italien
Reye, Theodor	1838 – 1919	Allemand
Lemoine, Émile Michel Hyacinthe	1840 – 1912	Français
Neuberg, Joseph	1840 – 1926	Belge
Schwarz, Hermann Amandus	1843 – 1921	Allemand
Clifford, William Kingdom	1845 – 1879	Anglais
Brocard, Pierre René Jean-Baptiste Henri	1845 – 1922	Français

Dudeney, Henry Ernest	1847 – 1930	Anglais
Klein, Christian Felix	1849 – 1925	Allemand
Poincaré, Jules Henri	1854 – 1912	Français
Föppl, August	1854 – 1924	Allemand
Morley, Frank	1860 – 1937	Américain
Hilbert, David	1862 – 1943	Allemand
Kürschák, József	1864 – 1933	Hongrois
Koch, Helge von	1870 – 1924	Suédois
Fano, Gino	1871 – 1952	Italien
Lebesgue, Henri Léon	1875 – 1941	Français
Soddy, Frederick	1877 – 1956	Anglais
Fatou, Pierre Joseph Louis	1878 – 1929	Français
Sommerville, Duncan McLaren Young	1879 – 1934	Écossais
Sierpinski, Waclaw	1882 – 1969	Polonais
Thébault, Victor	1882 – 1960	Français
Blashke, Wilhelm Johann Eugen	1885 – 1962	Autrichien
Julia, Gaston	1893 – 1978	Français

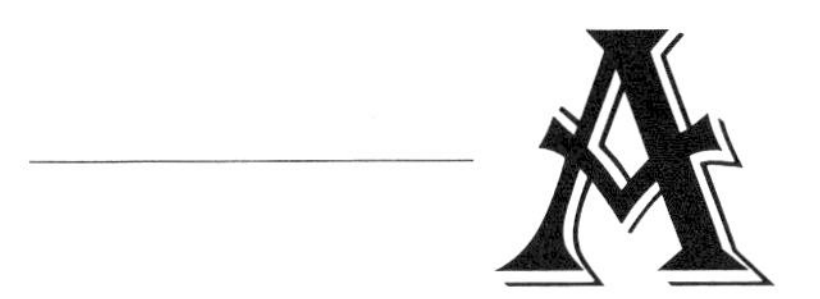

allumettes, constructions en

T.R. Dawson, rendu célèbre surtout par ses problèmes d'échecs, découvrit qu'un point pouvait être construit à la règle et au compas si, et seulement si, il pouvait l'être également avec des allumettes identiques ; ou, en d'autres termes, à partir de segments de droite identiques mobiles sur la feuille de papier.

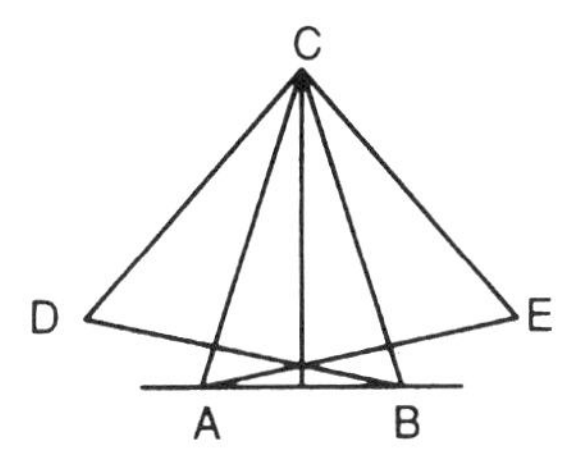

La figure montre la construction de Dawson avec sept allumettes, destinée à bissecter la droite AB. Comme il le faisait remarquer, elle sert également à bissecter les angles ACB et DCE, ou tout angle inférieur à 120° qui n'est pas exactement égal à 60°.

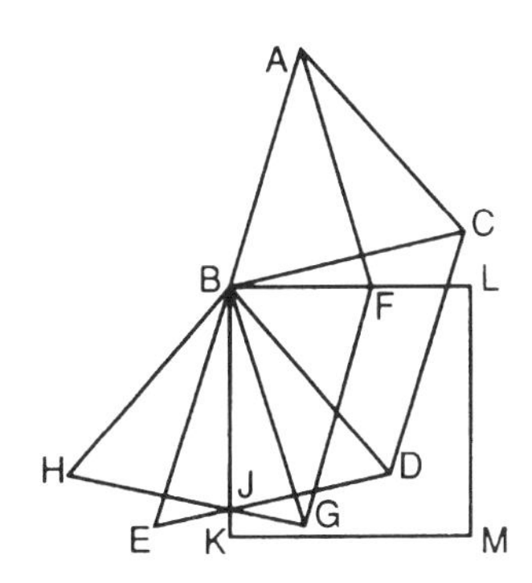

Pour former un carré (figure précédente), construire d'abord les trois triangles équilatéraux ABC, BCD et BDE. Puis choisir pour AF une droite quelconque à l'intérieur de l'angle BAC, et construire G, puis H. Le point F et l'intersection de GH et ED définissent deux côtés du carré recherché, BKLM.

angle intérieur à un même segment

Repérez deux points fixes, A et B, sur un cercle. T est un point variable. L'angle ATB est indépendant de la position de T le long du grand arc AB. Si le point variable est placé en un point sur le petit arc AB, appelons-le S, l'angle ASB vaudra alors 180° – ATB.

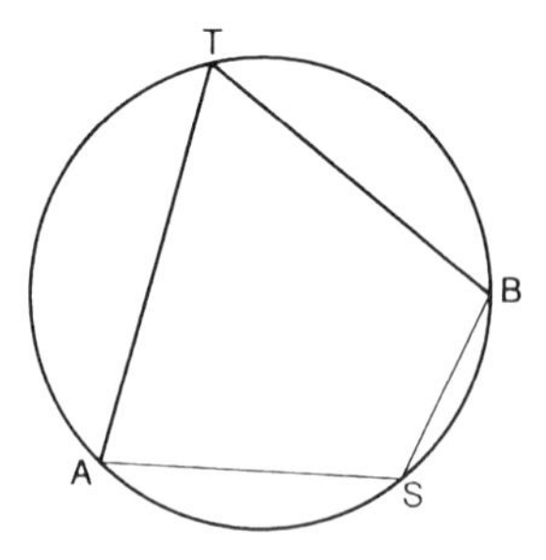

Si AB est un diamètre du cercle, alors les deux angles sont droits : "L'angle intérieur à un demi-cercle est un angle droit", énonça Thalès vers 600 av. J.-C., alors que les Babyloniens l'avaient découvert dès 2000 av. J.-C.

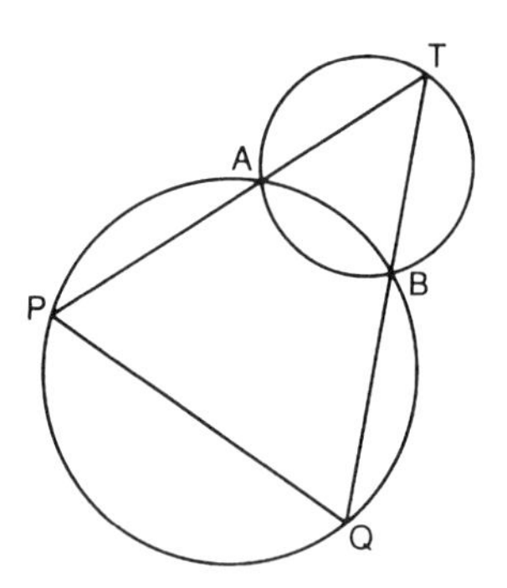

Si deux cercles se coupent en A et B, et si T se déplace comme précédemment, alors la longueur de la corde PQ est constante.

Regiomontanus posa la question suivante : à partir de quelle position une statue apparaîtra-t-elle à sa taille maximale ? Si le spectateur est trop près, elle lui semblera fortement écrasée verticalement ; mais s'il se place trop loin, elle sera simplement trop petite. La statue sous-tend l'angle maximal au niveau de l'œil du spectateur, et lui apparaît donc à sa taille maximale lorsque le cercle passe horizontalement par l'œil du spectateur.

Ce problème a été redécouvert plusieurs fois depuis Regiomontanus, tout récemment sous la forme suivante : d'où un joueur de rugby passera-t-il une transformation, compte tenu que, d'après les règles, elle doit être bottée depuis un point aligné avec l'emplacement de l'essai sur une droite perpendiculaire à la ligne d'en-but (l'essai n'a *pas* été marqué entre les poteaux) ?

anneaux de polyèdres

Les arêtes opposées d'un tétraèdre régulier sont perpendiculaires entre elles. Par conséquent, transformées en charnières, elles fonctionneront comme un accouplement universel. Si l'on prévoit un nombre suffisant de tétraèdres pour enfermer un espace important en leur intérieur, on peut donc former un anneau de tétraèdres qui tournera librement. Dans le cas de tétraèdres réguliers, il faut au moins huit unités.

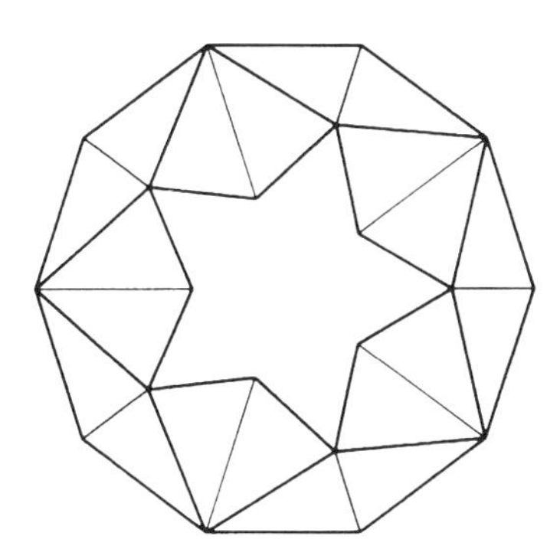

Si les tétraèdres sont "plus longs et minces", six pourront tourner. On peut en construire un modèle un peu primitif à partir de pailles et de cure-pipe. Prendre douze pailles de 9 cm de long et insérer dans chacune un cure-pipe, en repliant les extrémités à angle droit par rapport à la paille et l'un par rapport à l'autre. (On peut le faire à gauche ou à droite ; en préparer six de chaque.) Prendre ensuite six pailles supplémentaires, chacune de 6,5 cm de long, qui serviront de jonction.
La figure montre comment lier les pailles les unes aux autres. (Les pailles courtes ne sont pas parallèles au plan de la figure.) Deux pailles longues et deux pailles courtes forment quatre des six arêtes d'un tétraèdre.

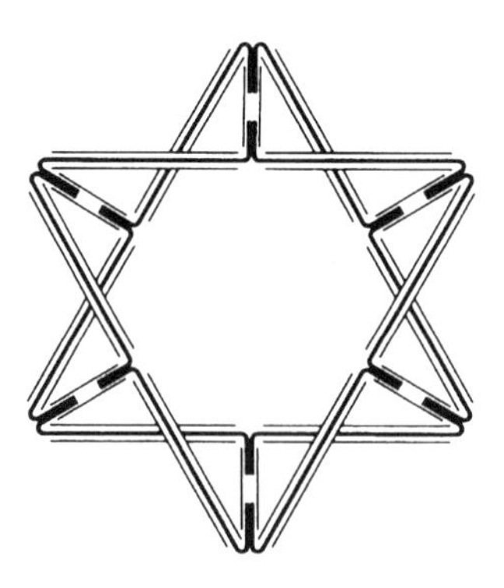

Mais on peut fabriquer aussi un autre type de jonction présentant une grande flexibilité : le portefeuille truqué, qui apparaît dans le fameux tour de passe-passe dans lequel un billet de banque se présente successivement sur et sous la bande de maintien.

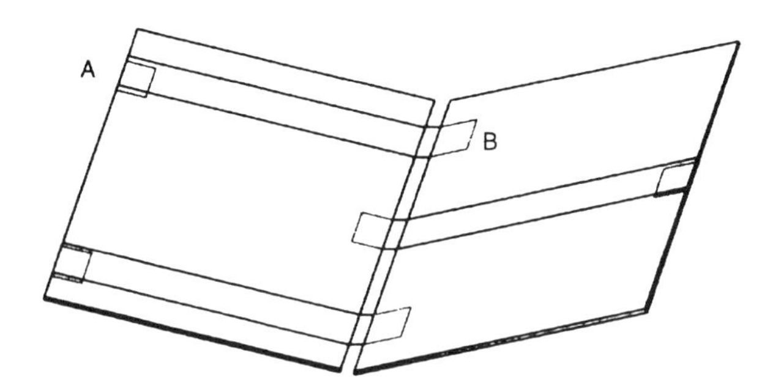

La bande allant de A à B est fixée en A au dos de la partie de gauche, et en B au dos de la partie de droite. Les autres bandes sont collées de la même façon.

De même, on peut faire tourner continûment un anneau de seulement six cubes assemblés au moyen de telles articulations.

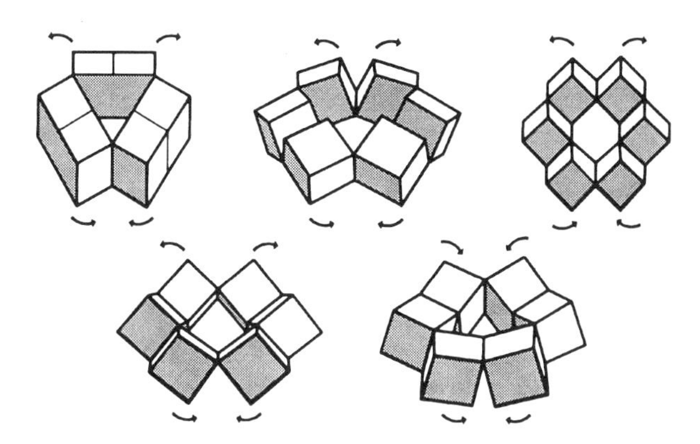

Appolonius de Perge, baderne d'

Lorsque trois cercles se touchent, ils définissent un triangle curviligne. On peut tracer dans ce triangle un autre cercle touchant les trois autres, ce qui définit trois nouveaux triangles curvilignes, et ainsi de suite. La figure ci-dessous montre les premières étapes de la formation de la baderne d'Appolonius à l'intérieur de ce triangle.

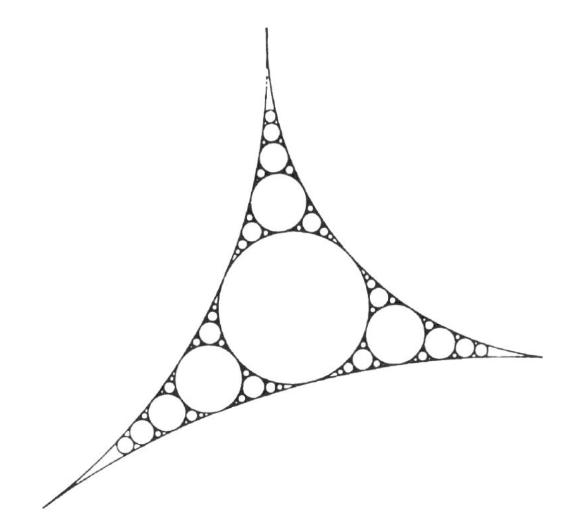

Les points qui ne sont jamais situés à l'intérieur d'aucun cercle forment un ensemble de surface nulle qui, en somme, est plus qu'une ligne, mais moins qu'une surface. Sa dimension fractale est donc comprise entre 1 et 2, bien que sa valeur exacte ne soit pas connue. Elle est d'environ 1,3.

Appolonius de Perge, problème d'

C'est Appolonius de Perge qui proposa et résolut le premier le problème consistant à construire un cercle tangents à trois autres cercles donnés. Dans le cas le plus général, il existe 8 solutions : un cercle tangent aux trois autres sans en entourer aucun, un cercle qui touche et entoure les trois autres, trois cercles qui entourent l'un des cercles, et trois qui en entourent deux. (Le problème tridimensionnel analogue de la construction d'une sphère tangente à quatre autres données admet, dans le cas le plus général, $2 \times 2 \times 2 \times 2 =$ 16 solutions.)

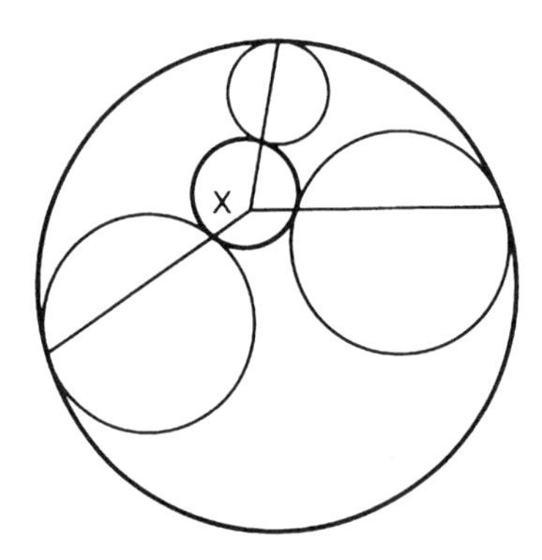

Sur cette figure, les cercles intérieur et extérieur touchent chacun les trois autres cercles ; et lorsqu'on joint les points de contact, les trois lignes concourent en X. Ainsi, tout cercle qui touche les cercles intérieur et extérieur de la même manière aura également des points de contact alignés avec X.
Pour tout groupe de quatre cercles, il existe un autre groupe de cercles se touchant exactement au niveau des mêmes six points.

Étant donné les tailles de trois cercles, chacun tangent aux deux autres, quelle est la formule liant entre elles les tailles des divers cercles qui touchent chacun d'eux ?
La formule la plus simple n'utilise pas le rayon du cercle, mais sa "courbure", qui est l'inverse du rayon.
Le mathématicien et philosophe français Descartes donna une formule équivalente à la suivante pour les courbures des quatre cercles en contact mutuel : $2(a^2 + b^2 + c^2 + d^2) = (a + b + c + d)^2$.

Il n'y a qu'une formule pour huit cercles possibles, car la courbure d'un cercle peut devenir négative lorsqu'un autre cercle le touche de l'intérieur.

Cette formule fut redécouverte en 1842, puis de nouveau en 1936 par Sir Frederick Soddy, le découvreur de l'*hexuplet de Soddy.* Elle lui plût tellement qu'il écrivit en son honneur un poème à la revue *Nature.* En voici un extrait :

> Quatre cercles viennent à s'embrasser,
> Les plus petits sont les plus incurvés.
> La courbure est juste l'inverse
> De la distance depuis le centre.
> Même si leur énigme laissa Euclide stupéfait
> Plus besoin de règle empirique désormais.
> Puisqu'une courbure nulle est une ligne droite,
> Et les courbures concaves portent le signe négatif,
> *La somme des carrés de toutes les courbures*
> *Vaut la moitié du carré de leur somme.*

arbelos

Cette figure, délimitée par trois demi-cercles placés sur la même ligne, fut baptisée *arbelos* (le mot grec désignant un couteau de cordonnier) par Archimède, qui calcula le rayon du seul cercle touchant les trois demi-cercles.

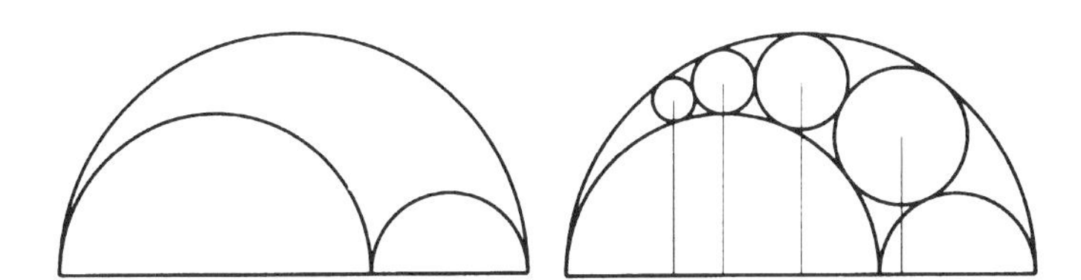

Cinq cents ans plus tard, Pappus présenta comme un résultat ancien le fait que, si l'on dessine une suite de cercles tangents à l'intérieur de l'arbelos, la hauteur du centre du *n*-ième cercle au-dessus de la ligne de base est égale à *n* fois son diamètre.
Les centres des cercles décrivent une ellipse dont le grand axe est la ligne de base, et leurs points de contact mutuels sont situés sur un même cercle.

Archimède démontra que l'aire de l'arbelos est égale à l'aire du cercle ayant la ligne AC comme diamètre ; et si l'on trace l'autre tangente aux deux plus petits demi-cercles, c'est-à-dire la droite BD, on obtient un rectangle ABCD.
Archimède démontra également que si deux cercles sont inscrits de chaque côté de la ligne AC en la touchant, ils sont alors égaux.

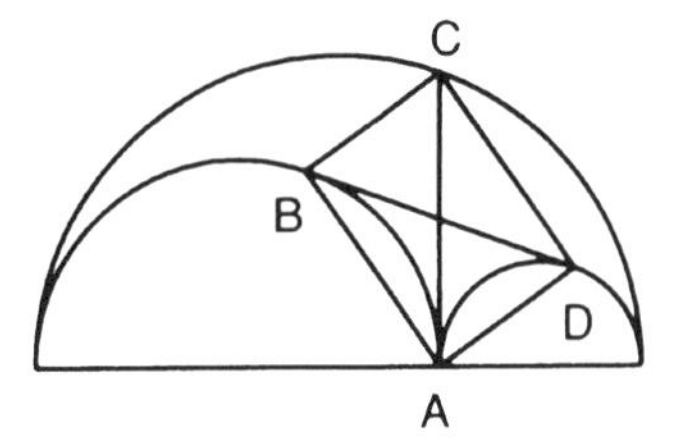

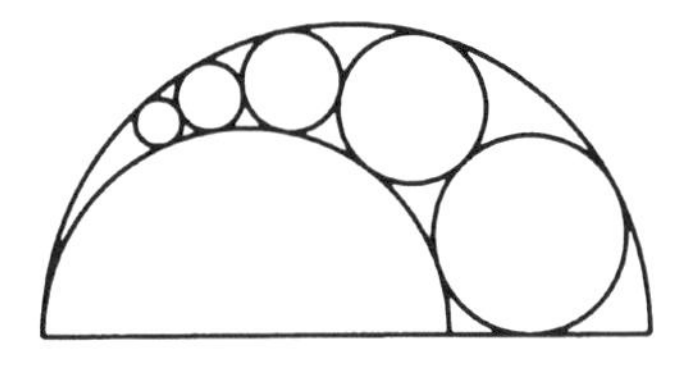

Sur la figure de droite, on a enlevé un demi-cercle. La distance du centre du n-ième cercle à la ligne de base est maintenant égale à $2n - 1$ fois le rayon correspondant. La plupart des figures de type arbelos sont en fait des cas particuliers des suites de cercles de Steiner.

Archimède, spirale d'

Cette courbe, étudiée par Archimède dans son *Livre sur les spirales*, est la trajectoire d'un point qui s'écarte d'un point fixe à une vitesse constante le long d'une demi-droite tournant à vitesse constante.

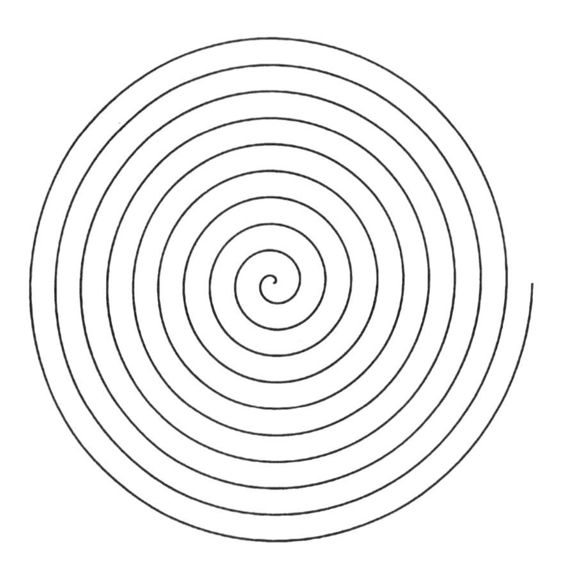

En plaçant le point fixe à l'origine, son équation polaire est donc $r = a\theta$. Si $a > 0$, il tourne dans le sens inverse des aiguilles d'une montre en s'écartant de l'origine. Si $a < 0$, il tourne dans le sens horaire.

La spirale d'Archimède peut être utilisée pour trisecter un angle, ou pour diviser un angle quelconque en un nombre donné de parties égales. Supposons par exemple que l'on veuille trisecter l'angle XOA. XEFA est un arc de spirale d'Archimède. On reporte OB égal à OA, et on découpe BX en trois, aux points C et D. Les arcs de cercle de centre O passant par C et D coupent la spirale en E et F. Par suite, OE et OF trisectent l'angle XOA.

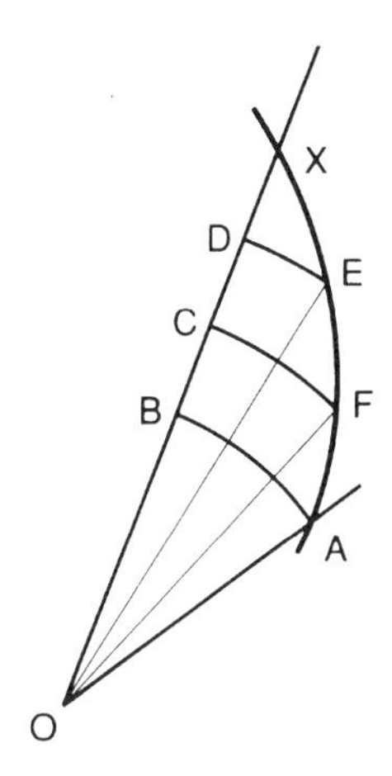

archimédiens, polyèdres

D'après Pappus, Archimède avait étudié les treize polyèdres semi-réguliers. Leurs faces sont toutes des polygones réguliers, mais de deux types différents ou plus, et leurs sommets sont identiques.

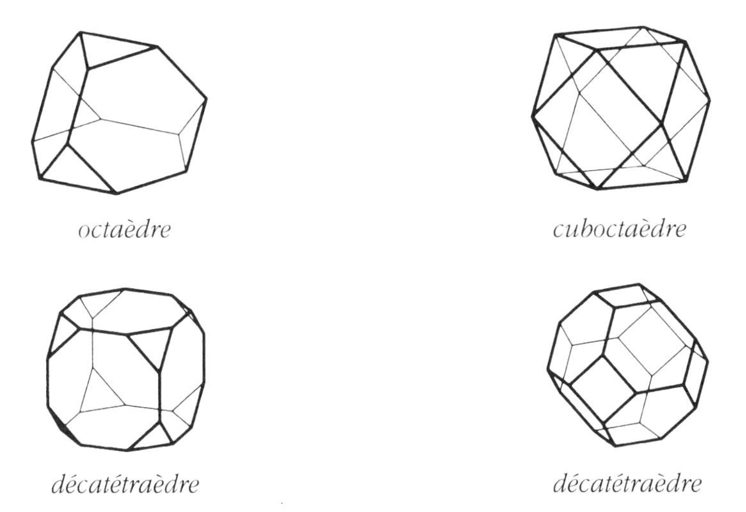

octaèdre *cuboctaèdre*

décatétraèdre *décatétraèdre*

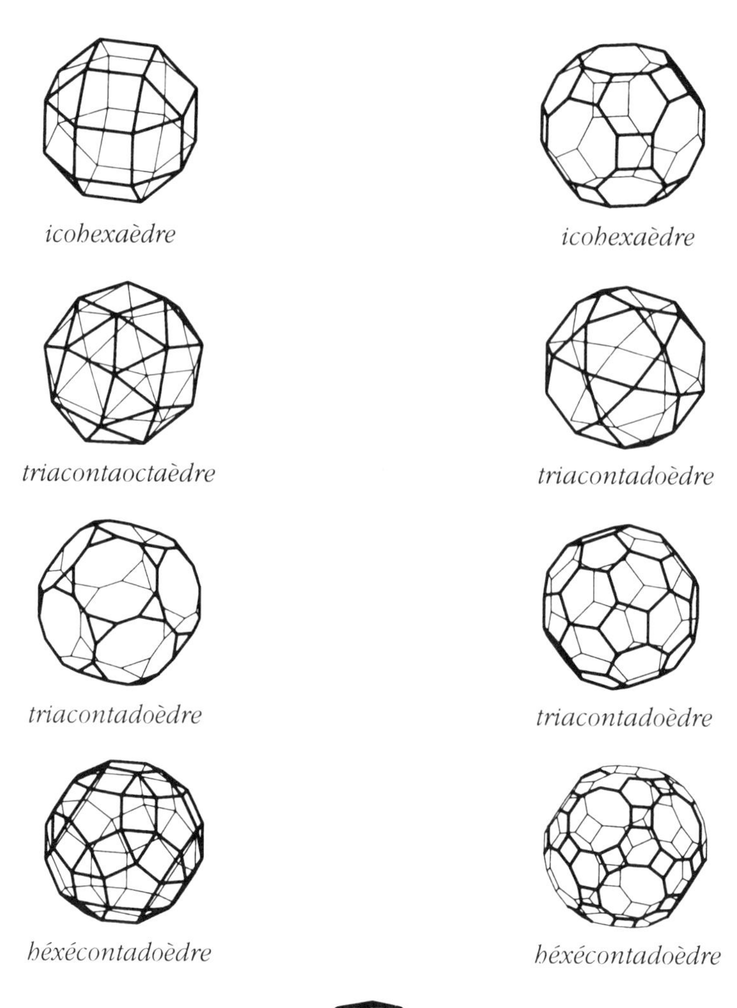

icohexaèdre *icohexaèdre*

triacontaoctaèdre *triacontadoèdre*

triacontadoèdre *triacontadoèdre*

héxécontadoèdre *héxécontadoèdre*

ennéacontadoèdre

Parmi ces figures, onze peuvent être obtenues par troncature. Neuf résultent de la troncature des sommets, ou des sommets et des arêtes, des polyèdres réguliers. Par exemple, le cuboctaèdre est un cube tronqué qui a été tronqué une nouvelle fois jusqu'à ce que les triangles formés aux sommets se rencontrent au milieu des faces. Les autres figures sont obtenues par troncature de deux des neuf premières.

Le triacontaoctaèdre et l'énnéacontadoèdre peuvent s'obtenir en déplaçant les faces d'un cube ou d'un dodécaèdre vers l'extérieur, en leur imposant à chacune un pivotement, et en remplissant l'espace avec des bandes de triangles équilatéraux. Comme le pivotement peut se faire à gauche ou à droite pour chaque face, tous deux existent sous deux formes qui sont image spéculaire l'une de l'autre.

articulés, pavages

Considérés comme assemblage de pièces solides articulées en leurs sommets et séparées par du vide, certains pavages peuvent être ouverts (ou refermés) comme dans les exemples qui suivent. Ce pavage de carrés et de losanges est en fait équivalent à un pavage de carrés, représenté en différentes positions. Il existe deux positions intermédiaires dans lesquelles chaque losange équivaut à une paire de triangles équilatéraux.

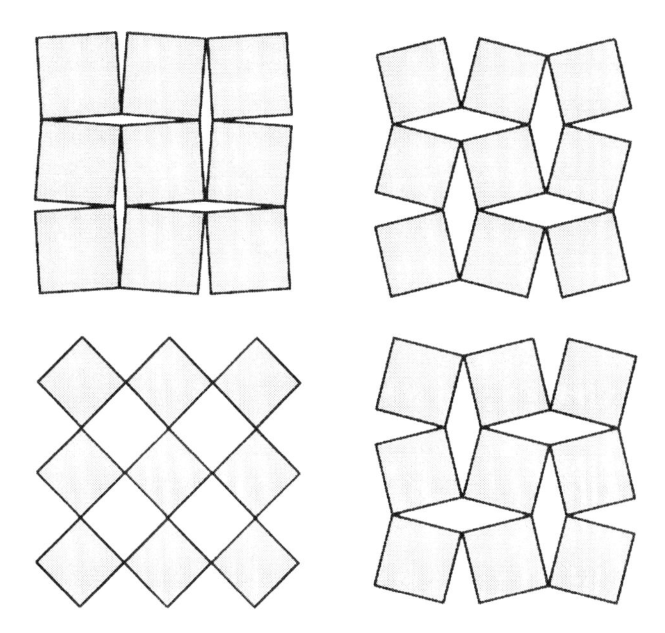

Le pavage d'hexagones et de triangles de la figure suivante s'articule d'une manière analogue. Il s'ouvre pour découvrir des espaces en forme de diamant, qui se transforment en carrés dans un pavage d'hexagones, de carrés et de triangles. En poursuivant leur rotation, les triangles équilatéraux se referment pour donner un pavage d'hexagones et de triangles, chaque triangle ayant tourné de 180°.

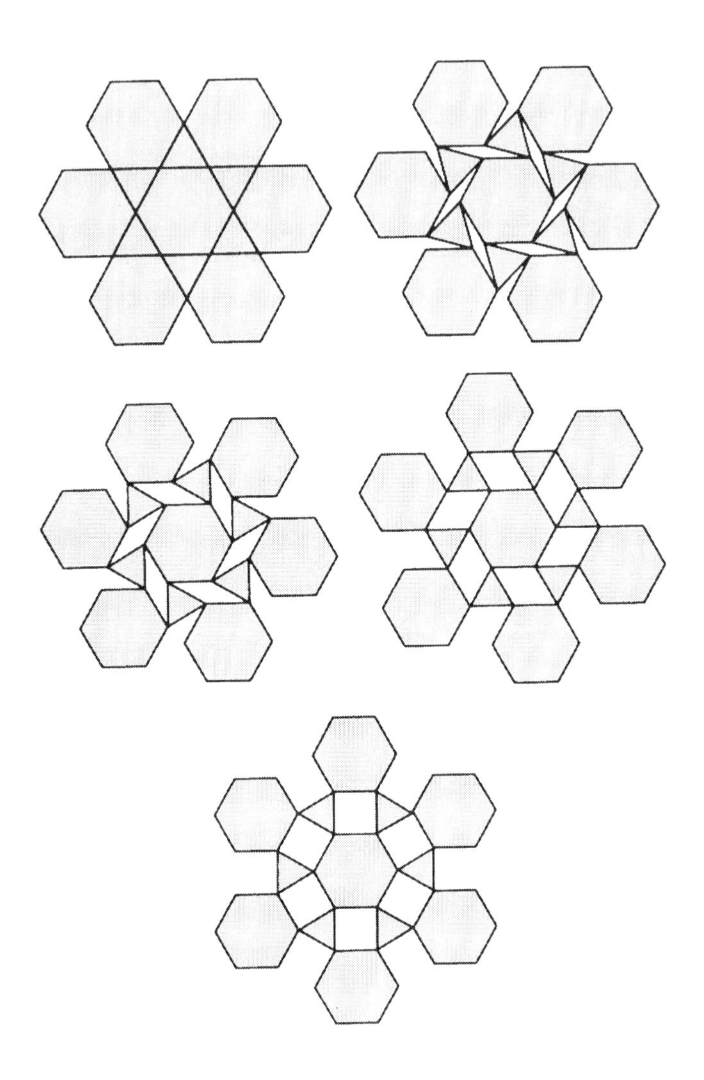

astroïde, ou hypocycloïde à quatre points de rebroussement

L'astroïde est la trajectoire décrite par un point d'un cercle roulant à l'intérieur d'un autre cercle de diamètre quatre fois plus grand. Comme le découvrit Daniel Bernoulli, c'est aussi la trajectoire d'un point situé sur la circonférence d'un cercle roulant également à l'intérieur, mais d'un diamètre égal aux trois quarts de celui du cercle fixe.
Curieusement, outre les quatre points de rebroussement visibles, elle en possède deux autres, imaginaires.

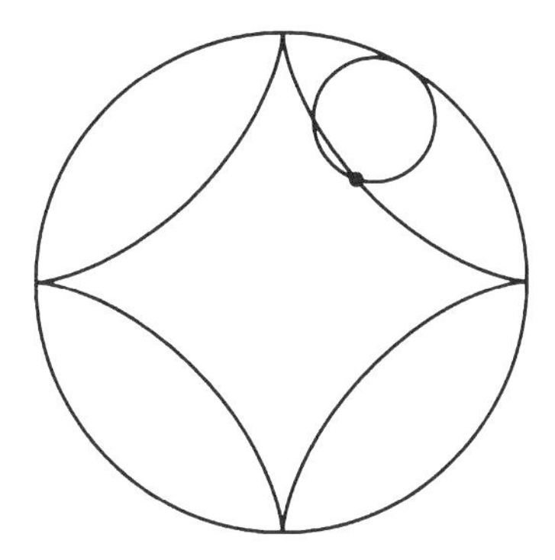

Si un cercle roule à l'intérieur d'un autre de diamètre double, l'enveloppe d'un diamètre du cercle mobile est une astroïde. Les extrémités d'un diamètre du cercle mobile se trouvent toujours sur deux diamètres perpendiculaires du cercle fixe, de sorte que l'astroïde est également l'enveloppe d'une ligne de longueur fixe glissant entre deux lignes perpendiculaires.

Si le rayon du cercle fixe est a, alors l'astroïde a pour équation :

$$x^{2/3} + y^{2/3} = a^{2/3},$$

qui figure dans une correspondance de Leibniz datée de 1715.
L'aire de l'astroïde est égale à trois huitièmes de celle de son cercle circonscrit, et à une fois et demie celle de son cercle inscrit.

Comme le montre la figure suivante, l'astroïde est l'enveloppe d'une famille d'ellipses dont les axes se trouvent sur les deux mêmes lignes perpendiculaires, et pour lesquelles la somme du grand axe et du petit axe est constante.

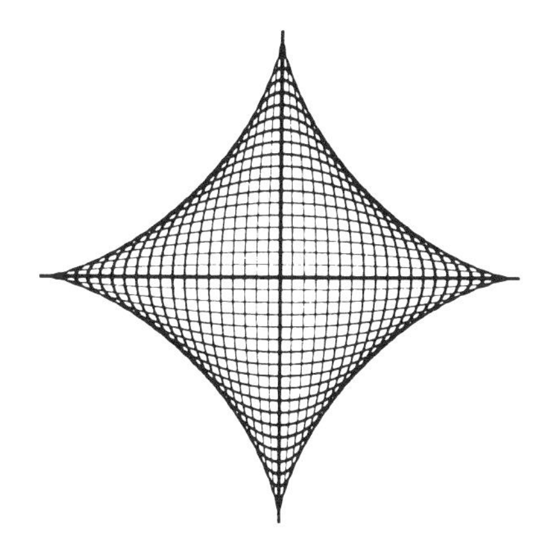

Aubel, théorème d'

Tracer un quadrilatère quelconque. Il n'a pas besoin d'être convexe, et rien ne s'oppose non plus à ce qu'un côté soit de longueur nulle. Construire les carrés s'appuyant sur chacun des côtés en direction de l'extérieur. Les segments de droite joignant les centres des carrés opposés sont de même longueur et perpendiculaires entre eux.

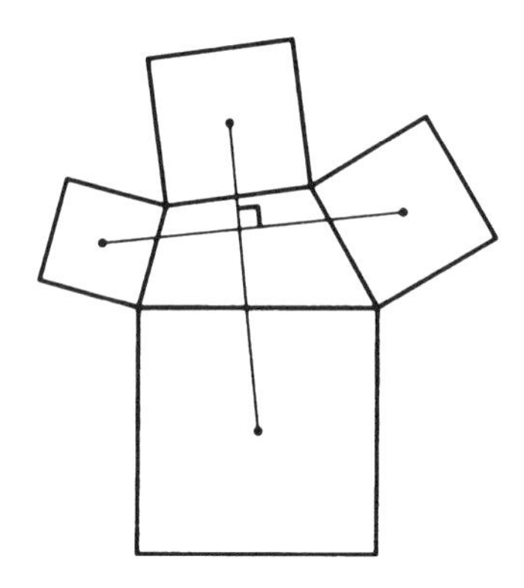

Si l'on dessine les carrés de l'autre côté, vers l'intérieur, alors les centres de deux carrés opposés peuvent encore être joints par deux segments perpendiculaires de même longueur. De plus, l'intersection de ces deux segments plus courts et celle des deux précédents définissent chacune un point, et le milieu de ces deux points est le centre de gravité des quatre sommets du quadrilatère de départ.

B

Bang, théorème de

Les faces d'un tétraèdre ont toutes le même périmètre si et seulement si ce sont des triangles congruents. Il est vrai également que, si toutes ont la même aire, alors ce sont des triangles congruents.

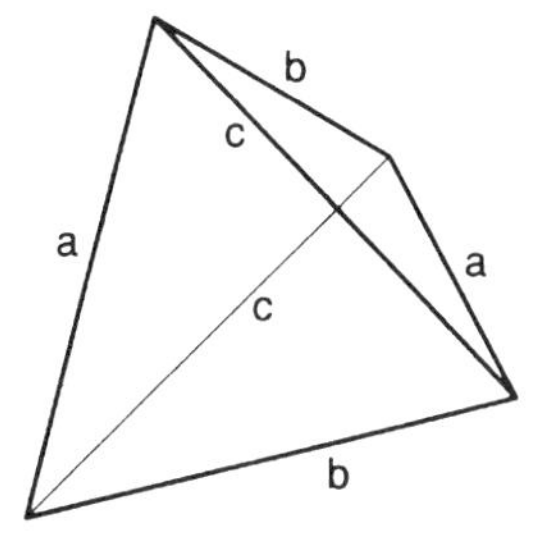

Bernoulli, lemniscate de

Baptisée ainsi par Jakob Bernoulli en 1694, du latin *lemniscus* (ruban).

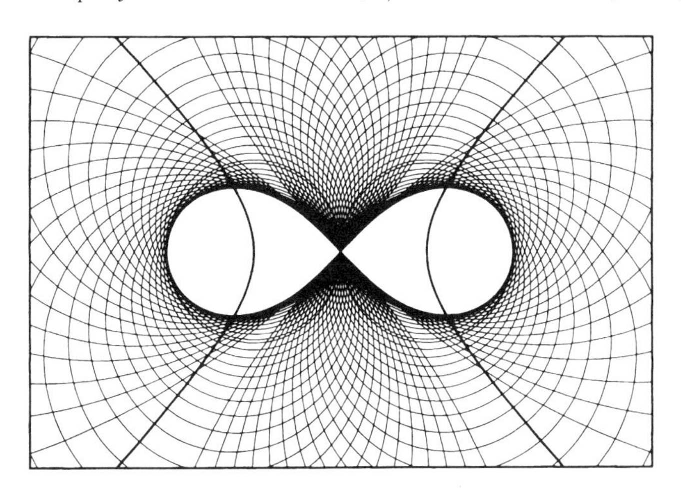

Pour construire la lemniscate en tant qu'enveloppe, partir d'une hyperbole équilatère et tracer des cercles dont les centres sont situés sur l'hyperbole et qui passent par le centre de celle-ci. Leur enveloppe est la lemniscate.

La lemniscate est l'inverse de l'hyperbole par rapport à son centre : soit une constante k et une ligne passant par O, le centre d'une hyperbole équilatère, et coupant l'hyperbole en un point X. On cherche ensuite Y sur OX tel que $OX \cdot OY = k^2$. Le lieu de Y est la lemniscate.
Son équation polaire est $r^2 = a^2 \cos 2\theta$. C'est un cas particulier des *ovales de Cassini*.

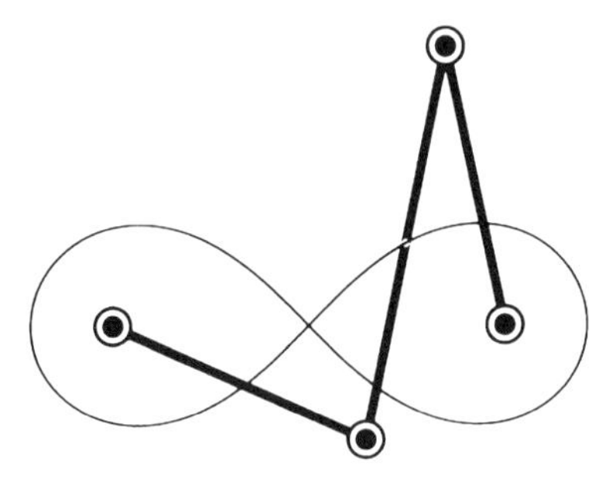

Mais on peut aussi obtenir la lemniscate à l'aide d'un mécanisme articulé simple. La distance entre les deux points fixes est égale à la longueur de la barre centrale, et la longueur des deux autres barres vaut $\sqrt{2}$ fois cette longueur. La trajectoire décrite par le milieu de la barre centrale est la lemniscate.

bissectrices du périmètre

Les médianes d'un triangle découpent sa surface en deux, de même que des droites parallèles à un côté et divisant l'autre côté selon le rapport $(\sqrt{2}+1)/1$. Ces six droites sont concourantes trois à trois :

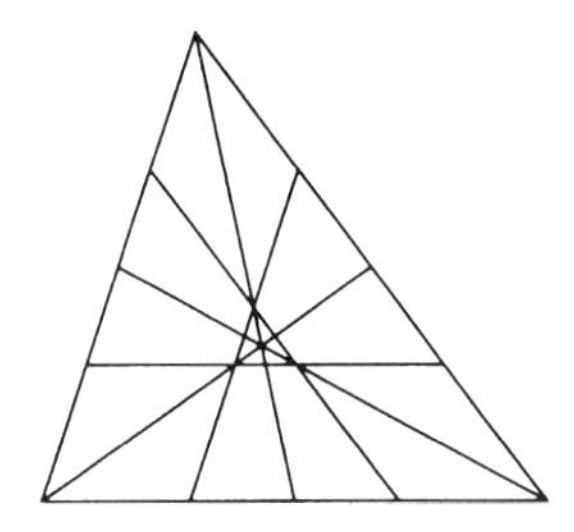

Toutes les droites qui divisent en deux la surface d'un triangle, dans ce cas un triangle équilatéral, enveloppent trois arcs hyperboliques :

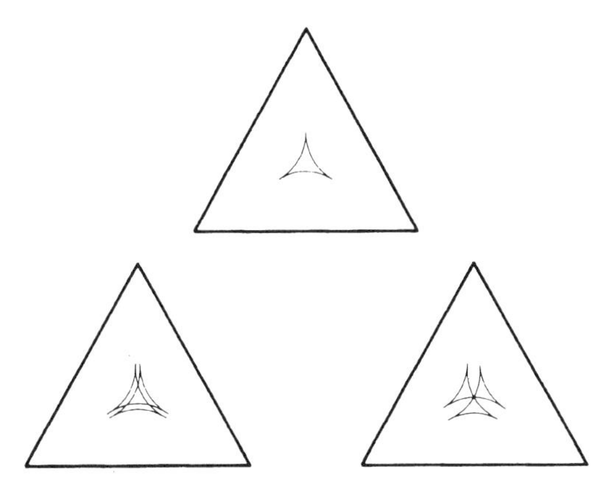

L'enveloppe est plus complexe pour des lignes divisant le triangle en aires différentes. Lorsque le rapport change de 1:1 (figure du haut), elle se sépare d'abord comme le montre la figure en bas à gauche puis, pour un rapport de 5:4, trois arcs concourent. Il se forme ensuite une région centrale de plus en plus grande, qui finit par se transformer elle-même en triangle.

Blanche, dissection de

Le découpage d'un rectangle en carrés de différentes tailles est un problème très connu et assez délicat. Pris à l'envers, il est facile de découper un carré en rectangles de tailles différentes, mais les rectangles peuvent-ils être de formes différentes mais de même surface?

Voici la solution la plus simple, qui nécessite sept pièces, avec un ensemble possible de dimensions :

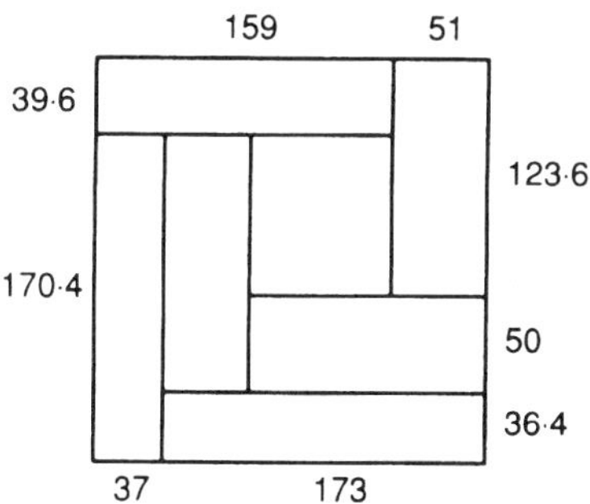

blancmange, courbe de

Prenez une suite de courbes en zigzag, chacune d'une hauteur égale à la moitié de la précédente et comportant deux fois plus de zigzags. Prolongez la suite jusqu'à l'infini, et ajoutez toutes les courbes entre elles. Le résultat est la courbe de blancmange, qui est continue, mais ne possède nulle part une tangente. Les quatre premiers stades de sa construction sont montrés ci-dessous. Dans chaque figure, sauf la première, la ligne épaisse est la somme des étapes précédentes et du nouveau zigzag.

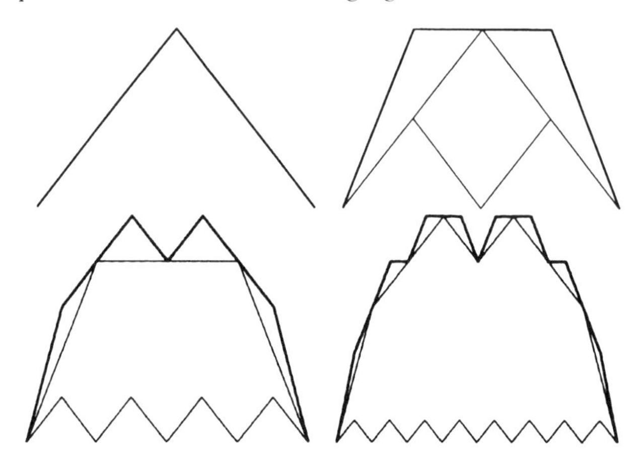

La cinquième étape montre plus distinctement la forme de blancmange. Après la dix-huitième étape, il est difficile de distinguer la courbe de son aspect après une infinités d'étapes :

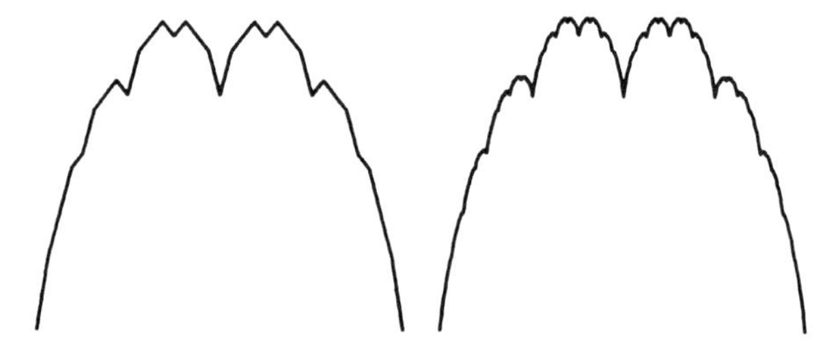

La figure ci-dessus montre une autre particularité de la courbe de blancmange. Si l'on construit un zigzag à 45° par-dessus deux blancmanges et qu'on les somme, on obtient une seule courbe de blancmange plus grande.

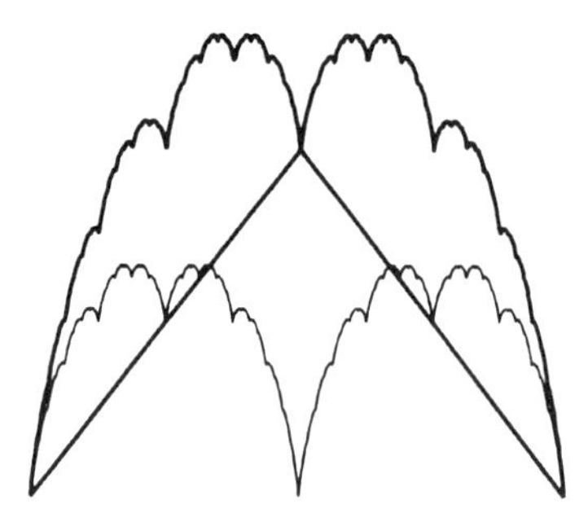

Blashke, théorème de

La largeur d'une courbe convexe fermée dans une direction donnée est la distance entre les deux lignes parallèles les plus proches perpendiculaires à cette direction et qui entourent la courbe. La figure montre la largeur de trois courbes convexes fermées dans les directions données.

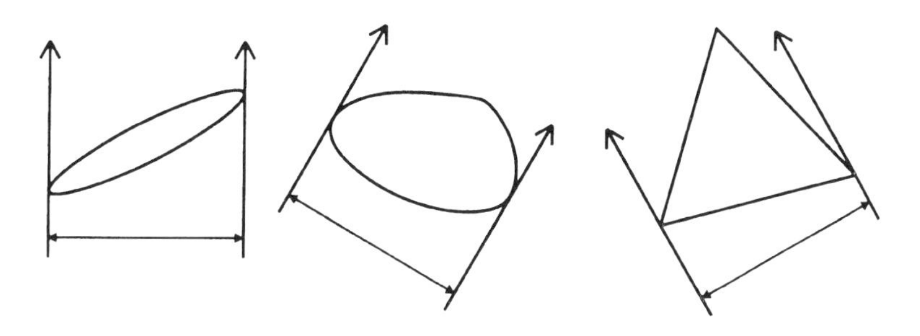

Blashke démontra que toute courbe convexe fermée de largeur au moins 1 contient un cercle de diamètre 2/3. Un triangle équilatéral de hauteur 1 contient tout juste un tel cercle, de sorte que la limite de 2/3 constitue effectivement le maximum.

Borromée, anneaux des

Les armes de la famille italienne des Borromée étaient constituées de trois anneaux joints entre eux de manière inséparable, bien que chaque paire d'anneaux pris deux à deux ne soit pas liée. Le même motif a été utilisé également par l'entreprise Ballantine Beer aux États-Unis, et par Krupp, le fabricant d'armement allemand.

Il n'existe pas de formes distinctes droite et gauche – chacune peut se transformer en l'autre. C'est ce point qui a donné l'idée d'une version tridimensionnelle, qui possède trois plans de symétrie.

De la même manière, il est facile de relier entre eux un nombre quelconque d'anneaux.

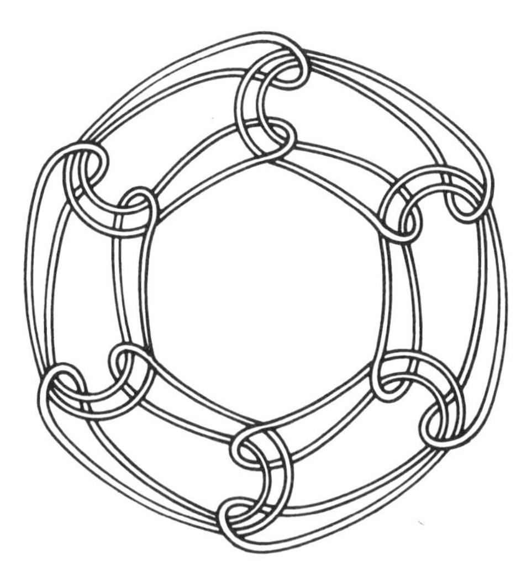

boule de billard, trajectoire dans un polygone régulier

Une boule de billard rebondissant à l'intérieur d'un triangle acutangle peut-elle suivre une trajectoire constante ? La seule trajectoire en circuit d'un seul "tour" est le *triangle de la pédale*, qui rejoint les pieds des hauteurs et qui est le plus court circuit, de quelque type que ce soit, qui relie de manière continue les trois côtés d'un triangle.

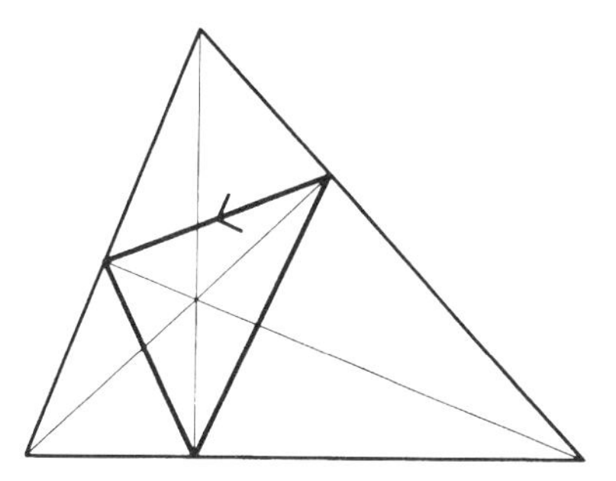

Si on permet à la boule de faire plusieurs tours avant de revenir à son point de départ et de recommencer, alors il existe une infinité de circuits possibles, mais leurs segments sont tous parallèles aux côtés du triangle de la pédale :

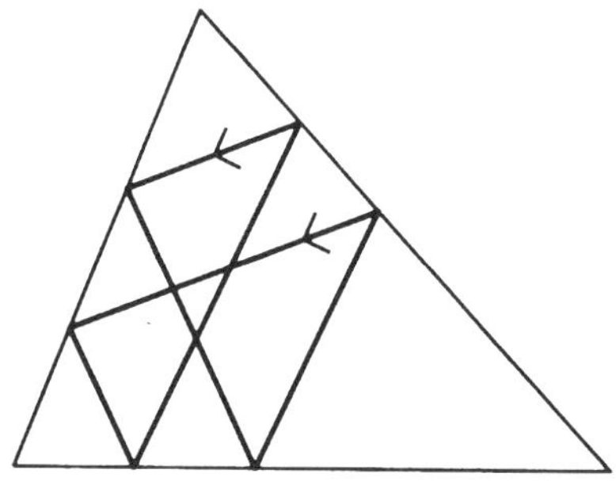

Une trajectoire continue est possible également à l'intérieur d'un quadrilatère si celui-ci est cyclique, et si le centre du cercle se trouve à l'intérieur du quadrilatère.

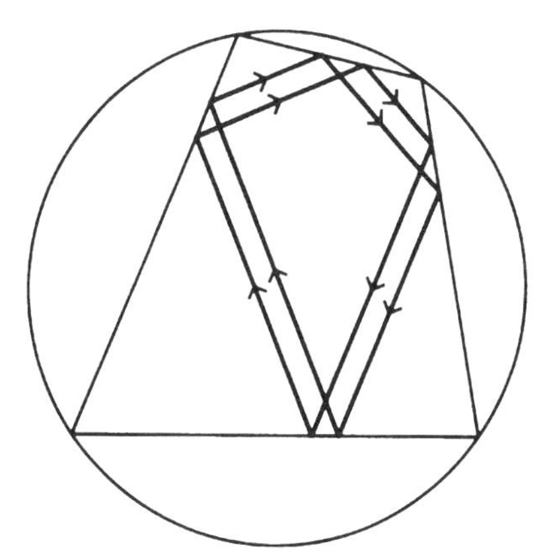

boule de billard, trajectoire dans un cube ou un tétraèdre régulier

Une boule de billard peut-elle rebondir continûment à l'intérieur d'un cube en revenant toujours à son point de départ après un circuit?

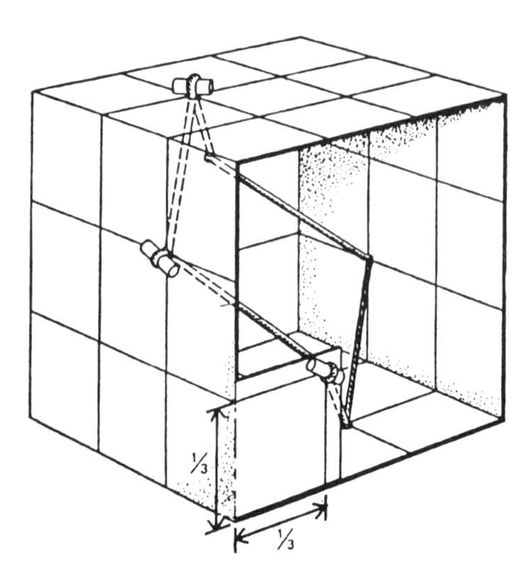

Oui, elle le peut. Cette trajectoire fut découverte par Hugo Steinhaus. Chaque point de rebond est situé sur un quadrillage de trois par trois tracé à la surface du cube, et tous les segments de la trajectoire ont même longueur. La trajectoire est connue des chimistes sous le nom d'"hexagone en forme de chaise". Sa projection perpendiculairement à une face quelconque du cube est un rectangle ; la projection le long de l'une des diagonales du cube est un hexagone régulier.

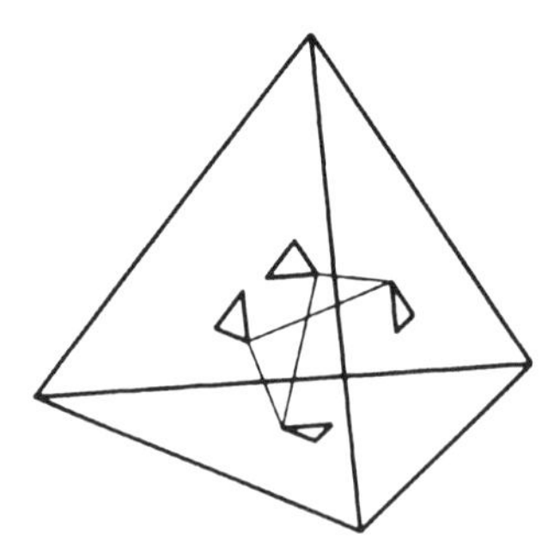

John Conway découvrit une trajectoire similaire à l'intérieur d'un tétraèdre régulier. Les côtés des petits triangles dessinés sur les faces du tétraèdre valent un dixième du côté de la figure de départ. Il existe trois trajectoires de ce type, une pour chaque angle d'un petit triangle.

bretzels, transformation des

Imaginons que l'objet situé en haut à gauche de la figure suivante soit constitué d'une matière extrêmement élastique, de sorte qu'on puisse l'étirer ou l'écraser autant qu'on veut, mais sans le déchirer ni le couper. Il peut sembler impossible de transformer le premier objet pour obtenir le dernier sans rompre une boucle ou lui faire traverser l'autre, mais ce n'est pourtant pas le cas – comme le montre la séquence ci-dessous.

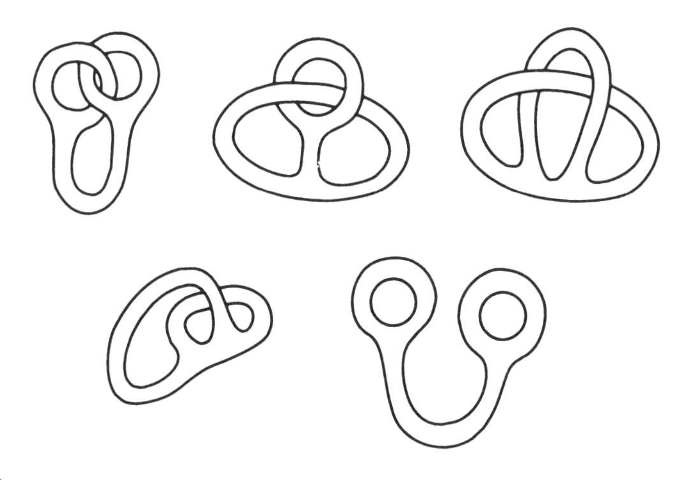

Maintenant que nous avons vu comment procède la magie, il sera sans doute plus facile d'accepter l'idée de la deuxième transformation, dans laquelle une des deux boucles de gauche se contente de se libérer de la grande boucle et de pendre librement.

Brianchon, théorème de

Si un hexagone est circonscrit à une conique, c'est-à-dire si chacun de ses côtés touche la conique, alors les grandes diagonales de l'hexagone sont concourantes.

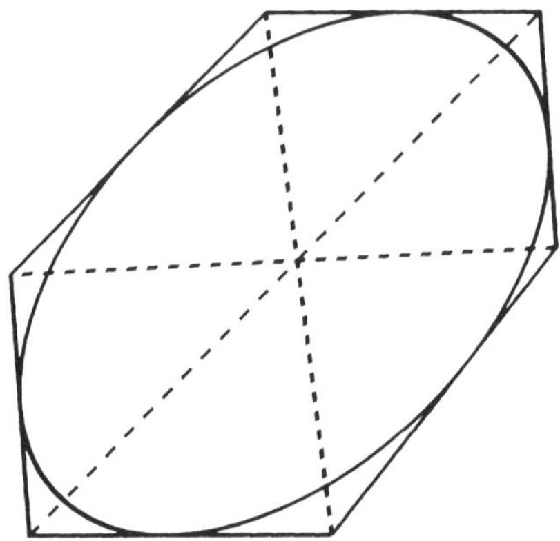

Comme le montra également Brianchon, les côtés de l'hexagone circonscrit peuvent être pris dans n'importe quel ordre.

Les grandes diagonales de l'hexagone formées par les points de contact avec la conique se rencontrent par paires sur les diagonales de l'hexagone.

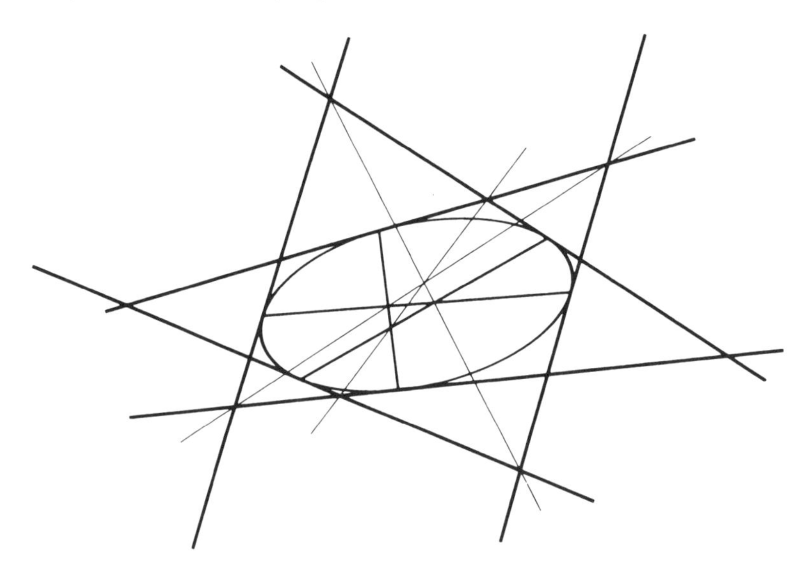

Brianchon publia son théorème en 1810. C'est le pendant de celui de Pascal, sensiblement plus ancien, et il peut donc être obtenu à partir de ce dernier en échangeant les points et les droites.

THÉORÈME DE BRIANCHON

Si un hexagone est *circonscrit* autour d'une conique, c'est-à-dire si chacun de ses *côtés* touche la conique, alors les *droites* joignant des paires de *sommets* opposés passent par un même *point*.

THÉORÈME DE PASCAL

Si un hexagone est *inscrit* dans une conique, c'est-à-dire si chacun de ses *sommets* se trouve sur une conique, alors les *points* où se coupent des paires de *côtés* opposés sont situés sur une même *droite*.

Brocard, points de

D'après Henri Brocard, officier français qui les décrivit en 1875. Pourtant, ils avaient déjà été étudiés auparavant par Jacobin ainsi que par Crelle, en 1816, qui était allé jusqu'à s'exclamer : "Il est véritablement fascinant qu'une figure aussi simple que le triangle possède des propriétés aussi inépuisables. Combien peut-il donc exister de propriétés encore inconnues dans d'autres figures ?" Quelle prophétie ! Des livres entiers ont été écrits depuis sur le sujet.

Pour un triangle quelconque, il existe un angle unique ω, appelé angle de Brocard, tel que les droites dessinées sur la figure concourent, aux points de Brocard Ω et Ω'.

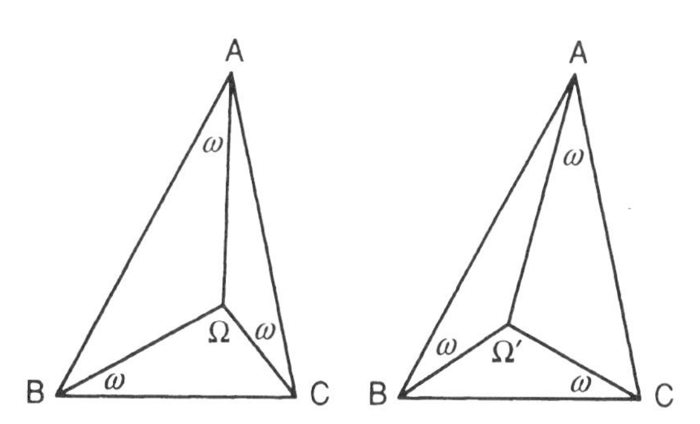

L'angle de Brocard est donné par la formule suivante, dont la simplicité suggère l'importance :

$$\cot \omega = \cot A + \cot B + \cot C$$

Les points de Brocard peuvent être construits géométriquement en traçant les cercles qui passent par deux sommets et sont tangents à un côté, comme le montre la figure ci-dessous. Les cercles tangents à AB en A, et ainsi de suite, définissent un point de Brocard, et les cercles tangents à AB en B, etc. définissent l'autre point de Brocard.

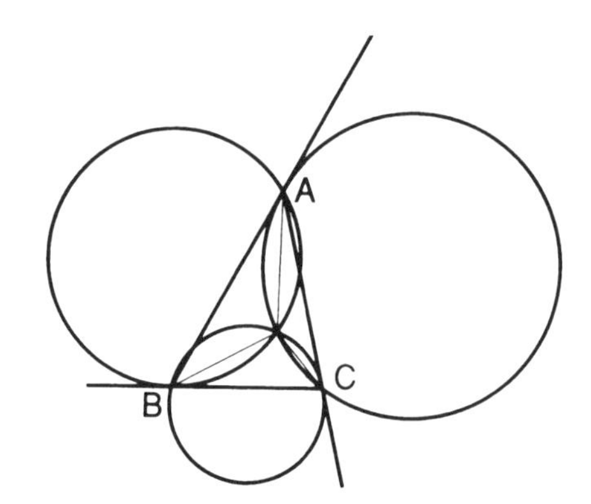

Mais il existe encore deux autres propriétés "stupéfiantes" : Si CΩ' et BΩ se coupent en X et X', et ainsi de suite, alors Ω, Ω', X, Y et Z se trouvent sur un cercle. Si trois chiens partent des trois sommets d'un triangle et courent tous après la queue du précédent, en se déplaçant à la même vitesse, alors le combat final se déroulera en l'un ou l'autre des points de Brocard, selon le sens de la poursuite. Pour connaître le sort de quatre chiens lancés à la poursuite les uns des autres, voir la rubrique *courbes de poursuite*.

Caire, pavage du

Appelé ainsi car il apparaît très fréquemment dans les rues du Caire et dans l'art islamique.

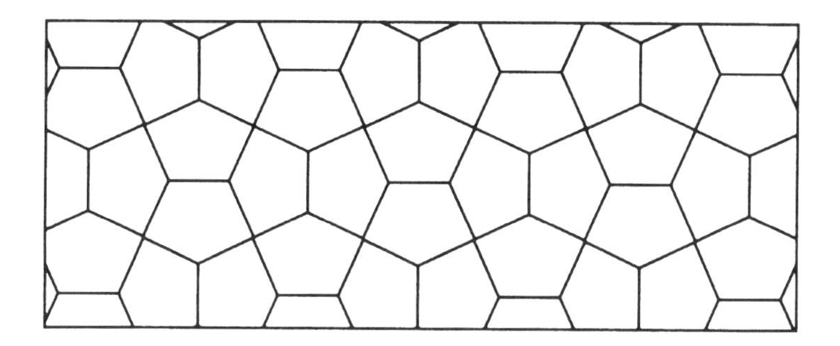

On peut l'envisager de plusieurs façons, par exemple comme une réunion de croix ayant pivoté autour des sommets d'un quadrillage et aux extrémités reliées par de courts segments de droite ; ou comme le mélange de deux pavages identiques d'hexagones allongés se chevauchant à angle droit. Cette dernière description suggère que le pavage du Caire possède plusieurs formes distinctes, selon la forme des hexagones qui se chevauchent.

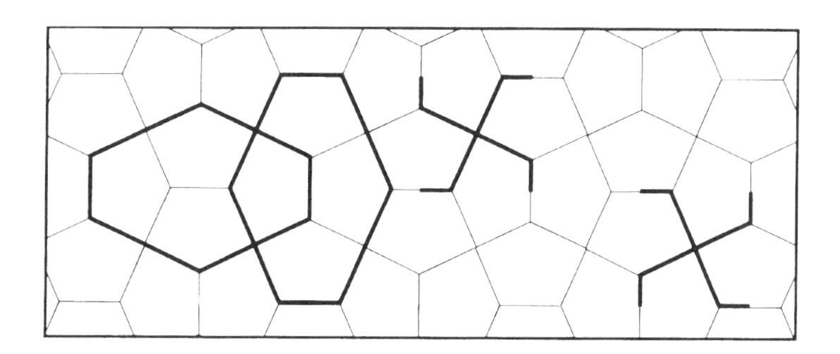

Son pavage dual, formé en joignant les centres de chaque pavé aux centres de ses voisins, est un pavage semi-régulier constitué de carrés et de triangles équilatéraux.

cardioïde, ou épicycloïde à un point de rebroussement

La cardioïde ("en forme de cœur"), avec d'autres courbes similaires comme l'astroïde, fut étudiée la première fois en 1674 par l'astronome Ole Rømer qui cherchait la meilleure forme pour des dents d'engrenage. Auparavant, les Grecs avaient envisagé de décrire le mouvement des planètes par celui de "cercles se déplaçant sur d'autres cercles".

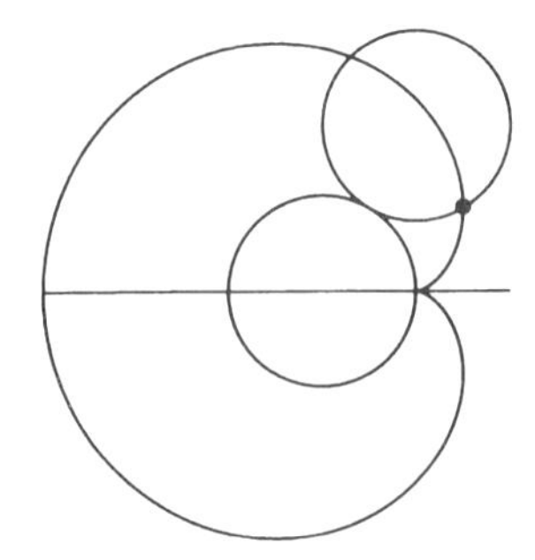

Lorsqu'un cercle roule sur un autre de même taille, un point quelconque du premier cercle décrit une cardioïde. Par ailleurs, c'est aussi la trajectoire d'un point placé sur un cercle en mouvement de diamètre double de celui du cercle fixe, qui tourne autour de ce dernier tout en l'entourant.
L'équation polaire de la cardioïde est $r = 2a(1 \pm \cos\theta)$. Sa longueur vaut $16a$ et son aire $6\pi a^2$.

La cardioïde est également l'enveloppe de tous les cercles centrés sur un cercle fixe et passant par un point de ce même cercle fixe.

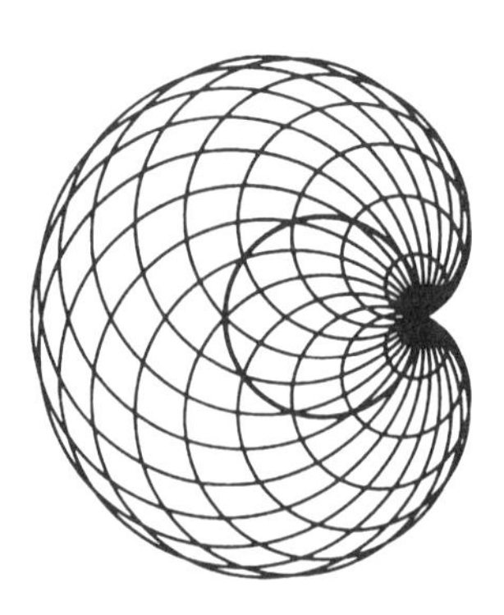

Tracer trois tangentes parallèles quelconques et joindre les points de contact au point de rebroussement. Ces trois rayons de la cardioïde forment des angles de 120°, et le point de rebroussement est un *point de Fermat* des points de contact. Le centre de gravité des trois points où les tangentes parallèles touchent la cardioïde est toujours le centre du cercle fixe.

Une ligne arbitraire coupera la cardioïde en quatre points, dont deux peuvent être imaginaires. La somme des distances du point de rebroussement à ces intersections est constante. En particulier, comme une ligne passant par le point de rebroussement coupe la courbe en deux points, la longueur de toute corde passant par le point de rebroussement est constante et vaut $4a$. Les milieux de ces cordes sont situés sur un même cercle. Les tangentes aux extrémités d'une corde passant par le point de rebroussement sont perpendiculaires.

carré immobilisé

Étant donné un carré constitué de quatre barres égales articulées dans les angles, combien de barres supplémentaires de même longueur et également articulées à leurs extrémités doivent-elles être ajoutées dans le même plan pour rendre le carré de départ rigide dans ce plan?

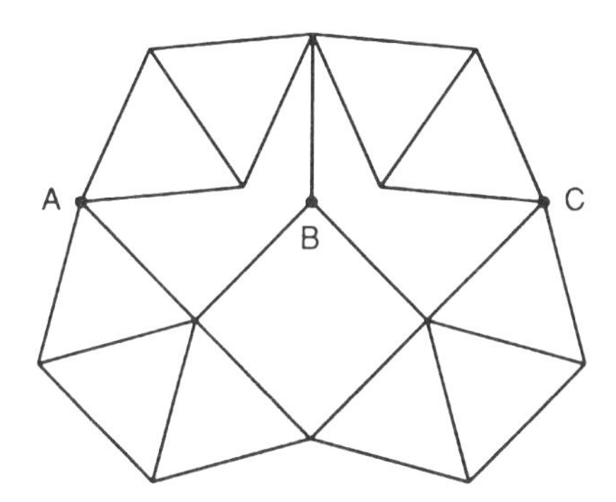

Voici la solution minimale, découverte par des lecteurs d'un article de Martin Gardner dans *Scientific American*. Les points A, B et C sont alignés.

Cassini, ovale ou ellipse de

Si un point se déplace de sorte que le produit de ses distances à deux points fixes, F_1 et F_2, soit constante, sa trajectoire est un ovale de Cassini – du nom de Giovanni Domenico Cassini, qui les étudia en 1860 en liaison avec les mouvements relatifs de la Terre et du Soleil.

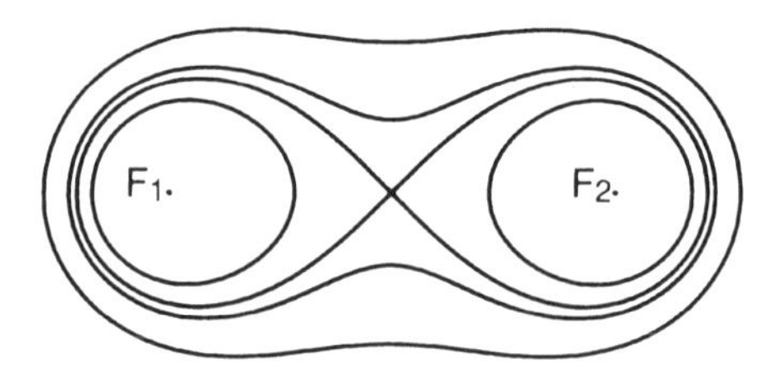

La lemniscate de Bernoulli est un cas particulier dans lequel le produit constant est égal au carré de la distance entre les points fixes.
Les ovales de Cassini forment également la section transversale d'un tore circulaire découpé selon un plan parallèle à son axe. Le mathématicien grec Persée étudia le premier les sections du tore, ce qui explique qu'on les ait qualifiées de sections spiriques de Persée (les Grecs utilisant pour le tore, curieusement, le terme de *spira*).

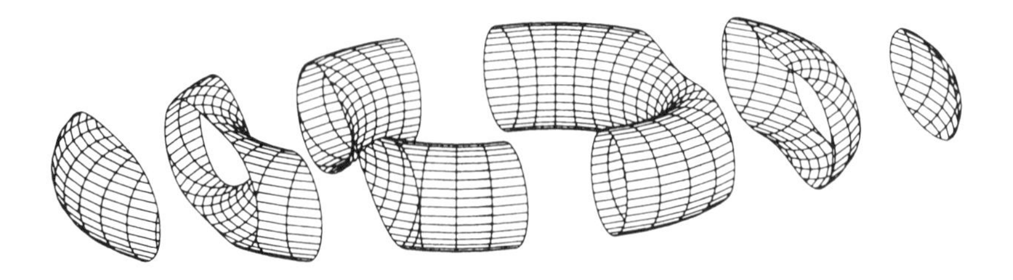

caténaire (ou chaînette)

Une chaîne suspendue uniformément forme une caténaire, nom que donna Huygens à cette figure en 1691. Galilée pensait qu'un câble pendu avait la forme d'une parabole, erreur bien compréhensible si l'on considère que la parabole et la caténaire sont très proches l'une de l'autre au niveau de leurs sommets.

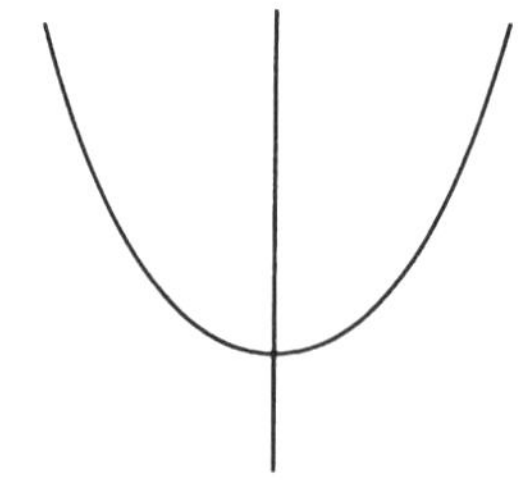

L'équation de la caténaire est $y = a \cosh(x/a)$.

La caténaire est également le lieu du foyer d'une parabole qui roule sur une ligne droite.
La développante de la caténaire par rapport à son sommet est la tractrice. L'asymptote de la tractrice est la directrice de la caténaire.

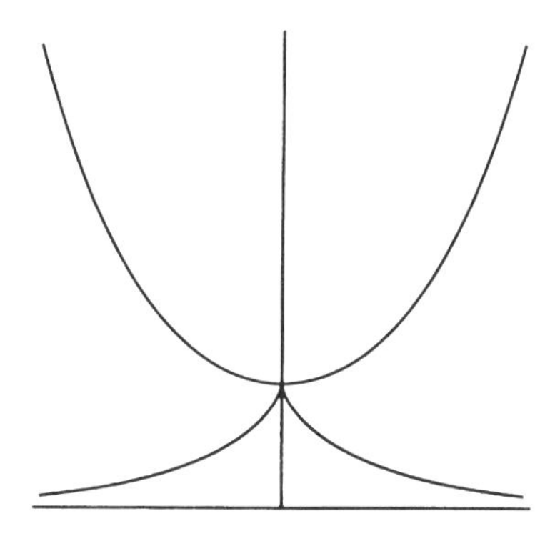

caténoïde

La surface formée en faisant tourner une caténaire autour de sa directrice est une surface minimale. C'est la forme que prend un film de savon entre deux anneaux circulaires ouverts placés sur un même axe. C'est la seule surface minimale qui soit de révolution.

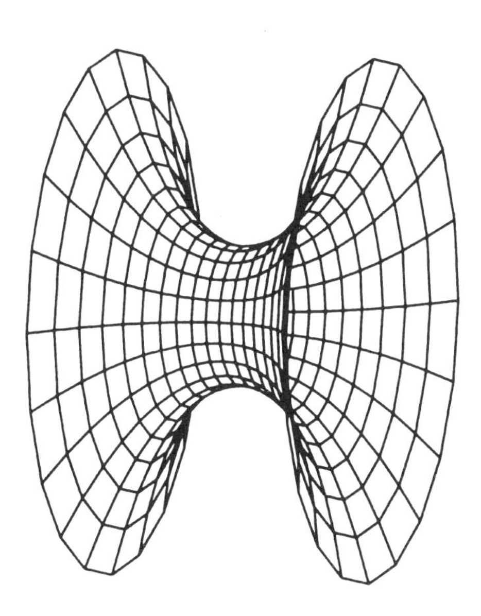

caustique d'un cercle

Les caustiques furent d'abord étudiées dans le cadre de l'optique par Tschirnhausen, en 1682.

Étant donné une courbe fixe et une source de lumière fixe, les rayons lumineux provenant de la source et réfléchis (ou réfractés) par la courbe enveloppent une nouvelle courbe appelée caustique.
La caustique d'un cercle produite par réflexion apparaît de manière assez grossière lorsqu'une lampe éclaire l'intérieur d'une tasse de thé et que les rayons lumineux sont réfléchis vers la surface du liquide.

La caustique par réflexion est généralement un limaçon. Mais la source de lumière peut prendre trois positions exceptionnelles. À l'infini, la caustique est une néphroïde ; si la source de lumière se trouve sur le cercle, c'est une cardioïde ; et la caustique d'une source de lumière placée au centre du cercle est le cercle lui-même.

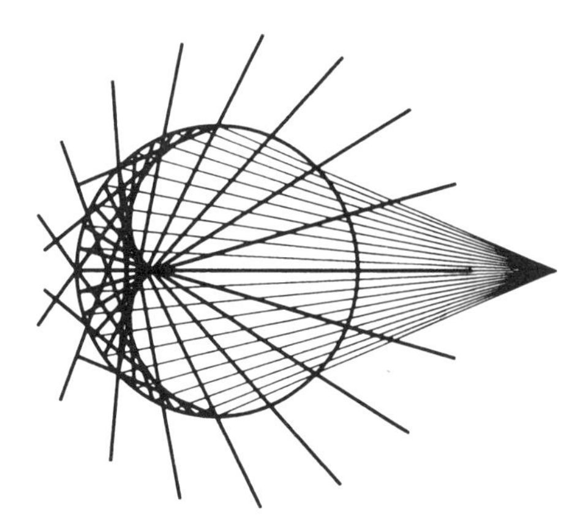

La figure ci-dessus montre la caustique d'un cercle par réflexion, pour une source ponctuelle placée à l'extérieur du cercle. Les caustiques par réflexion peuvent également être considérées comme des développées. La courbe dessinée ici est la développée d'un limaçon dont le pôle est la source de lumière.

cercles coaxiaux

La figure page suivante montre deux familles de cercles coaxiaux. L'une comprend tous les cercles passant par deux points fixes. Chaque cercle du deuxième type est orthogonal à chaque cercle du premier : ils se coupent tous à angle droit.

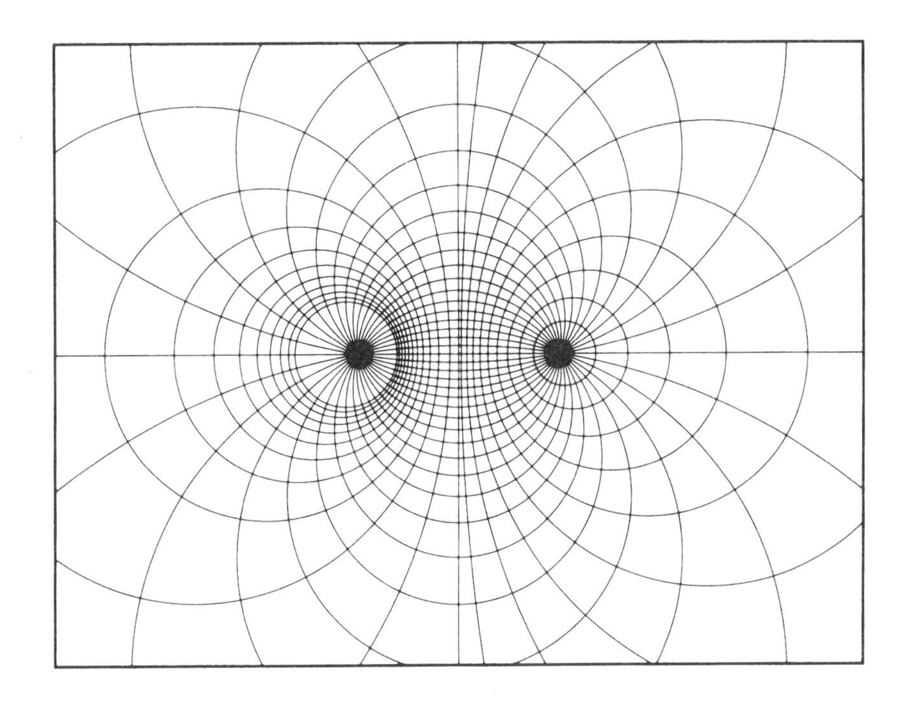

Les cercles d'une famille ne se coupent pas et, dans les cas limites, ils se réduisent aux deux points intérieurs au petit cercle et à l'axe de symétrie vertical, que l'on peut imaginer comme un cercle de diamètre infini.
Chaque cercle de l'autre famille passe par les deux points limites de la première famille. La deuxième famille admet comme cas particulier l'axe de symétrie horizontal, et possède deux points limites imaginaires.
La figure a été créée par inversion d'une famille de cercles concentriques (de rayon croissant régulièrement) avec une famille de lignes (espacées d'angles constants) passant par leurs centres. Le cercle d'inversion est centré sur le point limite gauche et son rayon est égal à la distance séparant les deux centres. Chacun des cercles qui ne se croisent pas est l'inverse de l'un des cercles concentriques. Ceux dont le centre tombe à l'extérieur du cercle d'inversion conduisent aux cercles situés à gauche, et ont donc un espacement différent de ceux de droite. Chaque cercle de l'autre famille est l'inverse de l'une des lignes.

cercles inscrit et exinscrits d'un triangle

Un unique cercle touche les trois côtés d'un triangle par l'intérieur, et trois cercles touchent chacun un côté de l'extérieur et deux côtés de l'intérieur. Les centres de ces cercles sont les points de rencontre des trois bissectrices internes et de trois bissectrices externes des angles du triangle, qui forment un triangle plus grand, avec ses hauteurs.

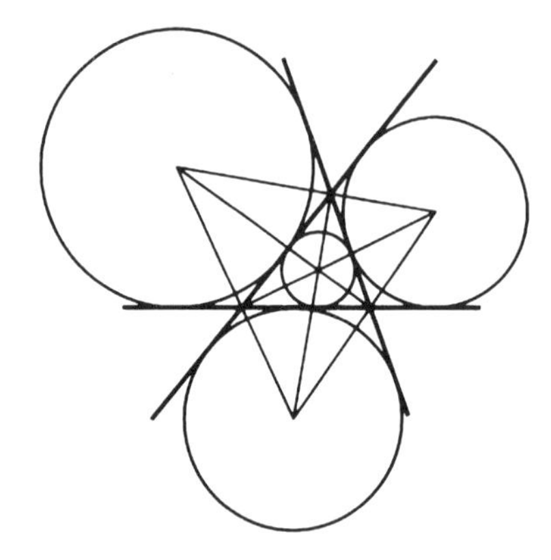

Si l'on note r, r_a, r_b et r_c les rayons de ces cercles, alors

$$\frac{1}{r} = \frac{1}{r_a} + \frac{1}{r_b} + \frac{1}{r_c}$$

De plus, si le rayon du cercle circonscrit est R, alors $r_a + r_b + r_c - r = R$ et l'aire du triangle est égale à $\sqrt{r_a r_b r_c r}$.

Les lignes joignant les sommets aux points de contact du cercle inscrit se rencontrent au point de Gergonne. Les lignes joignant les sommets aux points intérieurs de contact des cercles exinscrits se coupent au point de Nagel.

Si l'on inverse la figure par rapport à l'un quelconque des quatre cercles, ce cercle et les côtés du triangle se transforment en quatre cercles égaux.

Les bissectrices intérieures d'un triangle définissent un autre cercle qui passe par les points où elles rejoignent les côtés opposés. Ce cercle présente la propriété suivante : parmi ses cordes coupées par les côtés du triangle, une est égale à la somme des deux autres.

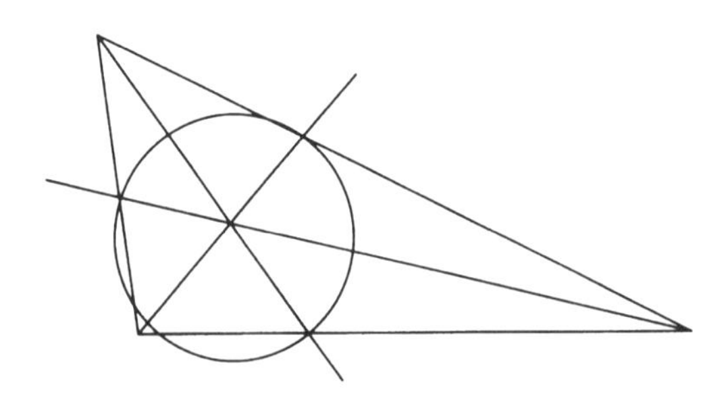

cercles inscrits égaux, théorème des

Les rayons partant de X sont choisis de sorte que les triangles XAB, XBC, XCD, etc. aient tous des cercles inscrits identiques. Par conséquent, les triangles XAC, XBB, etc. ont également des cercles inscrits identiques.
De façon similaire, les triangles XAD, XBE, etc. auront également des cercles inscrits égaux, tout comme les triangles XAE et XBF.

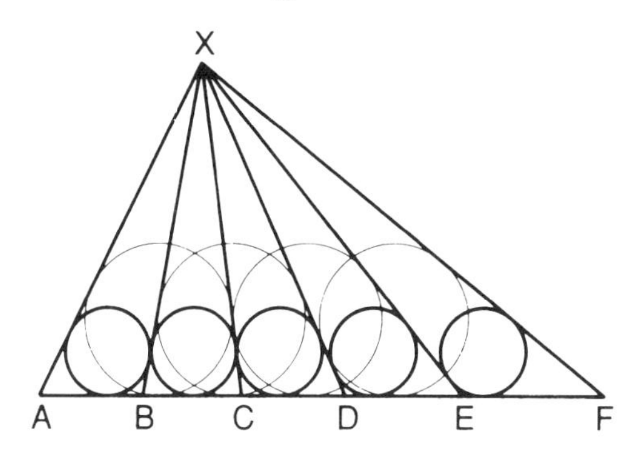

cercles sur une sphère

Quelle est la taille maximale de N cercles identiques permettant de les placer à la surface d'une sphère ? Pour certaines valeurs particulières de N, par exemple si N est le nombre de faces d'un polyèdre régulier, la solution est simple, et complètement symétrique. Ainsi, on peut dessiner huit cercles identiques, un dans chaque quadrant de la surface sphérique, chacun touchant les autres et correspondant à une face d'un octaèdre.

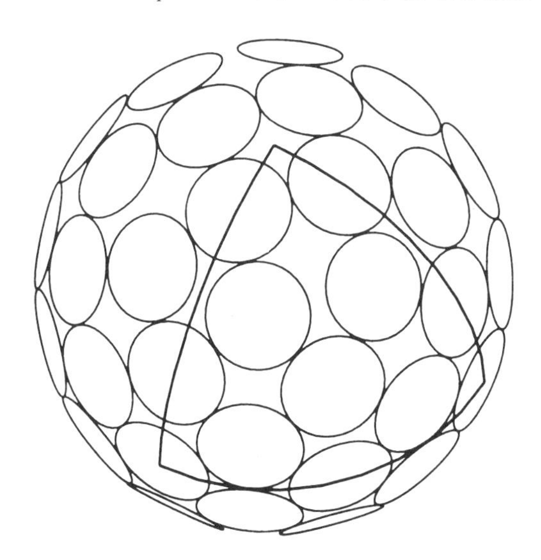

Pour d'autres valeurs de N, la configuration est moins symétrique et la solution plus difficile à trouver. La figure montre une solution pour 64 cercles. Le triangle sphérique représenté montre la position du pôle (entouré par quatre cercles), et l'équateur sur le côté opposé au pôle.

Ceva, théorème de

Giovanni Ceva était géomètre et ingénieur hydraulicien. Il fut également le premier mathématicien à rédiger des textes d'économie. C'est en 1678 qu'il publia le livre qui contient le théorème portant son nom, dont il présenta une preuve fondée sur les centres de gravité.

Si

$$\frac{BA'}{A'C} \cdot \frac{CB'}{B'A} \cdot \frac{AC'}{C'B} = 1,$$

alors les lignes AA', BB' et CC' sont concourantes. L'inverse est également vrai. D'un point de vue mécanique, comme le constata Ceva, A', B' et C' sont les centres de gravité de paires appropriées de poids placés aux sommets, et le point de concours est le centre de gravité des trois poids.

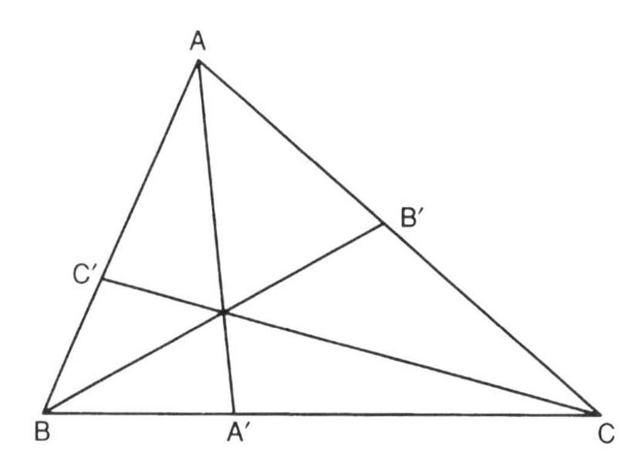

Le théorème peut être étendu à tout polygone simple ayant un nombre impair de côtés. Dans un pentagone, par exemple, si des droites passant par les sommets A, B, C, D et E rejoignent les côtés opposés en A', B', C', D' et E', on a :

$$\frac{AC'}{C'E} \cdot \frac{EB'}{B'D} \cdot \frac{DA'}{A'C} \cdot \frac{CE'}{E'B} \cdot \frac{BD'}{D'A} = 1.$$

cinq cercles, théorème des

Sont dessinés ci-dessous cinq cercles centrés sur le même cercle ; chacun d'entre eux coupe le cercle suivant au niveau du cercle fixe. En joignant les points d'intersection restants, on obtient un pentagone étoilé dont chaque sommet se trouve sur l'un des cinq cercles.

circonscrit, cercle circonscrit à un triangle

Les médiatrices des côtés d'un triangle se rencontrent en un point qui est le centre du cercle passant par les trois sommets. Si H est l'orthocentre du triangle, alors la somme des vecteurs OA, OB et OC est égale au vecteur OH.

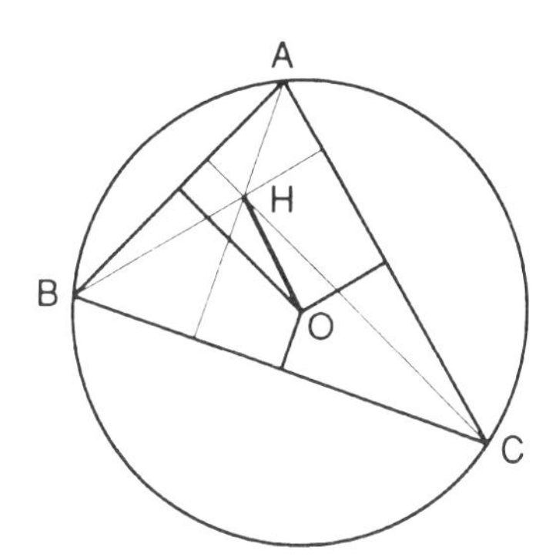

circulaire, pavage

Les pavages sont généralement définis comme devant remplir complètement le plan, mais il est facile d'élargir le concept à des pavages comportant des interstices, ou à des pavages de cercles, qui laissent nécessairement des vides entre eux.

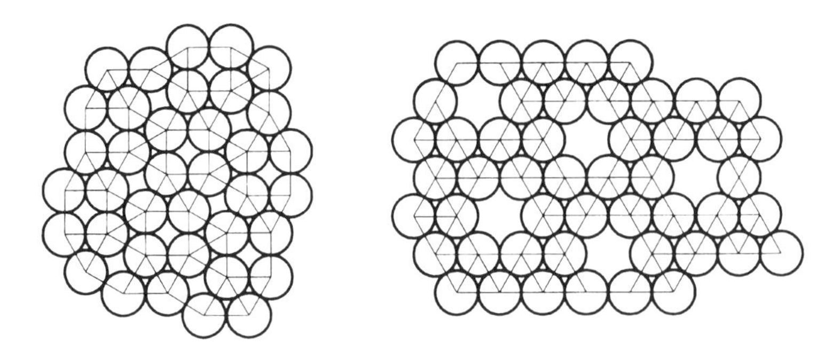

Tous les pavages semi-réguliers peuvent être transformés en un réseau de cercles en dessinant des cercles identiques centrés sur les sommets du pavage. On voit à gauche le pavage transformé à partir de carrés et de triangles équilatéraux, et à droite celui obtenu par transformation de deux pavages semi-réguliers d'hexagones et de triangles équilatéraux (ce dernier pavage existe sous les formes droite et gauche.).

Clifford, théorème de

Clifford a découvert toute une série de théorèmes qui découlent les uns des autres selon une progression naturelle.

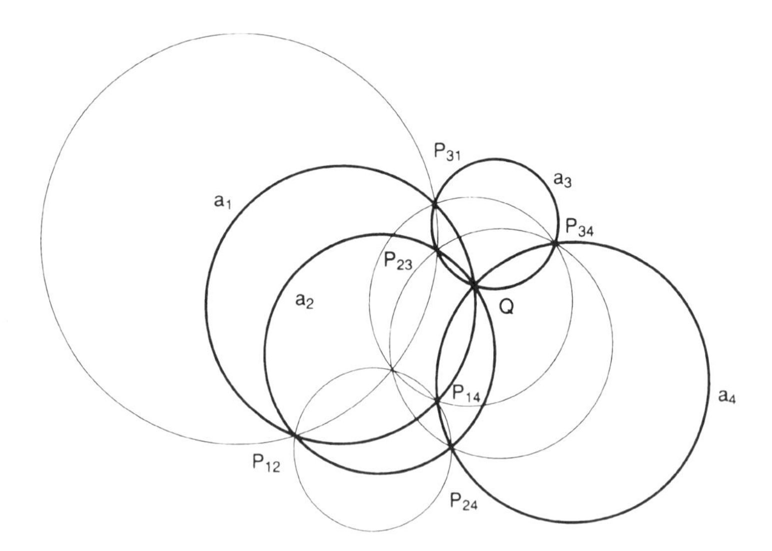

Premier théorème de Clifford : soient a_1, a_2, a_3 et a_4 quatre cercles passant par un point Q. On pose que a_1 et a_2 se coupent en P_{12}, etc. Soit a_{123} le cercle passant par P_{12}, P_{23} et P_{31}, etc. Alors les quatre cercles a_{123}, a_{124}, a_{134} et a_{234} passent tous par un point commun, P_{1234}.

Le *deuxième théorème de Clifford* en découle alors tout naturellement : soit a_5 un cinquième cercle passant par Q. Alors les cinq points P_{1234}, P_{1235}, P_{1245}, P_{1345} et P_{2345} se trouvent tous sur un même cercle a_{12345}.

Troisième théorème de Clifford : les six cercles a_{12345}, a_{12356}, ..., a_{23456} passent tous par le point P_{123456}.

Cette suite de théorèmes se poursuit à l'infini.

collapsoïdes

Comme c'est souvent le cas, Jean Pedersen travaillait sur un autre sujet lorsqu'il découvrit en 1975 une classe de polyèdres pliants non convexes.

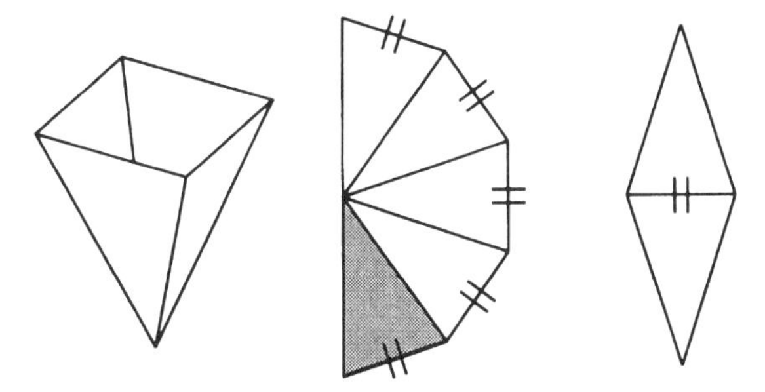

Imaginons que chaque arête d'un icosaèdre (ou d'un dodécaèdre, le résultat est le même) soit remplacée par l'une des diagonales d'une pyramide sans base. Chaque pyramide se présente comme ci-dessus au centre, et 30 d'entre elles sont reliées les unes aux autres par des pattes, comme montré à droite. On obtient ainsi le collapsoïde polaire suivant :

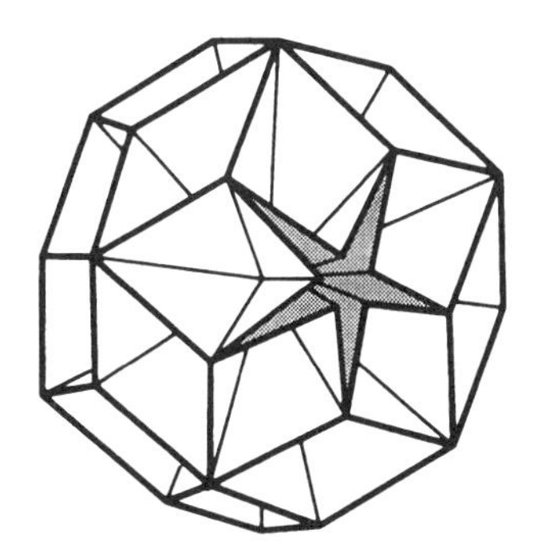

conchoïde de Nicomède

Soit une courbe quelconque, un point fixe A en dehors de la courbe et une distance constante k. Tracer une droite passant par A et coupant la courbe en un point Q. Si P et P' sont des points de la droite tels que PQ = QP' = k, alors P et P' parcourent la conchoïde de la courbe par rapport à A.

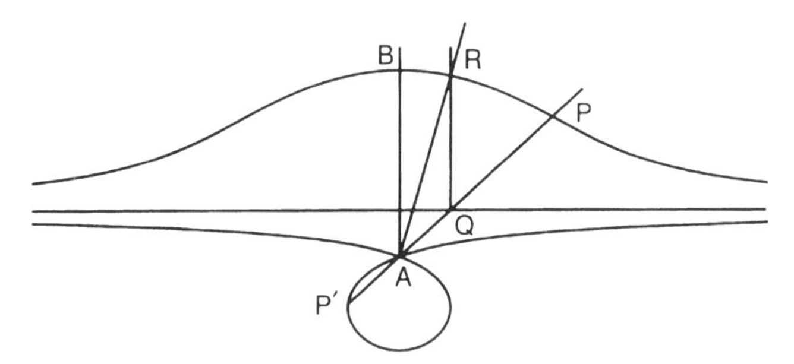

La conchoïde d'une courbe variera en fonction du point fixe choisi. Certains choix particuliers de ce point produiront des résultats particulièrement simples. C'est ainsi, par exemple, que la conchoïde d'un cercle par rapport à un point fixe placé sur le cercle est un limaçon de Pascal.
D'après Pappus, Nicomède inventa la conchoïde ("en forme de coquille") pour résoudre à la fois le problème de la duplication du cube et celui de la trisection de l'angle. Pour ce dernier, on procède de la manière suivante : sur la figure, on choisit $AQ = \frac{1}{2}QP = \frac{1}{2}k$, et QR perpendiculaire à la droite. Alors $\angle RAB = \frac{1}{3}\angle PAB$.

configurations neuf-trois

Il existe trois configurations neuf-trois (9_3) entièrement différentes. C'est-à-dire qu'il existe trois manières de disposer neuf droites et neuf points avec trois droites passant par chaque point et trois points sur chaque droite.

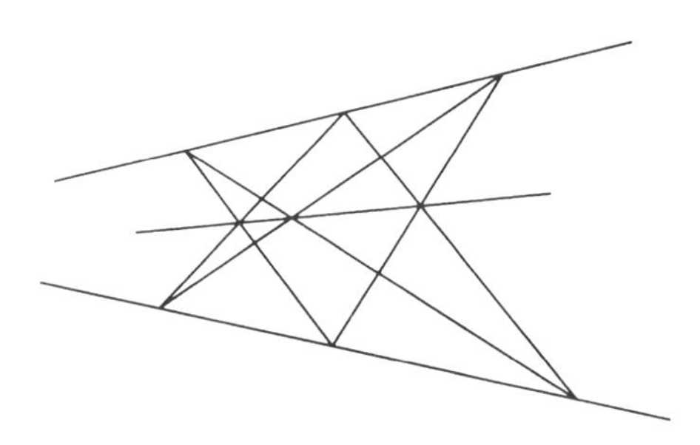

La deuxième de ces configurations se présente sous la forme d'un triangle inscrit dans un autre triangle lui-même inscrit dans un troisième, ce dernier étant inscrit dans le premier triangle. La première figure précédente est identique à celle du *théorème de Pappus*.

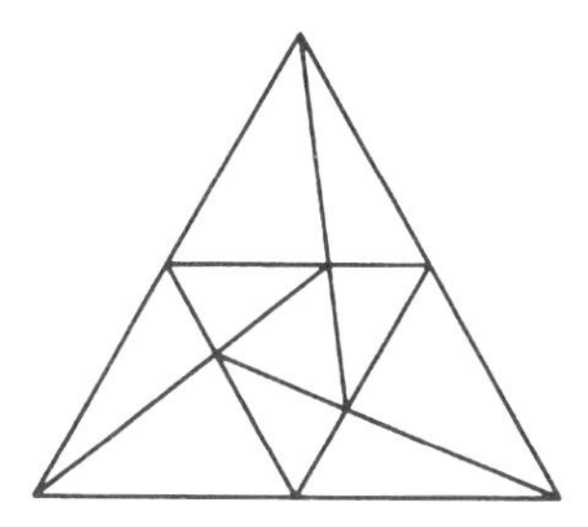

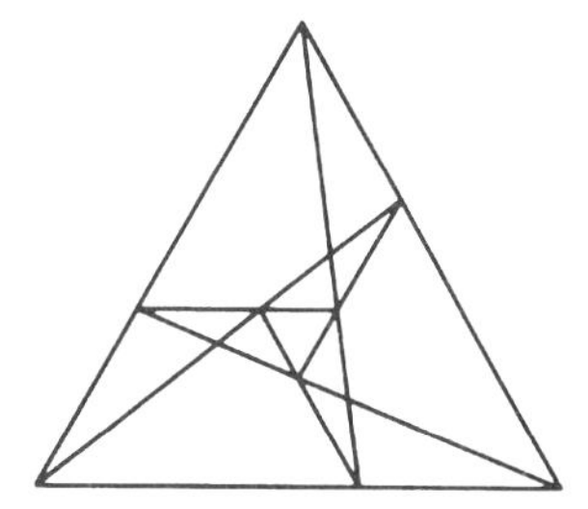

configurations onze-trois

Il existe 31 configurations 11_3 différentes. Dans chacune d'elle, on a onze droites et onze points, trois droites passant en chaque point et trois points sur chaque droite. En voici trois :

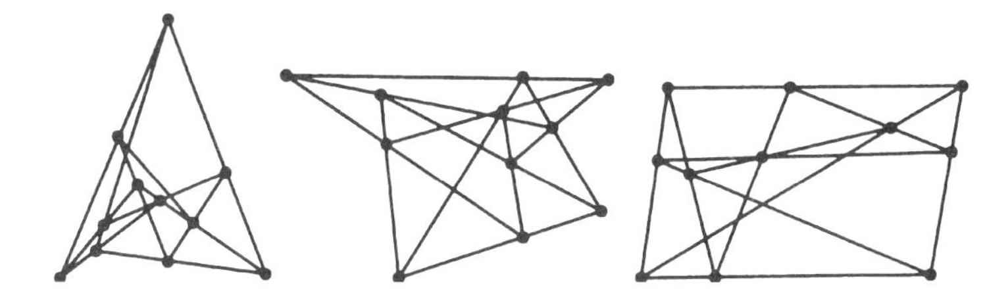

coniques confocales

Étant donné deux points, il existe un nombre infini d'ellipses et d'hyperboles admettant ces deux points pour foyers.

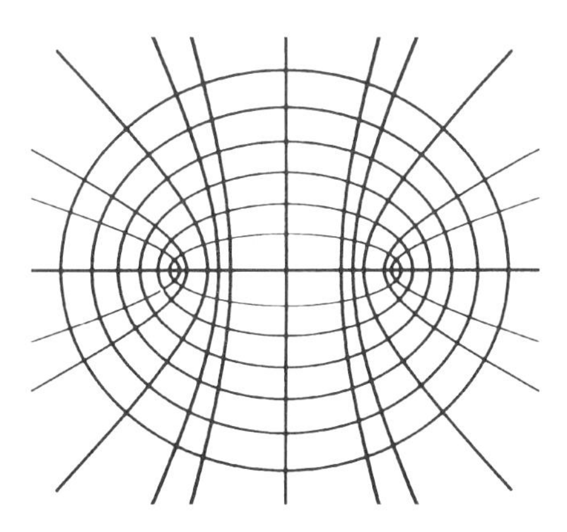

Les ellipses, pas plus que les hyperboles, ne se coupent jamais entre elles, mais chaque ellipse coupe chaque hyperbole à angle droit.

Étant donné un point quelconque et une droite passant par ce point, il existe deux familles infinies de paraboles admettant le point pour foyer et la droite pour axe. Chaque parabole d'une famille est orthogonale à toute parabole de l'autre famille.

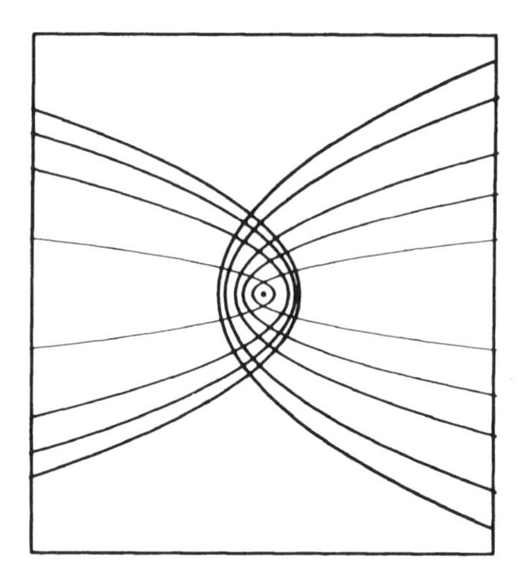

cordes à 60°

Étant donné une courbe convexe fermée quelconque, il est possible de trouver un point P et trois cordes passant par ce point inclinées à 60°, telles que P soit le milieu des trois.

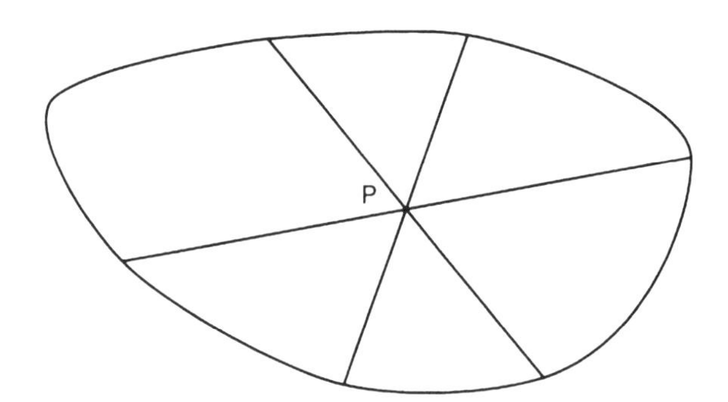

cordes bissectant le périmètre

Tout diamètre d'un cercle, ou toute droite passant par le centre d'un carré (ou plus généralement d'un parallélogramme), divise en deux le périmètre. Cependant, une courbe peut posséder un point présentant cette propriété sans être symétrique pour autant.

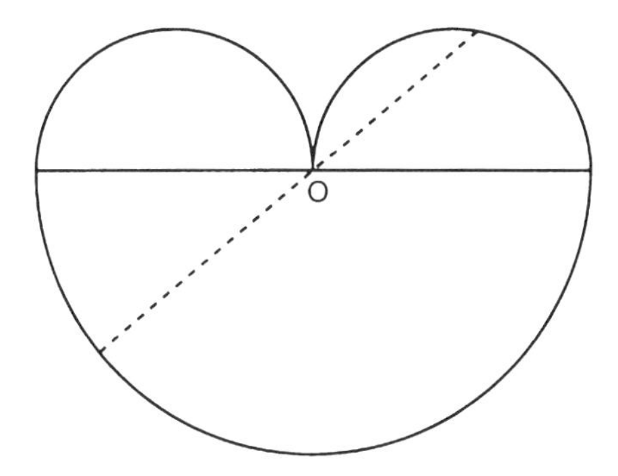

La figure ci-dessus est formée de deux demi-cercles placés sur un autre demi-cercle. Toute droite passant par O divise le périmètre en deux parties égales.

cordes communes

Étant donné trois cercles qui se coupent, leurs cordes communes passent par un point commun.

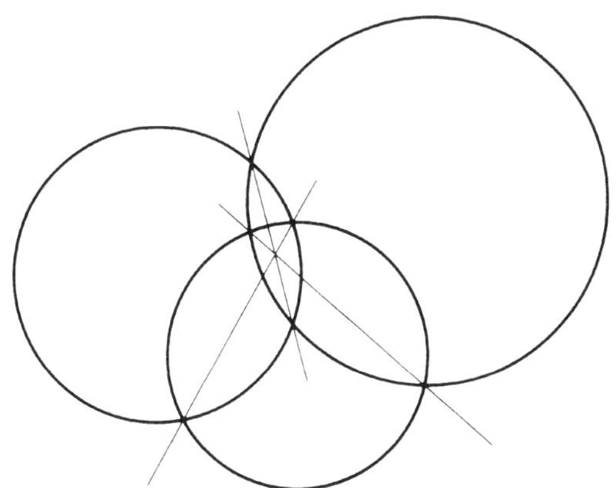

Si les cercles ne se coupent pas en des points réels, leurs cordes communes ne sont pas réelles, mais elles se rencontrent encore en un point réel qui est l'intersection des trois axes radicaux des cercles. Ce point est le centre de l'unique cercle qui coupe les trois cercles à angle droit.

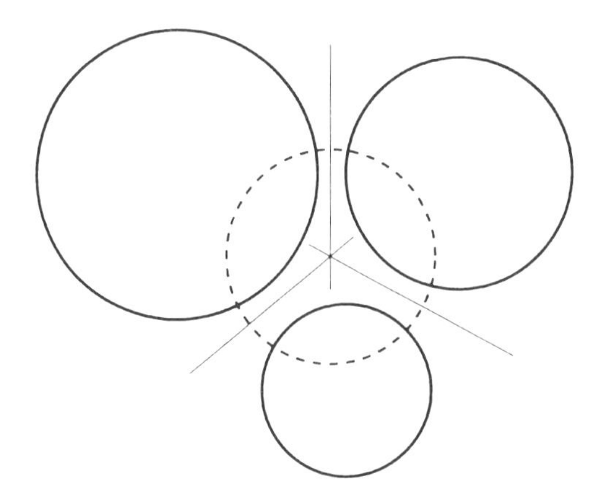

corps flottants en équilibre

Stanislav Ulam se demanda un jour si la sphère est le seul solide de densité uniforme qui flotte dans l'eau dans toutes les positions. En dimension 2, la réponse à ce problème simple est négative. Un cylindre de densité 0,5 ayant l'une ou l'autre des sections ci-dessous flottera dans l'eau, sans avoir tendance à tourner, quelle que soit son orientation.

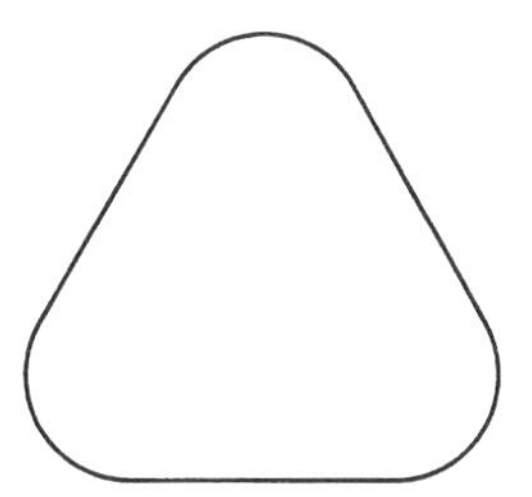

Cremona-Richmond, configuration de

Les configurations de points et de droites les plus simples, comme le *plan de Fano*, la *configuration de Desargues* ou les *configurations onze-trois* *(11_3)*, contiennent toutes au moins un ensemble de trois points et de trois droites joignant ces points pour former un triangle. En fait, il semble assez normal que toute configuration contienne des triangles.

Pourtant, la configuration de Cremona-Richmond (ci-après) est de type 15_3, avec quinze droites, quinze points, trois droites passant par chaque point et trois points sur chaque droite ; mais pas un seul triangle.

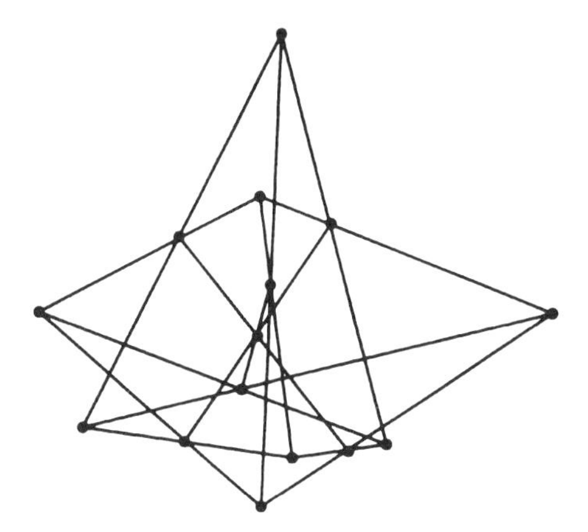

croix grecques, pavage et découpage

La croix grecque peut s'assembler de manière très simple pour former un pavage, ce qui conduit naturellement à d'infinies possibilités de découpage de la croix en un carré. Il suffit de prendre quatre points correspondants quelconques du pavage pour obtenir un découpage de la croix en un carré.

Une condition nécessaire à cette simplicité est que la croix soit composée de cinq carrés unitaires, cinq étant ici la somme de deux carrés : $5 = 2^2 + 1^2$. Pourtant, cette condition n'est pas suffisante. Tous les autres *pentominos* (formes obtenues en posant cinq carrés identiques les uns contre les autres, bord à bord) satisfont à la même condition, mais seuls certains d'entre eux formeront des pavages et conduiront à des découpages analogues.

cube

Le cube est le plus connu des solides platoniciens, ou solides réguliers. Il possède six faces, huit sommets, et douze arêtes, ainsi que treize axes de symétrie, dont trois passent par les centres de faces opposées, quatre par des sommets opposés, et six par les milieux d'arêtes opposées prises deux à deux. Le cube est également un zonaèdre.
Des cubes identiques remplissent l'espace de la façon la plus naturelle lorsque chaque cube touche chacun de ses voisins sur une face entière. Cependant, ils peuvent remplir l'espace d'une infinité de manières. Non seulement des couches de cubes glisseront les unes sur les autres, mais les cubes peuvent également être agencés dans chaque couche d'une infinité de manières. Aucun autre solide remplissant l'espace ne dispose d'une telle souplesse.

Prenez un cube et supprimez-en les arêtes passant par deux sommets opposés. Les milieux des arêtes restantes sont les sommets d'un hexagone régulier. Si on empile des cubes pour remplir l'espace d'une manière naturelle, la même coupe plane qui donne naissance à cet hexagone régulier coupera l'empilement en un pavage semi-régulier d'hexagones réguliers et de triangles équilatéraux.
Il existe quatre façons de bissecter le cube par un plan pour former un hexagone régulier. Les bords de tous les hexagones forment les vingt-quatre arêtes d'un cuboctaèdre.

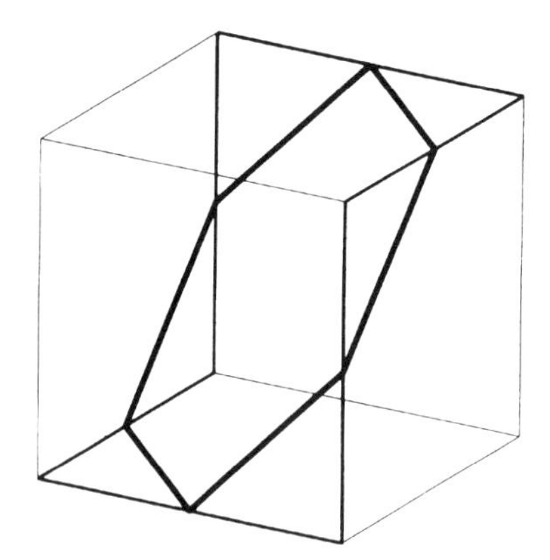

Le dual du cube, qui est formé en joignant le centre de chaque face aux centres des faces adjacentes, est un octaèdre régulier.

La figure suivante est obtenue par la composition de trois cubes formant des croix sur leurs faces respectives. Chaque paire de cubes a un axe de symétrie commun passant par deux faces opposées.

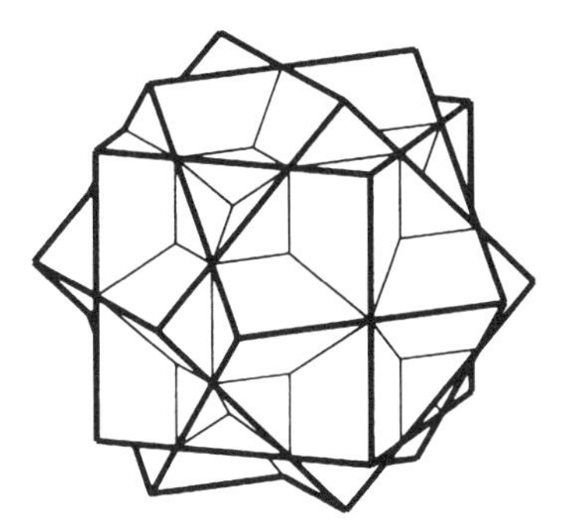

cubique et triangle

Au cours de la deuxième moitié du dix-neuvième siècle et de la première partie du vingtième, on assista à un regain d'intérêt de la part de quelques mathématiciens pour ce qu'on appelait alors la "*Géométrie moderne du triangle*". De nombreuses caractéristiques nouvelles du triangle furent ainsi découvertes, et souvent baptisées du nom de leurs découvreurs : les points de Brocard, le point de Gergonne, le point de Nagel, les points de Lemoine, le cercle de Tucker, le cercle de Neuberg, les cercles de Fuhrmann, l'hyperbole de Kiepert, etc.

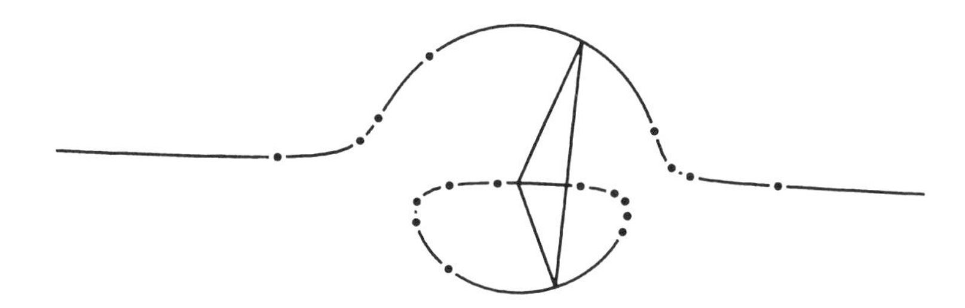

La figure ci-dessus montre l'une des plus illustres de ces découvertes : une courbe cubique à une asymptote, qui passe par pas moins de 37 points significatifs se rapportant à un triangle général ; la figure en montre 21. Parmi tous les points situés sur la cubique, on trouve : les sommets, leurs symétriques par rapport aux côtés opposés, les six sommets des triangles équilatéraux extérieurs et intérieurs aux côtés, le centre du cercle circonscrit et l'orthocentre, et les centres des cercles inscrit et exinscrits.
Les tangentes à la cubique en ces quatre derniers points sont toutes parallèles à l'asymptote. Entre autres propriétés, toute droite passant par un sommet coupe la cubique en deux points situés sur un cercle passant par les deux autres sommets.

cycloïde

Marin Mersenne formula plusieurs problèmes sur la cycloïde, mais, comme à son habitude, il en laissa la résolution à ses collègues ou amis. Le premier traité sur la cycloïde fut ainsi écrit en 1644 par Evangelista Torricelli, alors élève de Galilée. Pascal s'intéressa également à cette courbe et se plongea même dans son étude pour en oublier une mauvaise rage de dents!

Lorsqu'une roue progresse sur une surface droite, un point situé sur son pourtour décrit une cycloïde :

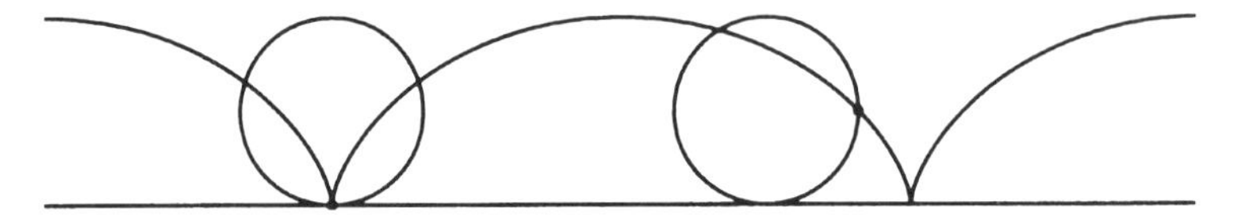

Un point situé à l'intérieur de la roue parcourt une *cycloïde raccourcie* :

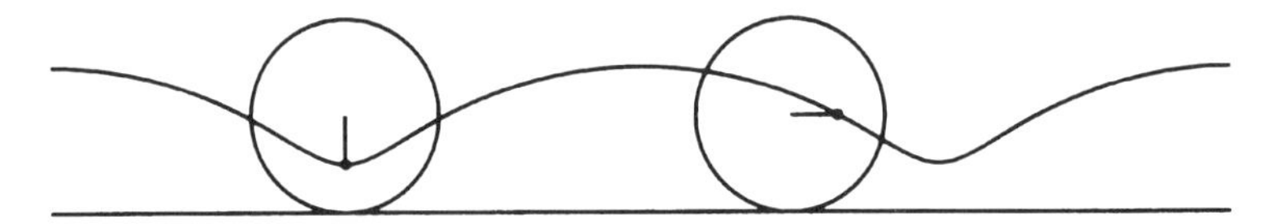

Lorsque la roue d'un train se déplace sur un rail, un point de sa circonférence décrit une *cycloïde allongée* qui contient des boucles :

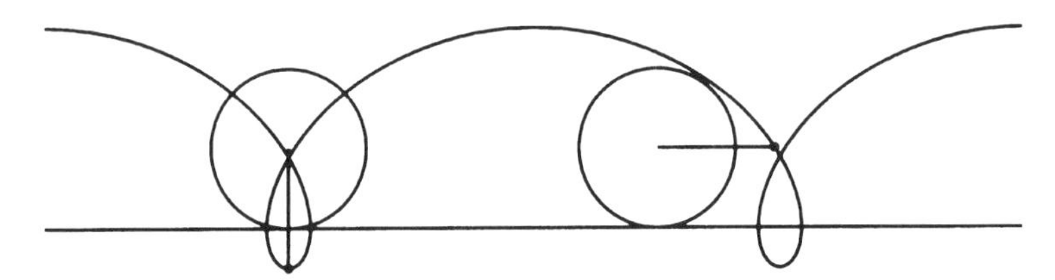

Imaginons un cercle, de deux fois le diamètre du cercle d'origine, roulant avec lui : le diamètre du plus grand cercle qui était vertical au départ est tangent à la cycloïde, qui est son enveloppe.

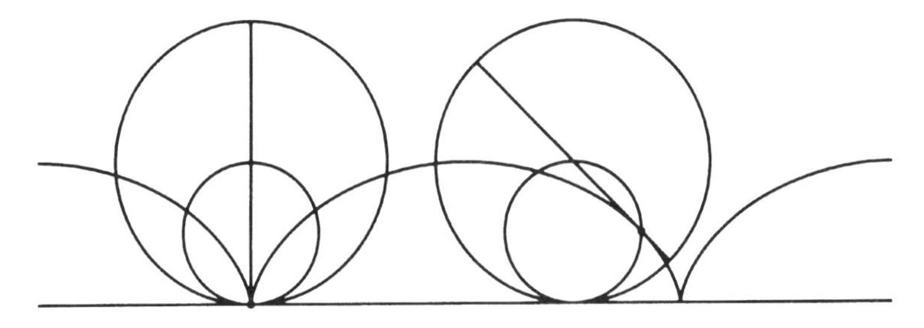

Galilée supposait, à juste titre, que la cycloïde était la forme la plus solide pour l'arche d'un pont.
Il tenta également, dès 1599, de déterminer l'aire de la courbe. Suivant en cela l'exemple d'Archimède, il découpa une arche de cycloïde complète, la pesa et compara son poids à celui du cercle d'origine. Il en conclut que l'aire recherchée est à peu près trois fois plus grande que celle du cercle. Roberval démontra en 1634 qu'en réalité elle vaut exactement trois fois celle du cercle.
La longueur d'un arc complet est égale au périmètre d'un carré circonscrit au cercle d'origine, comme le démontra en 1658 un excellent géomètre : Sir Christopher Wren.
La développée d'une cycloïde est une cycloïde identique qui se trouve décalée d'un demi-tour par rapport à la cycloïde de départ.

La cycloïde est également solution du problème de la brachystochrone : quelle est la forme de la brachystochrone, la courbe le long de laquelle une particule soumise à la pesanteur se déplacera de A à B dans le temps le plus bref ?

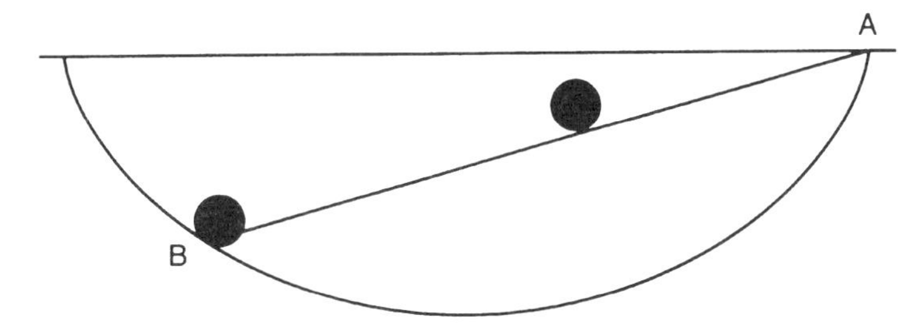

L'extraordinaire dans cette solution est que, si le point d'arrivée se trouve juste légèrement au-dessous du niveau du point de départ, la trajectoire la plus rapide conduit la particule plus bas que sa destination finale, avant de la faire remonter !
Il est vrai également qu'une particule roulant le long d'une rainure cycloïdale, en supposant que l'axe de la cycloïde vertical, arrivera en bas au même moment quel que soit le point de la cycloïde d'où elle a pu partir. En d'autres termes, la cycloïde est non seulement une brachystochrone, mais encore une tautochrone.

C'est Galilée qui découvrit que la période d'un pendule ne dépend que de sa longueur. Mais cela ne s'applique réellement qu'aux petites oscillations. Si l'on force le pendule à s'enrouler sur une cycloïde, cela devient vrai également pour des oscillations d'une amplitude quelconque.

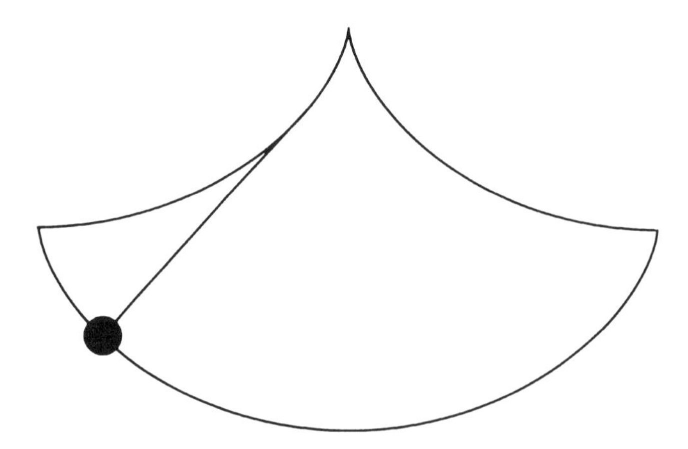

Huygens fut le premier à appliquer ce principe pour tenter d'améliorer les horloges à pendule, mais cette idée amena plus de difficultés qu'elle n'en résolut et fut rapidement abandonnée.

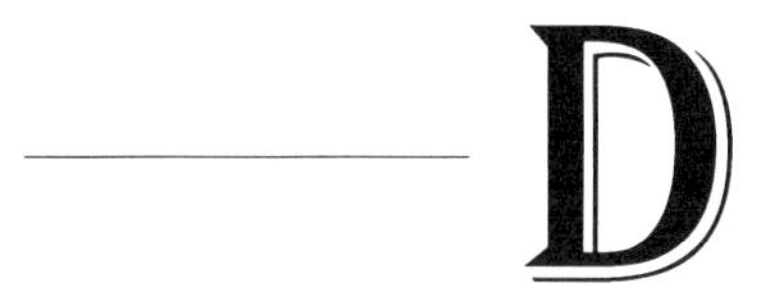

Dandelin, sphères de

L'ellipse s'obtient par la section plane d'un cône. Il est possible d'insérer deux sphères dans le cône : l'une touchant le plan entre celui-ci et le sommet, l'autre étant située de l'autre côté et au contact du plan et du cône.

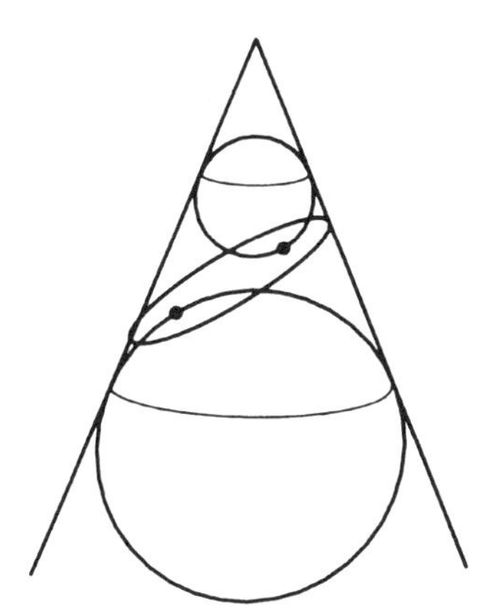

Professeur de mécanique à l'Université de Liège, Dandelin démontra que les deux sphères touchent l'ellipse au niveau de ses deux foyers, et que les directrices de l'ellipse sont les droites le long desquelles le plan de coupe rencontre les plans définis par les cercles de contact entre les sphères et le cône.

découpage d'étoiles en polygones, d'étoiles en étoiles

C'est à Harry Lindgren et Greg Frederickson que l'on doit quelques superbes et extraordinaires découpages. La figure qui suit présente quatre de leurs découvertes (le dernier exemple se découpe en deux étoiles identiques) :

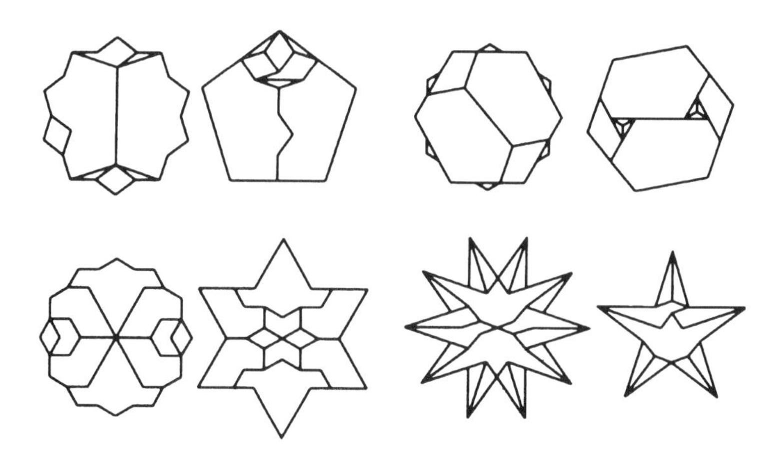

Pour l'amateur de casse-tête, la caractéristique la plus importante d'un découpage est le nombre réduit de pièces. Pour le mathématicien, l'exploitation de la géométrie naturelle de chaque polygone est au moins aussi importante. Les découpages ci-dessus possèdent ces deux qualités, outre la symétrie et l'effet de surprise.

découpages en triangles acutangles

Quel est le plus petit nombre de triangles acutangles dans lesquels on peut découper un triangle obtusangle ? On repère le centre D du cercle inscrit du triangle, puis on trace un cercle centré sur D et passant par le sommet B. Il suffit alors de compléter les triangles comme sur la figure, et le découpage en sept morceaux est terminé.

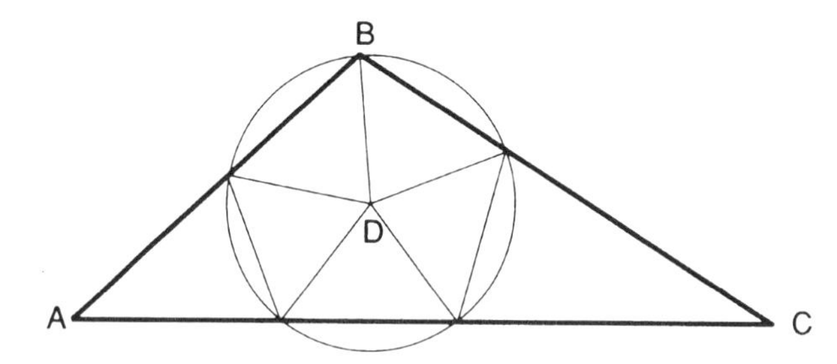

Ce procédé ne fonctionne que si $B > 90°$, $B - A < 90°$, et $B - C < 90°$. Si ces conditions ne sont pas remplies, alors on peut découper le triangle par une droite de B à AC, pour enlever un triangle acutangle et conserver un triangle obtusangle satisfaisant à la condition, ce qui donne finalement un total de huit pièces.

Un carré peut se découper en neuf triangles acutangles, comme le montre la figure ci-dessous, dans laquelle plusieurs des angles sont proches de 90°.

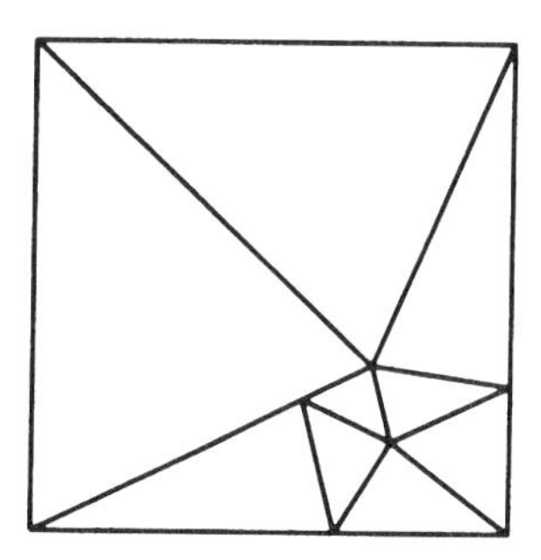

déliaque, problème

Lorsque, vers 430 av. J.-C., les Athéniens durent supporter une épidémie de peste, ils consultèrent l'oracle du dieu Apollon à Délos qui leur ordonna de doubler la taille de leur autel, lequel était cubique. Ils commencèrent par doubler chaque côté, mais les ravages de la peste continuèrent à s'intensifier.
Le problème de la construction d'une longueur égale à $\sqrt[3]{2}$ fois une autre longueur est entré dans la légende sous le nom de problème déliaque, même si des problèmes similaires aussi anciens avaient déjà été étudiés en Inde.
On se rendit bientôt compte que le problème revenait à trouver deux *proportionnelles moyennes* entre deux longueurs. En d'autres termes, étant donné a et b, si l'on peut trouver deux proportionnelles moyennes x et y telles que $x/a = y/x = b/y$, alors $(x/a)^3 = b/a$.

Malheureusement, les Grecs ne parvinrent pas à construire des solutions à l'aide de la seule règle et du compas. Leurs nombreuses solutions reposaient soit sur des opérations ne pouvant être effectuées qu'avec une part de jugement humain, soit sur des courbes inventées à cet effet (et ces courbes elles-mêmes n'étaient pas constructibles à la règle et au compas). L'une de ces courbes est la conchoïde de Nicomède ; une autre est la cissoïde de Dioclès.

De manière générale, on peut construire une cissoïde à partir de deux courbes quelconques et d'un point fixe. La cissoïde de Dioclès est la cissoïde d'un cercle (de centre O) et d'une droite tangente à celui-ci (en B) par rapport au point (A) opposé au point de tangence. On trace une ligne droite passant par A et coupant le cercle en Q, et la droite passant par B en R ; on repère ensuite le point P de cette nouvelle droite tel que AP = QR. La cissoïde est alors la trajectoire décrite par P. Si le rayon du cercle est égal à l'unité, alors $OU^3 = OL$.

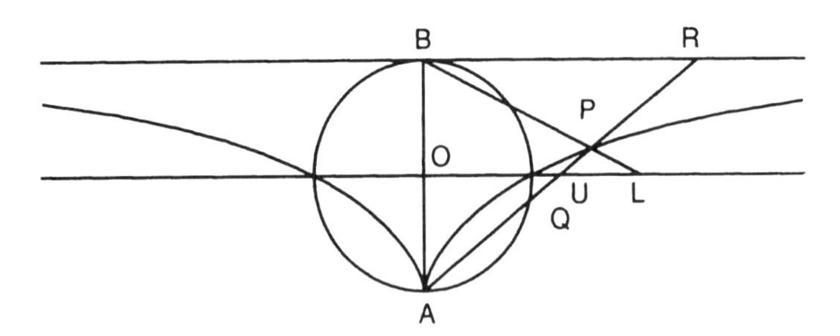

Une autre solution simple au problème déliaque, qui ne requiert qu'une règle portant deux points espacés d'une unité, est la suivante. Les longueurs égales à l'unité sont repérées sur la figure. La règle est ajustée à la main pour passer par le sommet supérieur du triangle équilatéral, et la distance entre les points où elle coupe les deux lignes à droite vaut une unité. La distance du sommet supérieur à la plus proche des deux intersections vaut alors $\sqrt[3]{2}$ unités.

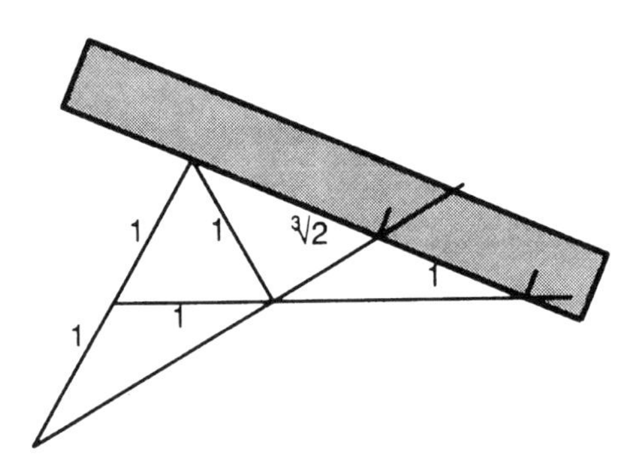

deltaèdre

C'est Martyn Cundy qui a donné le nom de "deltaèdre" à un polyèdre dont les faces sont toutes des triangles équilatéraux. Trois des solides platoniciens en font partie : le tétraèdre, l'octaèdre et l'icosaèdre. Il existe seulement huit deltaèdres convexes : ces mêmes solides platoniciens, et les cinq autres représentés ci-dessous. Sur la figure, on les a décomposés pour montrer leur assemblage à partir d'éléments plus petits.

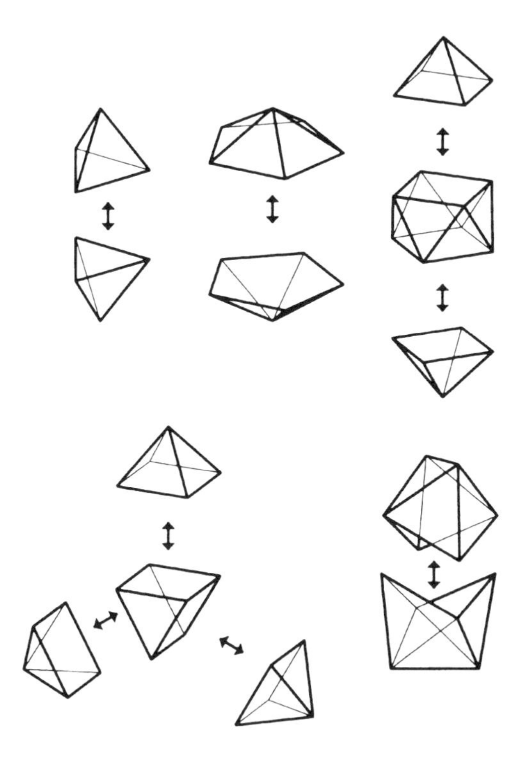

Si le solide peut être non convexe, les possibilités sont infinies, ne serait-ce que parce que l'ajout d'un tétraèdre régulier sur une face quelconque donne naissance à un nouveau deltaèdre (qui, selon cette définition, peut encore être découpé).

Une pile infinie d'octaèdres forme un deltaèdre infini. On peut envisager l'octaèdre comme un *antiprisme* triangulaire : deux triangles équilatéraux se faisant face, chaque sommet de l'un étant opposé à un côté de l'autre, et l'interstice étant rempli par $2 \times 3 = 6$ triangles équilatéraux.
Deux polygones quelconques comportant le même nombre de côtés peuvent former des faces opposées d'un antiprisme, et une pile infinie de tels polygones présente une surface ressemblant à un cylindre, composée seulement de triangles.

deltoïde, ou hypocycloïde à trois points de rebroussement

La deltoïde fut étudiée à l'origine par Euler en 1745. Un cercle roule à l'intérieur d'un autre cercle fixe. Si le cercle mobile est d'un tiers ou de deux tiers du diamètre du cercle fixe, l'un de ses points décrit une deltoïde.

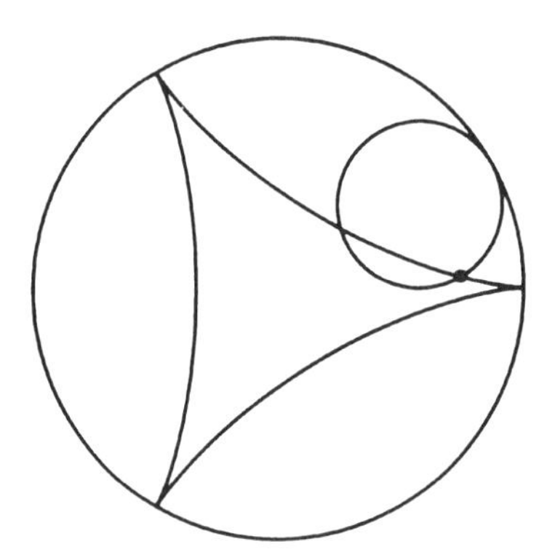

Le diamètre d'un cercle de rayon deux tiers roulant autour d'un cercle de rayon égal à l'unité enveloppe une deltoïde.
Mais il existe une autre construction de la deltoïde en tant qu'enveloppe. On repère une suite de points numérotés dans le sens des aiguilles d'une montre autour d'un cercle, et une autre famille de points, depuis la même origine, mais avec un espacement double et en sens inverse. On joint ensuite les points correspondants, et on obtient comme enveloppe une deltoïde.

Une troisième construction consiste à prendre un triangle et à dessiner toutes ses droites de Simson. Leur enveloppe est de nouveau une deltoïde.

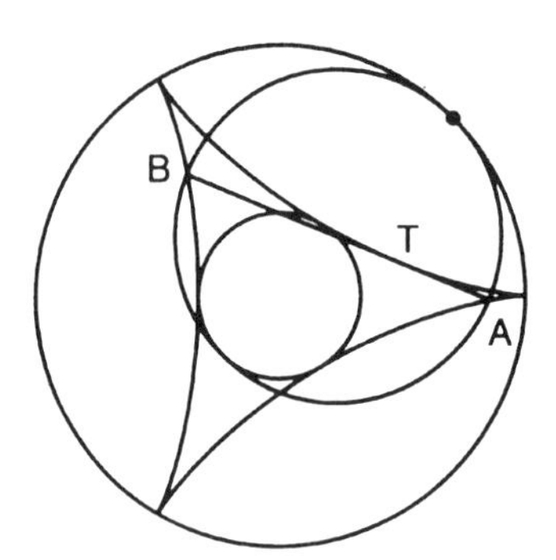

Supposons que la tangente en T coupe de nouveau la deltoïde en A et B. La longueur AB est constante et égale au double du diamètre du cercle inscrit, et le milieu de AB se trouve sur ce même cercle inscrit. Les tangentes en A et B sont perpendiculaires et se rencontrent sur le cercle inscrit, au point diamétralement opposé au milieu de AB, et les normales en T, A et B se coupent toutes sur le cercle extérieur, en son point de contact avec le cercle mobile.

dérivés, polygones

Soit un polygone quelconque ayant un nombre pair de côtés dont on joint les milieux les uns à la suite des autres. Répéter l'opération. La forme tend vers un polygone dont les côtés opposés sont parallèles et de même longueur. Le polygone de départ et tous les polygones dérivés ont le même centre de gravité. Les polygones successifs ont approximativement la même forme.

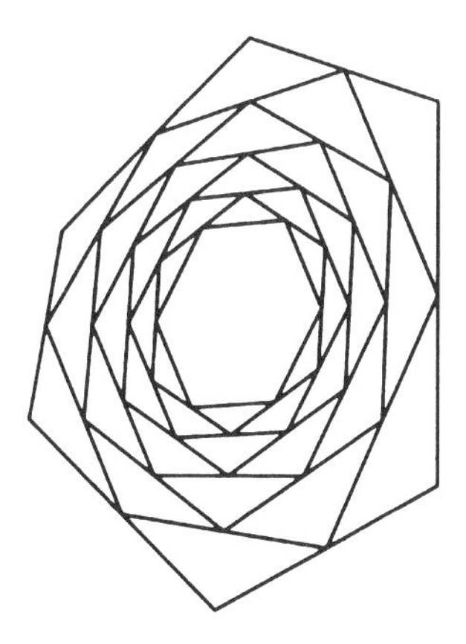

Si l'on divise les côtés selon un rapport différent de 1:1, il se produit le même phénomène, bien que les polygones dérivés n'alternent pas les uns avec les autres d'une manière aussi simple.
Si le polygone de départ n'est pas plan mais déformé, le procédé conduit néanmoins à un polygone plan, présentant la même propriété et le même centre de gravité.

Soit un hexagone quelconque. On cherche d'abord les centres de gravité de chaque groupe de trois sommets consécutifs. Les points obtenus forment un nouvel hexagone dont les côtés opposés sont égaux et parallèles deux à deux.

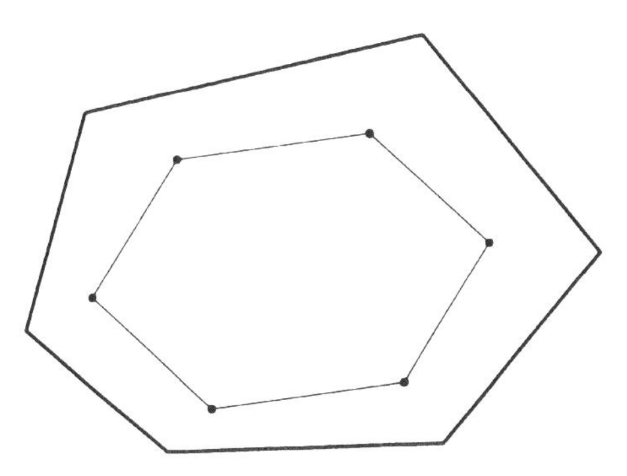

Par ailleurs, si l'on prend trois sommets consécutifs quelconques d'un hexagone et qu'on repère ensuite le quatrième sommet du parallélogramme dont ils sont les sommets, on obtient une forme prismatique.

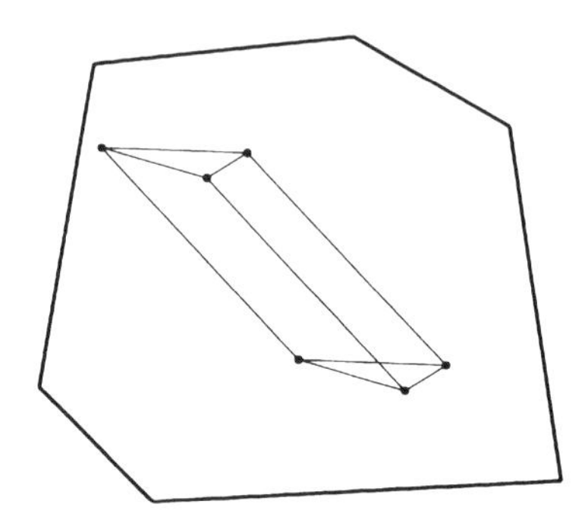

Desargues, configuration de

Prendre deux triangles disposés "en perspective" : c'est-à-dire que les droites joignant des sommets correspondants passent par un même point. Par suite, des côtés correspondants pris deux à deux se rencontrent en trois points alignés.

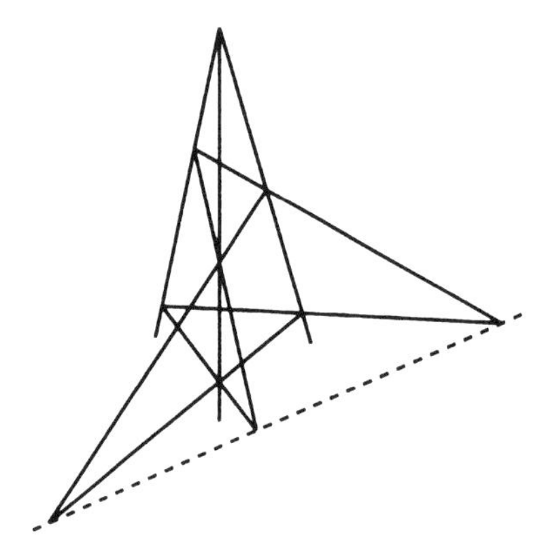

Le théorème de Desargues – tel est son nom – peut se démontrer en imaginant une figure tridimensionnelle. Les plans ABC et DEF se rencontreront le long d'une droite L. Les plans ABC et ABED se coupent déjà sur la droite AB, et les plans DEF et ABED se coupent déjà sur la droite DE. Ainsi, ces trois droites se rencontrent en P, qui est le point commun à ces trois plans et se trouve sur L. De façon similaire, AC et DF se coupent en R, sur L, et CB et FE se rencontrent en Q, également sur L. Lorsqu'on projette la figure tridimensionnelle sur le plan, L reste une droite.

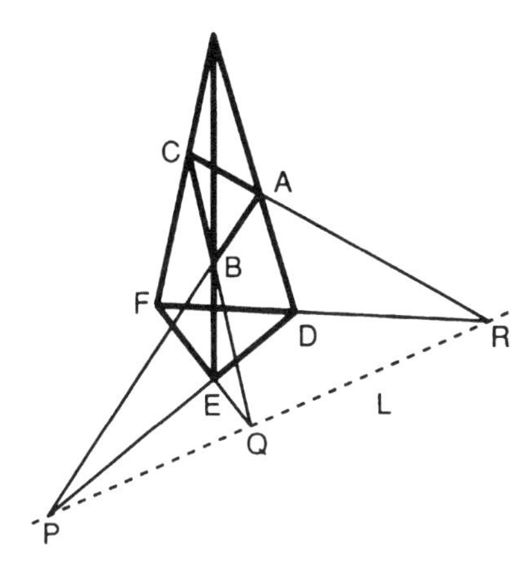

La figure s'avère asymétrique, à cause du rôle particulier tenu par les lignes pointillées dans l'explication. Pourtant, ce n'est qu'une illusion. En effet, tout point de la figure peut être choisi comme sommet particulier (correspondant à X) et il y aura exactement trois intersections repérées sur la figure qui ne se trouveront sur aucune des droites passant par lui : ces trois points d'intersection se trouveront eux-mêmes sur une droite correspondant à PQR sur la figure ci-dessus.

La réciproque du théorème de Desargues est également vraie : si les côtés correspondants de deux triangles se rencontrent deux à deux en des points situés sur une même droite, alors les droites joignant deux à deux des sommets correspondants passent par un même point.
De plus, cette réciproque est aussi la *duale* du théorème d'origine. Autrement dit, elle peut être obtenue simplement en échangeant "point" et "droite", "droite passant par deux points" et "point de rencontre de deux droites", dans la formulation du théorème de départ.

dodécaèdre

Le dodécaèdre a douze faces : il comprend donc le dodécaèdre régulier, qui a douze faces pentagonales régulières, ainsi que le *dodécaèdre rhombique*, à douze faces rhombiques.

Le dodécaèdre régulier possède 31 axes de symétrie : dix sont d'ordre 3 et passent par des paires de sommets opposés ; six sont d'ordre 5 et passent par les centres des faces opposées ; et quinze sont d'ordre 2 et passent par les milieux d'arêtes opposées.
L'icosaèdre a le même nombre d'axes de symétrie mais en inversant les "sommets" et les "faces" dans leur description.

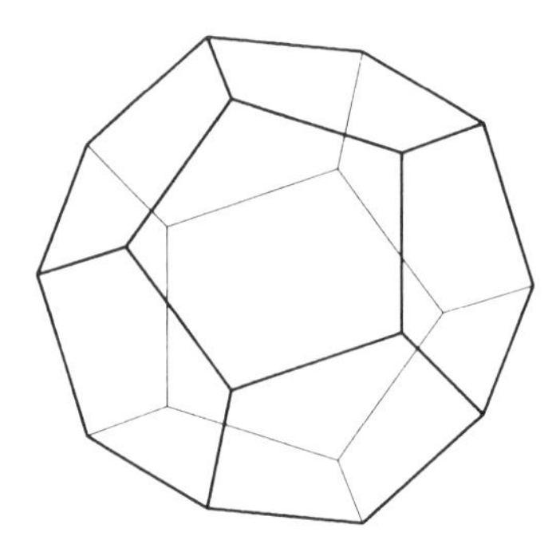

La relation entre le dodécaèdre et le cube apparaît en joignant les milieux des faces pour former les sommets de trois rectangles perpendiculaires entre eux (et dont les côtés suivent le Nombre d'Or), ou en choisissant huit sommets du dodécaèdre qui sont également les sommets d'un cube :

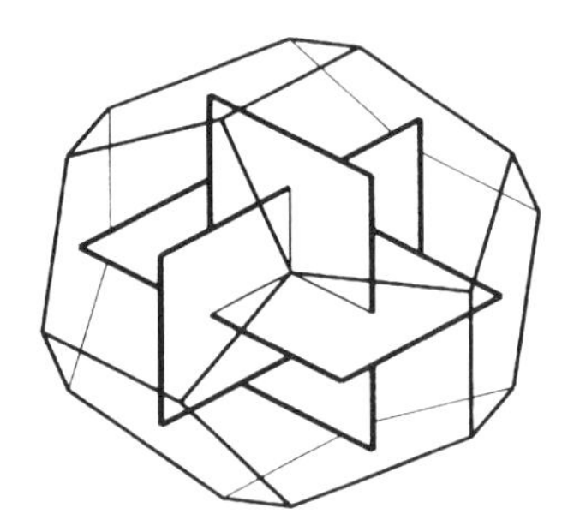

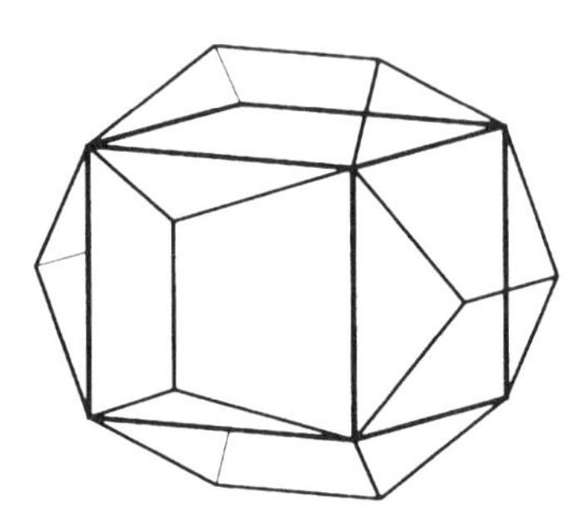

Il peut être surprenant de constater que, lorsqu'on inscrit un dodécaèdre régulier et un icosaèdre régulier dans la même sphère, le dodécaèdre occupe une part plus importante du volume de la sphère. L'icosaèdre possède des faces plus nombreuses, mais celles du dodécaèdre sont plus proches d'un cercle.

dodécaèdre rhombique

On construit d'abord une croix tridimensionnelle en plaçant six cubes sur les faces d'un septième. Lorsqu'on joint ensuite les centres des cubes extérieurs aux sommets du cube central, on obtient un dodécaèdre rhombique. Ses faces sont toutes des losanges dont les petites diagonales sont les arêtes du cube de départ et dont les grandes diagonales sont les arêtes de l'octaèdre régulier. Cette forme se rencontre dans la nature dans des cristaux de grenat, par exemple.

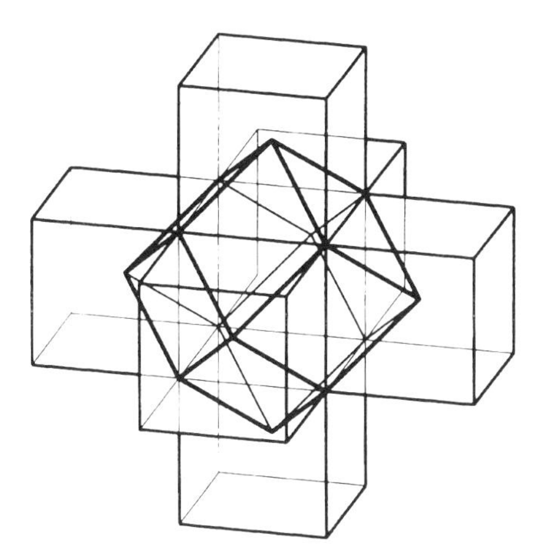

De cette méthode de construction originale, il s'ensuit que les dodécaèdres rhombiques remplissent l'espace. Si l'on construit une maquette articulée constituée de six pyramides à base carrée joignant le centre d'un cube à ses faces, il est possible de plier la maquette dans un sens pour former un cube complet, dans l'autre sens pour former un dodécaèdre rhombique, l'espace cubique étant inscrit à l'intérieur.

Les faces convergent à trois ou à quatre vers chaque sommet. Si l'on supprime trois faces se rencontrant en un sommet et qu'on étire les six faces voisines pour former les faces d'un prisme hexagonal, on obtient la forme des cellules d'un nid d'abeilles.

Si l'on étire les faces du dodécaèdre rhombique jusqu'à ce qu'elles se rencontrent, on forme trois étoiles, selon la longueur d'é&tirement des faces. Les première et troisième étoiles sont montrées ci-dessous.

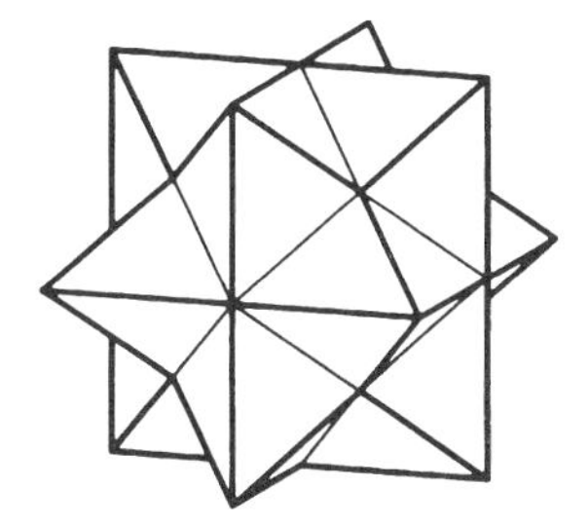

Les sommets de la première figure sont ceux d'un cuboctaèdre. Cette figure peut également être obtenue par interpénétration de trois octaèdres non

réguliers, formés chacun par compression d'un octaèdre régulier le long de l'un des axes principaux.
L'examen attentif de la troisième figure montre que le dodécaèdre rhombique est également le solide commun à trois prismes à base carrée se coupant mutuellement de telle manière qu'ils ont toujours deux à deux un plan diagonal commun. Les sommets de la troisième étoile sont également les sommets d'un octaèdre tronqué.

dodécagone découpé

Voici deux manières simples et naturelles de découper en losanges un dodécagone régulier.

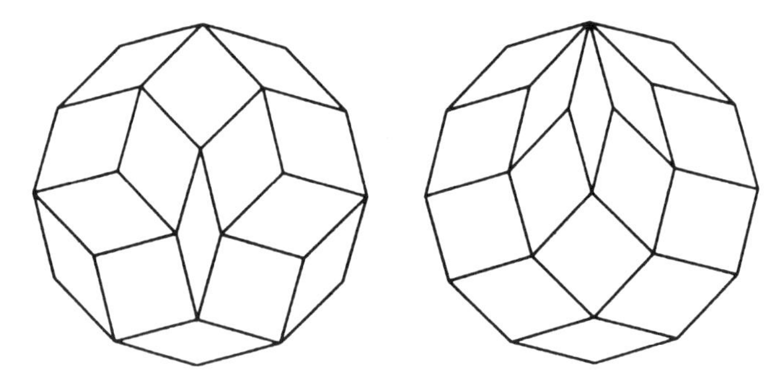

Il existe trois formes de losanges dans chaque figure, et bien qu'il y ait plusieurs façons de découper le polygone en ces formes de base, les proportions de chaque forme sont toujours les mêmes : six losanges étroits, six moyens, et trois carrés.

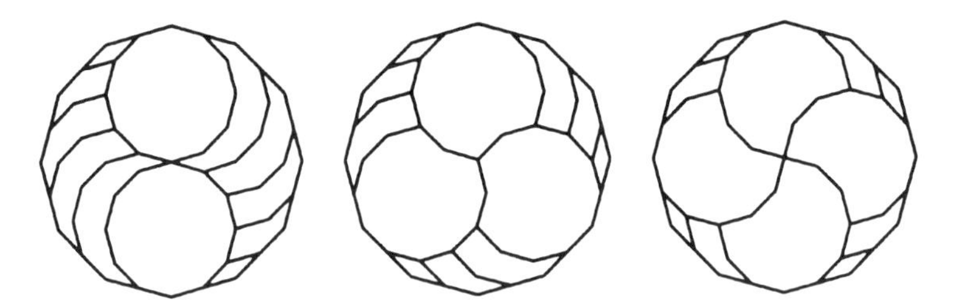

Ces formes peuvent être utilisées pour construire de plus grandes copies de la même forme. Dans chacune des figures ci-dessus, quatre dodécagones ont été découpés pour en construire un plus grand. De nombreux losanges restent liés les uns aux autres en bandes connues sous le nom de *zones*.

Le découpage suivant utilise des pièces d'une seule forme, qui est en réalité un triangle équilatéral joint à un demi-carré. Le deuxième dodécagone a des côtés $\sqrt{2}$ fois plus grands que ceux de l'original, et une surface double ; le plus grand dodécagone (figure du bas) a des côtés doubles de ceux de l'original et sa surface est quatre fois plus grande. Le deuxième (en haut à droite) peut être étendu à l'aide de la même pièce de base pour couvrir entièrement le plan.

dôme géodésique

Les dômes géodésiques ont été inventés par l'architecte et ingénieur Buckminster Fuller. Ils présentent l'avantage de pouvoir se placer directement sur le sol en une structure complète. Ils ne connaissent également que peu de limitations de taille.

Un exemple simple en est donné par un dodécaèdre et sa sphère circonscrite : on élève le centre de chaque face jusqu'à ce qu'il atteigne la sphère, puis on le joint aux sommets de la face par cinq nouvelles arêtes identiques. Le polyèdre en résultant possède 60 faces triangulaires isocèles, leurs côtés suivant un rapport d'environ 1:1:1,115.

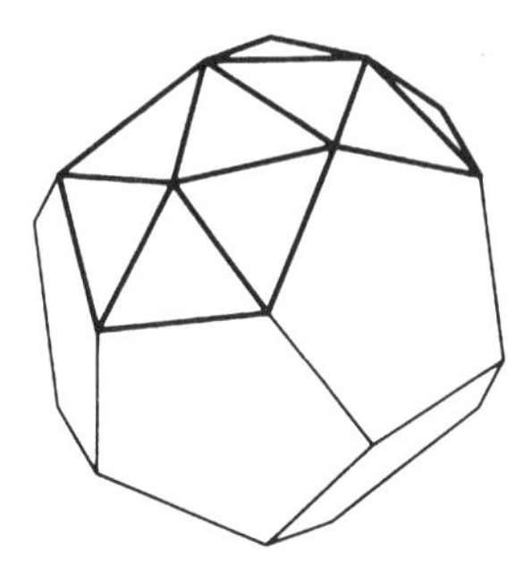

Au lieu de joindre les sommets au centre de la face, après avoir élevé celui-ci on peut le diviser en un plus grand nombre de pièces triangulaires et élever les sommets de tous ces triangles jusqu'à la sphère circonscrite. Dans la figure ci-dessous, chaque face d'un icosaèdre a été formée à partir de seize triangles plus petits, presque équilatéraux.

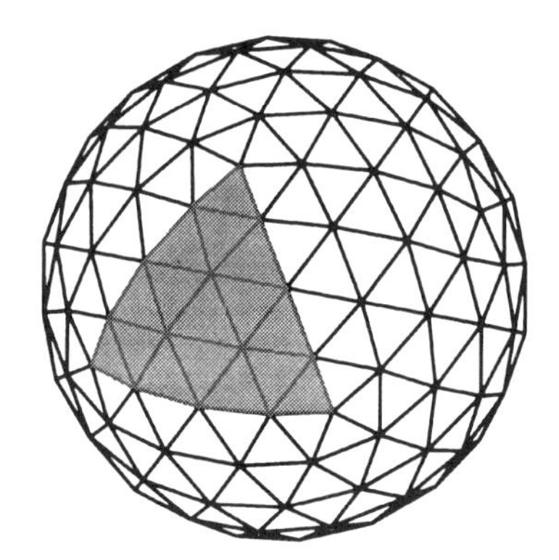

dragon, courbe du

Plier une longue bande de papier, la moitié droite par-dessus la gauche, et ouvrir la bande à angle droit. En regardant la tranche, on a la courbe du dragon d'ordre un. Refermer la bande et plier de nouveau à moitié, dans la même direction que la première fois, puis ouvrir à nouveau, de sorte que chaque pliure se trouve à angle droit. Répéter le processus. Les résultats, en regardant de nouveau la tranche, sont les courbes du dragon des deuxième et troisième ordres. Voici la courbe du dragon d'ordre dix :

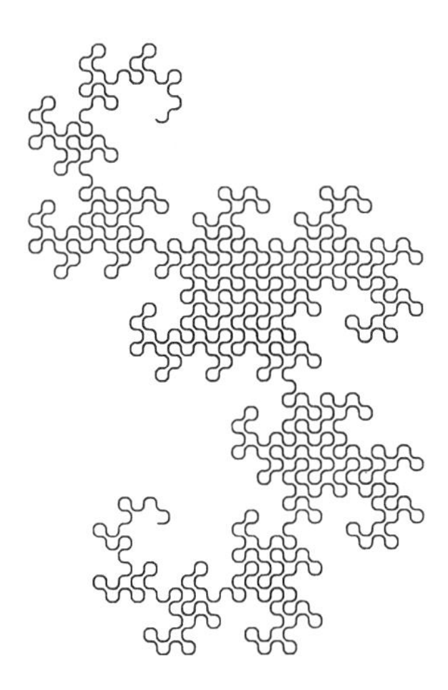

Quatre courbes du dragon s'ajustent parfaitement autour d'un point, comme le montre la figure suivante, avec quatre courbes d'ordre six. Dans les deux figures, les angles ont été légèrement modifiés pour montrer que la courbe ne se coupe jamais, et pour rendre apparentes les différentes courbes.

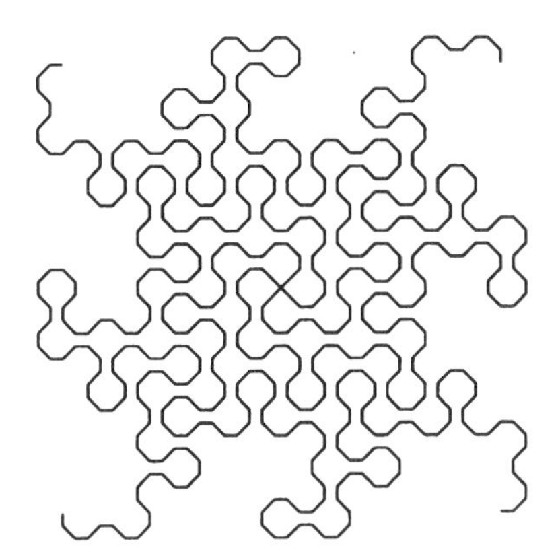

duaux de pavages semi-réguliers

Tout pavage de polygones réguliers possède un dual, formé en prenant le centre de chaque pavé comme sommet du pavage dual, et en joignant les centres de pavés adjacents.

Des trois pavages réguliers, celui formé d'hexagones réguliers et celui constitué de triangles équilatéraux sont duaux l'un de l'autre ; le pavage de carrés est son propre dual.

Les pavages semi-réguliers ont chacun des duaux qui sont moins réguliers. Ainsi, le dual du pavage comprenant des carrés et des triangles équilatéraux est le *pavage du Caire.*

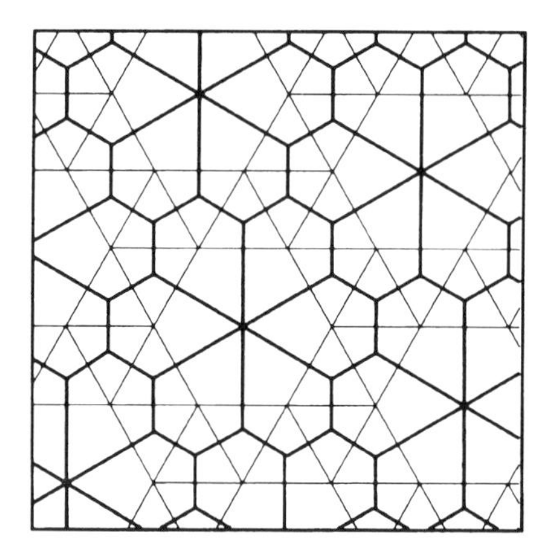

Les lignes foncées montrent le dual de l'un des pavages formés d'hexagones réguliers et de triangles équilatéraux.

duaux de polyèdres

Le dual d'un polyèdre platonicien est formé en joignant les centres des faces adjacentes. Dans le solide *dual* en résultant, chaque sommet correspond à une face de l'original, chaque face du nouveau solide à un sommet de l'original, et les arêtes se correspondent une à une.
Comme par hasard, le dual de chaque solide platonicien est également un solide platonicien. Le tétraèdre régulier est son propre dual, le cube et l'octaèdre sont duaux l'un de l'autre, ainsi que le dodécaèdre et l'icosaèdre réguliers.

La même transformation simple ne s'applique pas aux polyèdres semi-réguliers (archimédiens), car les centres des faces entourant un sommet ne se trouveront pas dans le même plan. Il est donc nécessaire, à la place, d'inscrire le polyèdre semi-régulier dans une sphère et de construire le plan tangent à chaque sommet.

Les duaux ainsi obtenus pour les solides archimédiens ne sont pas eux-mêmes semi-réguliers. Cependant, leurs faces sont toutes congruentes et chaque sommet est régulier, bien que toutes les faces ne soient pas nécessairement identiques.

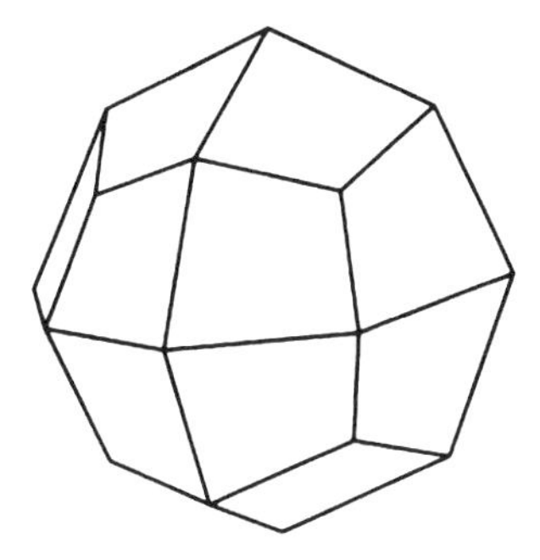

La figure montre l'icositétraèdre trapézoïdal, qui est le dual du petit icohexaèdre. Le dodécaèdre rhombique est le dual du cuboctaèdre. Avec le tricontaèdre, un *zonaèdre*, qui est le dual de l'icosidodécaèdre, c'est le seul dual archimédien à face rhombique.

Dudeney, carré et triangle équilatéral articulé de

Henry Ernest Dudeney exploita les découpages dans bon nombre de ses casse-tête. Celui-ci est son chef-d'œuvre. Il suffit de faire tourner les pièces dans un sens pour obtenir un carré, et dans l'autre sens pour former un triangle équilatéral. Deux des articulations bissectent deux des côtés du triangle, alors que la troisième et le point de rencontre des sommets des deux pièces divisent le troisième côté selon un rapport approximatif de 0,982:2:1,018.

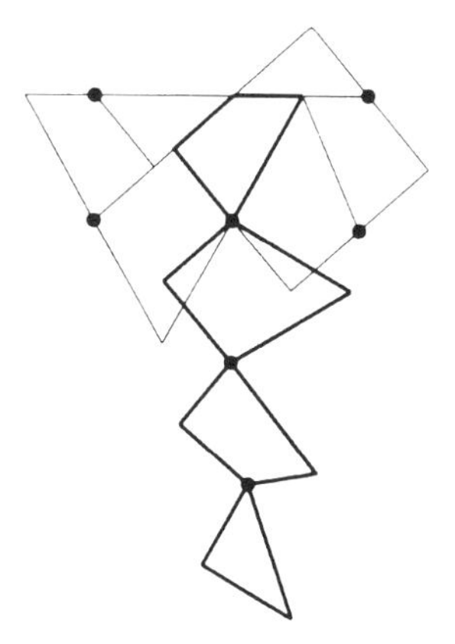

Dudeney fabriqua une superbe maquette en bois de ce découpage, et il fut invité à la présenter à la Royal Society en 1905, ce qui représentait un honneur peu ordinaire, mais bien mérité, pour un concepteur de casse-têtes.

Dupin, cyclide de

Toutes les sphères qui touchent trois autres sphères fixes (chacune d'une manière imposée, que ce soit par l'intérieur ou par l'extérieur), forment une chaîne continue dont l'enveloppe est la cyclide de Dupin.

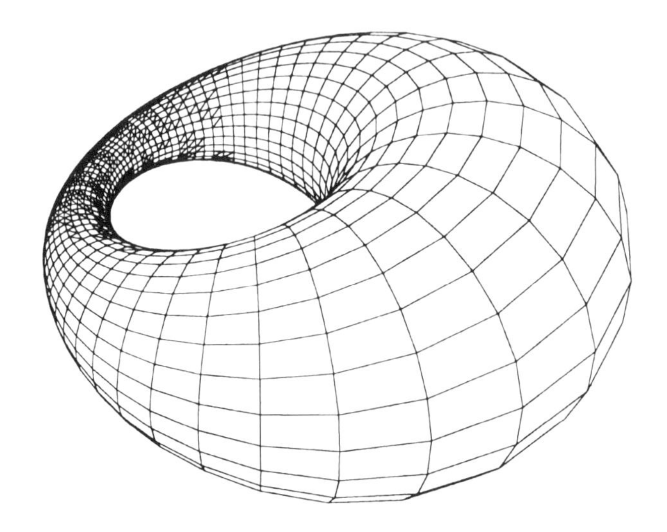

Les centres de toutes les sphères tangentes se trouvent sur une conique, de sorte qu'on peut aussi définir la cyclide de Dupin comme l'enveloppe de toutes les sphères ayant leurs centres sur une conique donnée et tangentes à une sphère donnée.
Une troisième définition est celle de l'enveloppe des sphères ayant leurs centres sur une sphère donnée et coupant à angle droit une sphère donnée.
Le tore est un cas particulier de la cyclide de Dupin, de même que, de façon surprenante, toute cyclide de Dupin est l'inverse d'un tore.

ellipse

L'ellipse est une section plane de cône. Si l'on imagine un cône double s'étendant des deux côtés de son sommet, alors le plan de l'ellipse ne coupe qu'une moitié du cône. Le plan de coupe qui produit la parabole est parallèle à une ligne située à la surface du cône et passant par le sommet, et le plan de coupe donnant une hyperbole coupe les deux moitiés du cône.

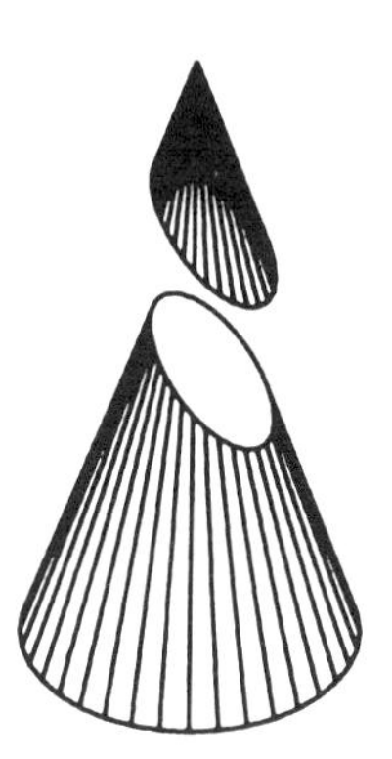

On peut dessiner une ellipse en fixant une ficelle entre deux pointes, F et G. La trajectoire du stylo au cours de son déplacement le long de la ficelle, celle-ci restant en permanence tendue, sera une ellipse de foyers F et G.

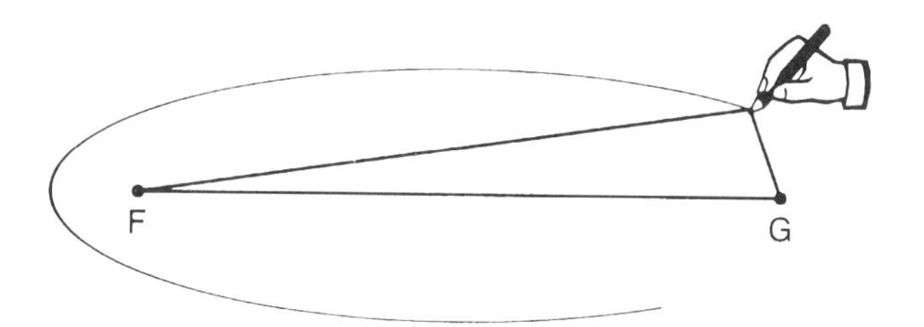

Une ellipse possède également deux *directrices*, une pour chaque foyer. Elle peut en effet être définie comme le lieu des points dont le rapport entre la distance à un point fixe, le foyer, et la distance à une droite fixe, la directrice, est constant et inférieur à 1.
Si, au lieu d'utiliser deux pointes, la ficelle est entourée autour d'une autre ellipse, la trajectoire du stylo décrira encore une ellipse, de mêmes foyers que ceux de la première.
Pour tracer une ellipse dans un rectangle, on divise en un nombre pair de segments une moitié de chaque côté et une moitié de la droite joignant les milieux de deux côtés opposés, et on repère les intersections des droites joignant X et Y aux points ainsi repérés.

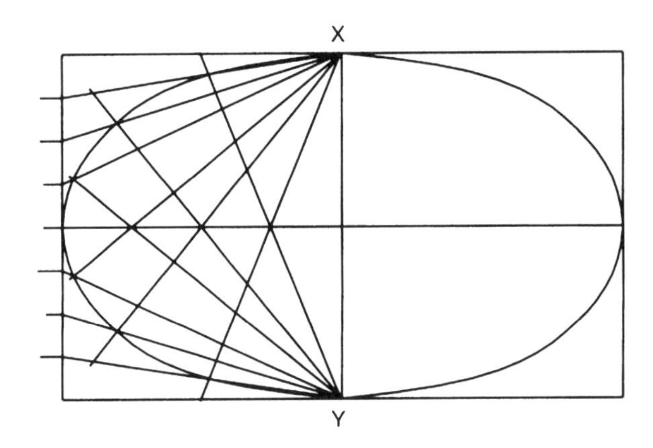

Mais une ellipse, c'est aussi un cercle écrasé. La figure ci-dessous montre la construction d'une ellipse par réduction d'un facteur 0,6 de la hauteur du cercle extérieur, ou également par étirement horizontal du cercle intérieur.

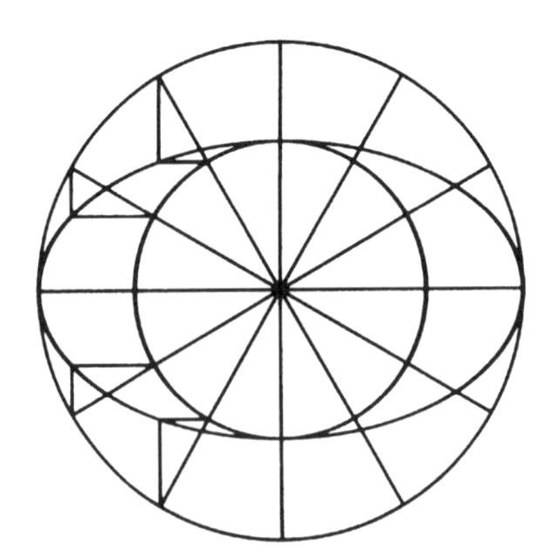

Pour plier une ellipse dans du papier, tracer un cercle et repérer un point en son intérieur ; plier le papier de telle manière que la circonférence tombe sur le point en question, et marquer fermement la pliure. Répéter l'opération avec plusieurs pliages. Les pliures formeront l'enveloppe d'une ellipse.

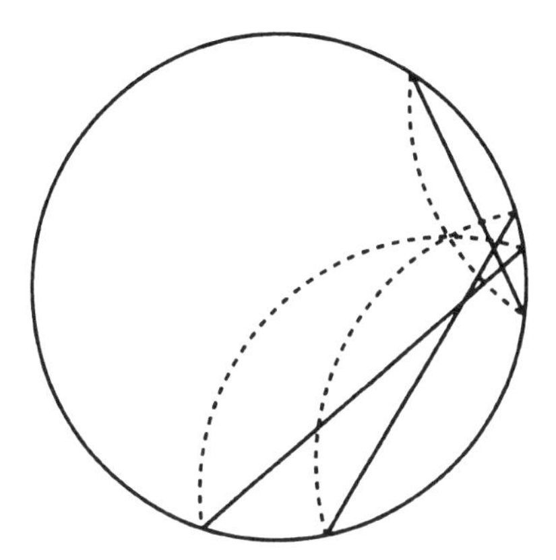

La méthode suivante de tracé d'une ellipse fut découverte par Léonard de Vinci. Découper un triangle ABC. Dessiner deux axes, pas nécessairement perpendiculaires, sur une feuille de papier, et déplacer le triangle pour qu'un sommet se déplace le long d'une ligne et un autre le long de l'autre ligne. La trajectoire du troisième sommet décrira une ellipse.

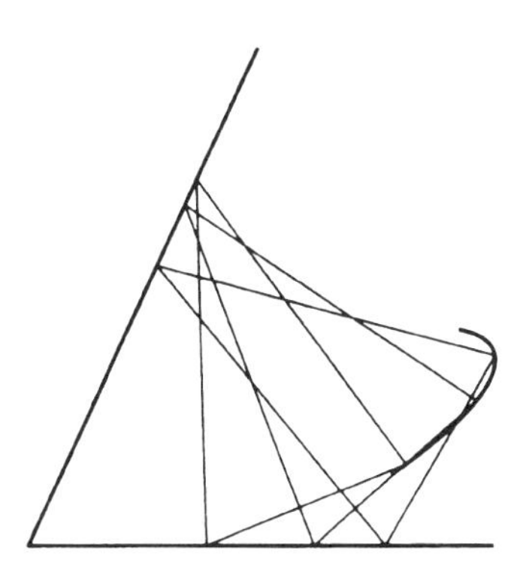

Un cas particulier de cette construction est celui d'une échelle glissant contre un mur. Tout point de l'échelle, par exemple le pied d'une personne se trouvant encore sur elle, suivra une partie de l'ellipse. C'est sur ce principe qu'est basé un instrument disponible dans le commerce et destiné à tracer des ellipses à l'aide de guides. Deux points d'une tige coulissent dans deux rainures, et la trajectoire d'un troisième point de la tige est une ellipse.

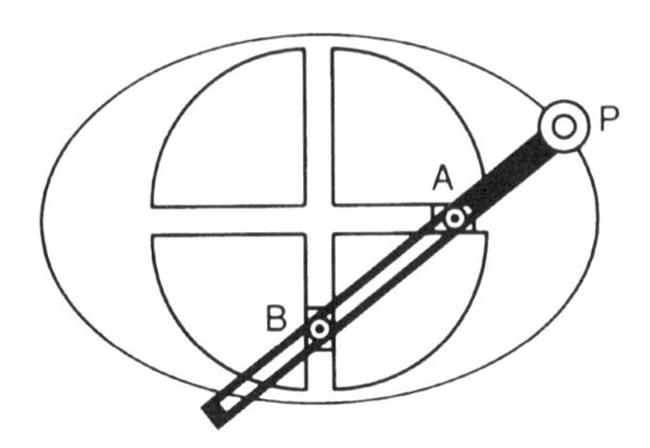

La tangente à une ellipse définit des angles égaux avec les deux droites joignant le point de contact de la tangente aux deux foyers.

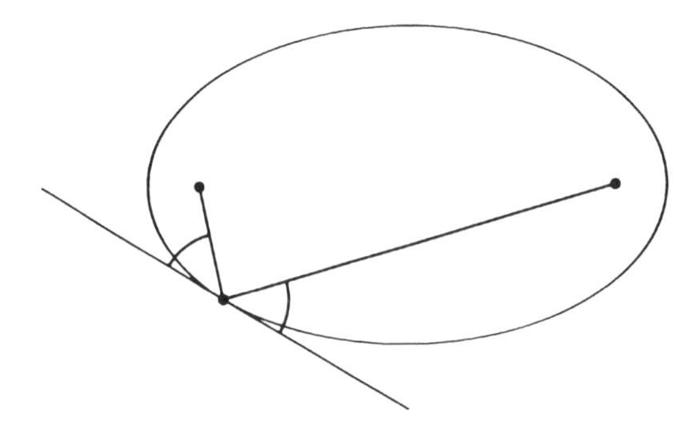

On peut le déduire mécaniquement en considérant un petit poids glissant sur une ficelle fixée en deux points. La trajectoire du poids est par définition une ellipse. Au point le plus bas, la tangente sera horizontale et, si le poids glisse en douceur sur la ficelle, les angles de celle-ci par rapport à l'horizontale seront égaux, puisque des tensions égales sont nécessaires lorsque le poids est immobile. Ainsi la tangente forme des angles égaux avec les lignes joignant le point de contact aux foyers.

empilement rigide de cercles

Disposer des cercles identiques pour former un pavage hexagonal infini, comportant des vides, puis retirer un cercle sur trois. Remplacer ensuite chaque cercle par trois cercles plus petits, tangents entre eux et aux cercles voisins. La figure montre le résultat obtenu par remplacement de certains des cercles de départ par des triplets d'autres cercles plus petits.

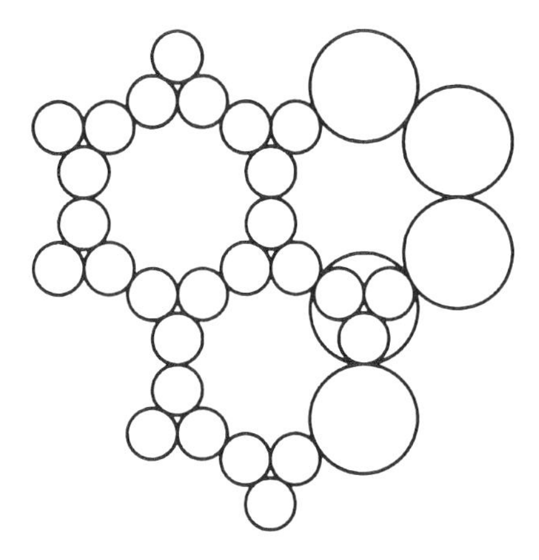

On obtient un motif de cercles rigide, au sens que chaque cercle est maintenu fermement par trois autres adjacents. Le motif complet en petits cercles ne couvre que $(7\sqrt{3}-12)\pi$, soit environ 0,393 du plan, ce qui est probablement la plus faible densité possible pour un tel empilement rigide de cercles.

Euler, ligne d'

Dans tout triangle, le centre du cercle circonscrit, O, l'orthocentre H, et le point de rencontre des médianes G, sont alignés. De plus, GH = 2OG. Leonhard Euler publia ce célèbre théorème en 1765.

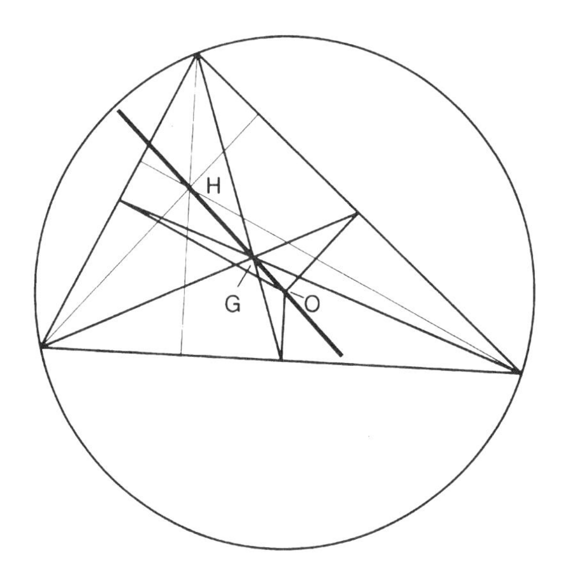

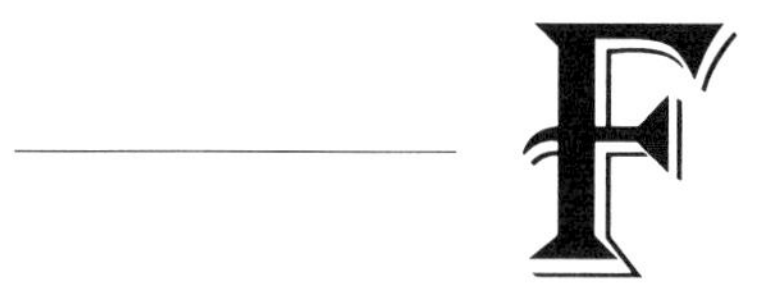

face à face, théorème du

On trace d'abord les tangentes à chacun de deux cercles partant du centre de l'autre cercle. Alors, les lignes AB et XY sont de même longueur.

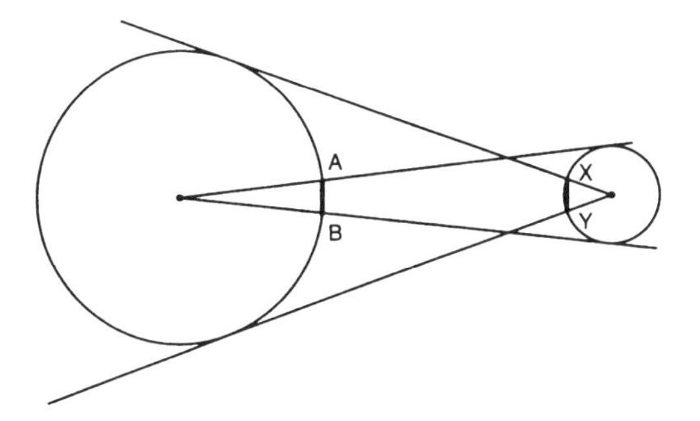

faces régulières, polyèdre à

On peut construire de nombreux polyèdres dont les faces sont des polygones réguliers, mais qui ne présentent que peu ou pas de symétrie.
Un icosaèdre régulier comporte cinq triangles autour de chaque sommet, qui forment ainsi une pyramide pentagonale de faible hauteur. Si on enlève ces pyramides et qu'on les remplace par des pentagones réguliers, le résultat est l'icosaèdre tridiminué.

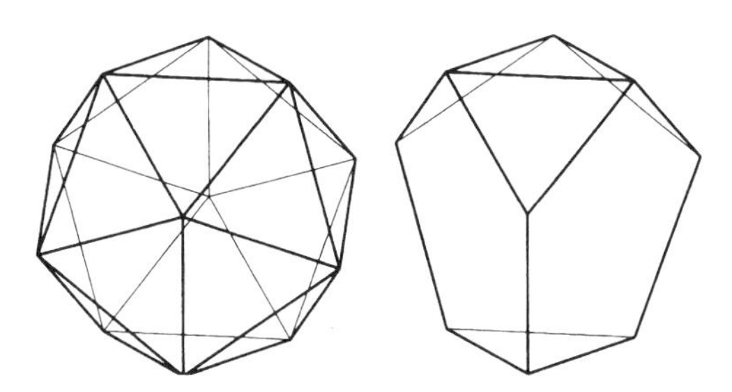

La figure suivante est connue sous le nom de bilunabirotunda.

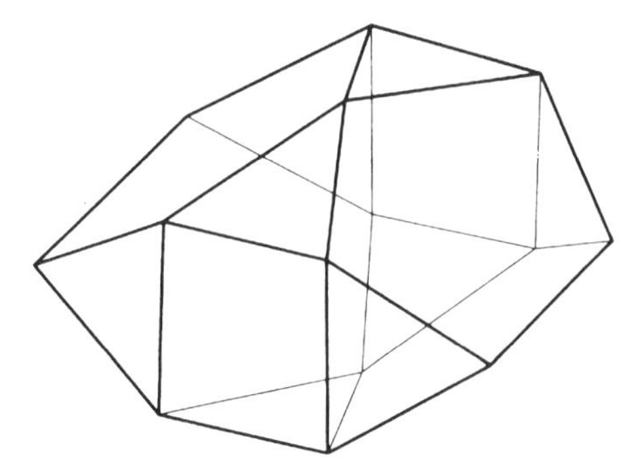

Victor Zalgaller démontra en 1966 qu'outre les polyèdres réguliers et semi-réguliers, et les prismes et antiprismes réguliers, il existe exactement 92 *polyèdres convexes* à faces régulières. Il leur donna un nom à chacun, par exemple le gyrofastigium, le rhombobicosidodécaèdre métabidiminué et le hébésphénomégacorona. Sur les 92, vingt-huit sont *simples*, au sens où l'on ne peut pas les découper en deux autres polyèdres à faces régulières.

faisceaux de coniques

Il n'existe qu'une seule conique passant par cinq points donnés ou tangente à cinq droites données, mais il y en a une infinité tangentes à quatre droites.

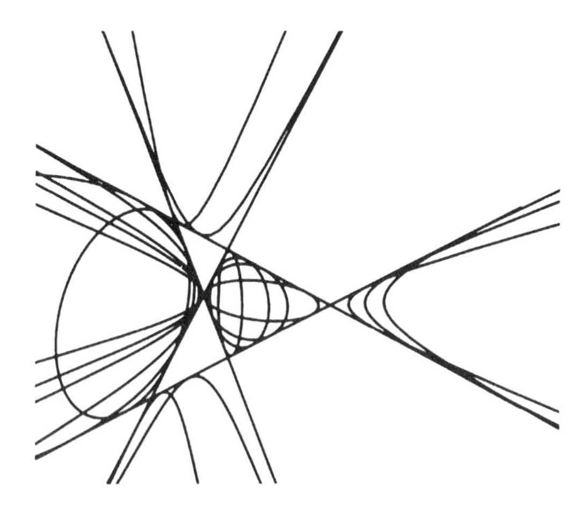

Des onze régions dans lesquelles les quatre droites divisent le plan, seules cinq contiennent une conique tangente aux quatre droites. Seule la région de gauche contient des paraboles, ainsi que des ellipses et des fragments d'hyperboles. La seule zone formant un quadrilatère fermée ne contient que des ellipses.

Fano, plan de

Un plan projectif fini est constitué de points et de droites, avec le même nombre de droites passant en chaque point et le même nombre de points sur chaque droite.

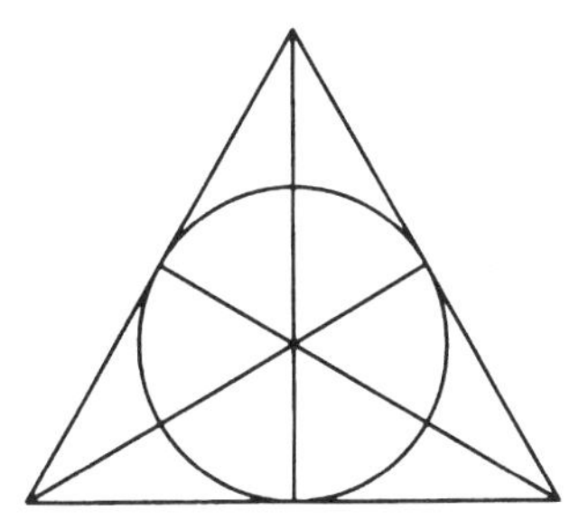

La figure ci-dessus montre un plan projectif fini appelé plan de Fano, qui contient sept points et sept droites, avec trois points sur chaque droite et trois droites passant par chaque point. On le note donc 7_3. Il illustre le fait que tous les plans projectifs finis ne peuvent pas être dessinés à l'aide de lignes géométriquement droites. Le plan de Fano peut, au mieux, être dessiné géométriquement de telle manière que toutes les lignes sauf une soient réellement droites ; le cercle représente alors la septième "ligne".
Le nombre total de points dans un plan projectif fini vaut nécessairement $1 + p^n + p^{2n}$, où p est un nombre premier ; il y aura $1 + p^n$ points sur chaque droite et $1 + p^n$ droites passant par chaque point. Pour le plan de Fano, $p = 2$ et $n = 1$.
Le plan de Fano est la seule configuration 7_3. Il n'existe également qu'une seule 8_3 qui, elle aussi, peut être dessinée avec toutes ses lignes géométriquement droites, sauf une. Il existe trois configurations 9_3, une 10_3, et trente et une 11_3, et deux cent vingt huit configurations 12_3.

Fatou, poussière de

Lorsque le point choisi pour générer un ensemble de Julia se trouve à l'extérieur de l'*ensemble de Mandelbrot*, (ou de l'ensemble équivalent dans le cas d'une transformation différente), l'*ensemble de Julia* éclate en un ensemble de points isolés, appelé poussière de Fatou, du nom de Pierre Fatou, qui travailla avec Gaston Julia.

Si le point se trouve relativement près de la frontière de l'ensemble de Mandelbrot, la poussière de Fatou est épaisse et ressemble aux ensembles de Julia obtenus à partir de points proches, mais à l'intérieur de l'ensemble de Mandelbrot. Lorsque le point s'éloigne de plus en plus de l'ensemble de Mandelbrot, la poussière devient de plus en plus fine.

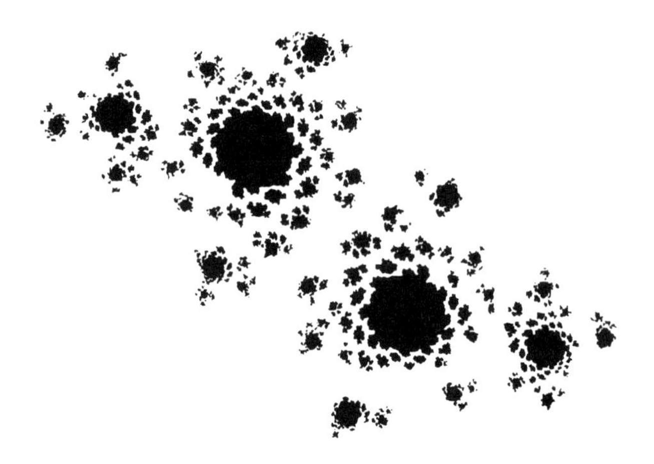

Fermat, point de

Fermat mit Torricelli au défi de trouver le point dont la somme totale des distances aux sommets d'un triangle est un minimum. Le problème revêt un aspect pratique, puisqu'il revient à chercher la plus courte longueur de route à construire pour relier trois villages placés aux trois sommets du triangle.

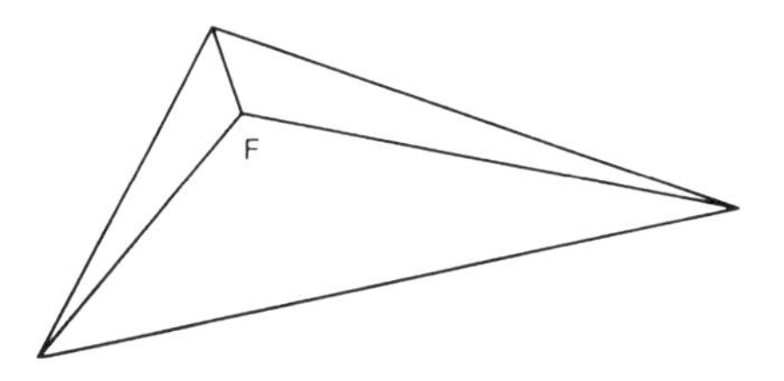

Si tous les angles du triangle sont inférieurs à 120°, le point recherché, appelé point de Fermat F, est tel que les lignes le joignant aux sommets se rencontrent à 120°. Si l'angle d'un sommet est supérieur ou égal à 120°, alors le Point de Fermat coïncide avec ce sommet.

Le point de Fermat peut être déterminé de manière expérimentale. Pour cela, on suspend trois poids égaux à des ficelles passant dans des trous situés aux sommets du triangle, les ficelles étant nouées en un point. Le nœud se déplacera jusqu'au point de Fermat.

Une variante consiste à construire un triangle équilatéral sur chaque côté du triangle. Les trois lignes joignant les sommets libres de chaque nouveau triangle au sommet opposé du triangle d'origine passeront toutes par le point de Fermat, qui est également le point commun aux cercles circonscrits des triangles équilatéraux (cf. figure ci-dessous). De plus, ces trois lignes sont toutes de même longueur et égales, chacune, à la longueur totale du réseau routier.

Si on trace des triangles équilatéraux sur chaque côté, tournés vers l'intérieur comme dans la variante du *théorème de Napoléon* (montré sur la figure ci-dessous), alors les lignes joignant les sommets libres aux sommets opposés du triangle de départ (ABC) se rencontrent également en un point P. Ce point présente une propriété extrémale : si l'angle en C est inférieur à 60° et si les angles en A et B sont tous deux supérieurs à 60°, alors PA + PB – PC est minimal en ce point. Si la condition n'est pas respectée, le minimum est atteint en A ou en B.

Si les côtés du triangle ont des longueurs égales à a, b et c, et les distances des sommets au point de Fermat sont notées x, y et z, il existe un point à l'intérieur d'un triangle équilatéral de côté $x + y + z$ dont les distances aux sommets sont a, b et c.

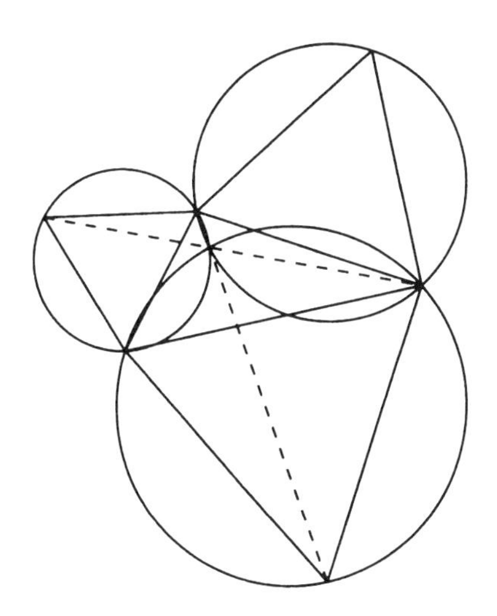

Fermat, spirale de

Du nom de Pierre de Fermat, qui l'étudia en 1636 ; on l'appelle également "spirale parabolique", car son équation polaire $r^2 = a^2\theta$ ressemble, au premier abord, à l'équation de la parabole : $y^2 = ax$.

Robert Dixon explique que les spirales de Fermat constituent des modèles plus précis de la croissance des plantes, par exemple des marguerites, que les explications habituelles basées sur la spirale équiangle : la propriété de la spirale de Fermat intéressante pour construire des marguerites est que des spires successives délimitent des augmentations de surface égales.
La figure ci-dessous montre une marguerite construite à partir de spirales de Fermat.

Feuerbach, théorème de

Par le calcul algébrique de leurs rayons et des distances entre leurs centres, Feuerbach démontra que le cercle des neuf points est tangent au cercle inscrit et à chacun des cercles exinscrits du triangle. Cela ajoute quatre nouveaux points significatifs au cercle des neuf points.

Le cercle des neuf points de ABC est également celui des triangles AHB, BHC et CHA. Il est donc tangent aux cercles inscrits et exinscrits de chacun de ces triangles. Cela ajoute 3 × 4 = 12 points de plus, ce qui donne un total de 25. Et il y en d'autres...

Si T est l'un des points auxquels le cercle des neuf points est tangent aux quatre autres cercles, et si A, B et C sont les milieux des côtés, il s'ensuit que l'une des longueurs TA, TB et TC est la somme des deux autres.

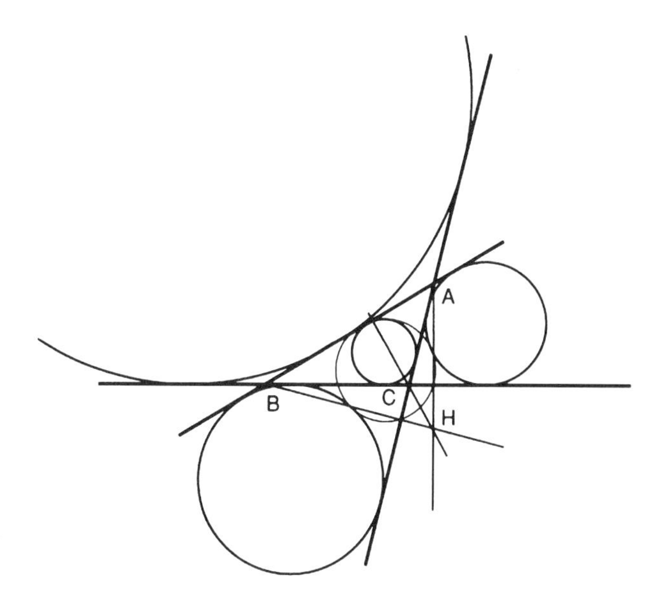

Frégier, théorème de

Soit un point P d'une conique, servant de sommet à un angle droit tournant autour de P : les droites AA, BB, etc. passant par les points d'intersection se coupent toutes en un point fixe X situé sur la normale en P, c'est-à-dire sur la droite perpendiculaire en P à la tangente en P.

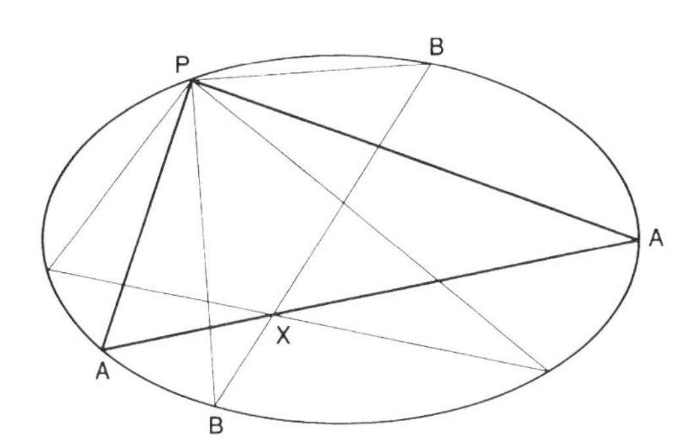

frises, motifs de

Une frise est constituée d'un motif se répétant *ad infinitum*. Si l'ensemble de la frise possède une symétrie de rotation ou de réflexion, alors il en va de même pour le motif qui la compose.

Le motif peut ne pas posséder de symétrie du tout, posséder une symétrie autour d'un axe horizontal ou vertical, ou les deux, ou une symétrie par demi-tour. Lorsqu'on combine des motifs à la suite dans une frise, on dispose de deux possibilités supplémentaires, par combinaison de renversements et de translations, le motif se renversant à chaque déplacement le long de la frise, ce qui donne en tout sept types de symétrie.

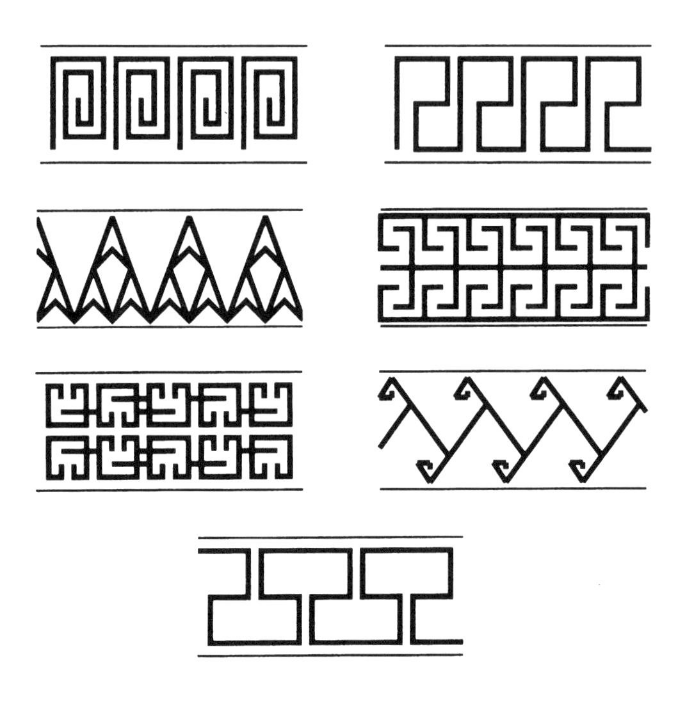

galerie d'art, théorème de la

Lors d'un congrès de mathématiciens en août 1973, Vasek Chvatal soumit à Victor Klee un intéressant problème géométrique. Klee y répondit par une nouvelle question : combien faut-il de surveillants pour avoir une vision complète de tous les murs d'une galerie?

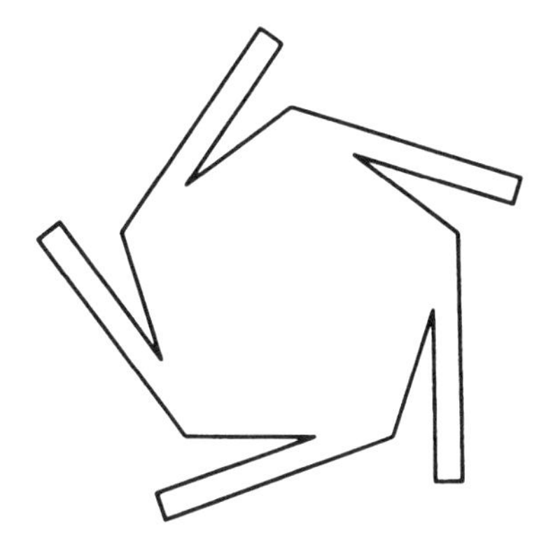

Si celle-ci a la forme d'un polygone à N sommets concaves, alors N surveillants sont toujours suffisants, et parfois nécessaires, comme le montre la figure. Il faut ici un surveillant pour chaque branche de la galerie, qui pourra surveiller également la zone centrale.

gaussiens, nombres premiers

Si p et q sont des entiers, alors $p + iq$, $i = \sqrt{-1}$, est un entier gaussien. Les entiers gaussiens sont soit premiers, et n'ont alors aucun autre diviseur propre également entier gaussien, soit décomposables en premiers gaussiens.

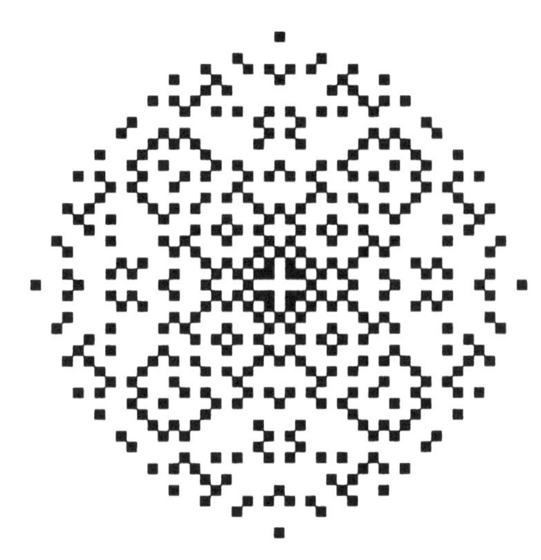

La figure ci-dessus montre les nombres premiers gaussiens de norme $\sqrt{(p^2 + q^2)}$ inférieure à 500, représentés sous la forme d'un diagramme d'Argand.

Harborth, pavage de

"Existe-t-il des ensembles de pavés pouvant servir à paver le plan exactement de *N* manières ?" C'est Harborth qui apporta la réponse.

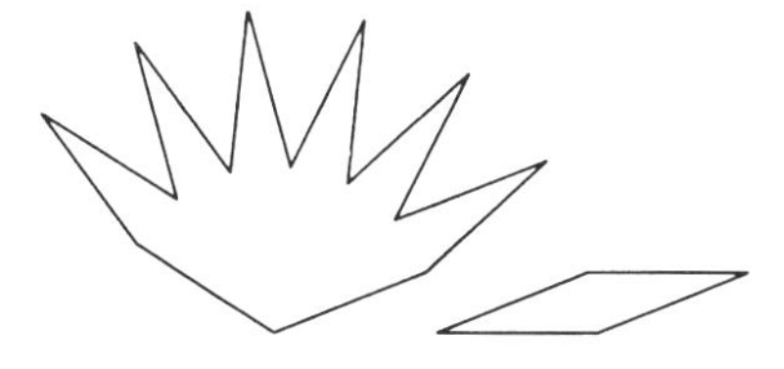

Avec les deux formes ci-dessus, à savoir un losange et six losanges collés entre eux, dix-sept losanges s'ajustent autour d'un point, et il y a exactement quatre façons de paver le plan avec ces éléments.

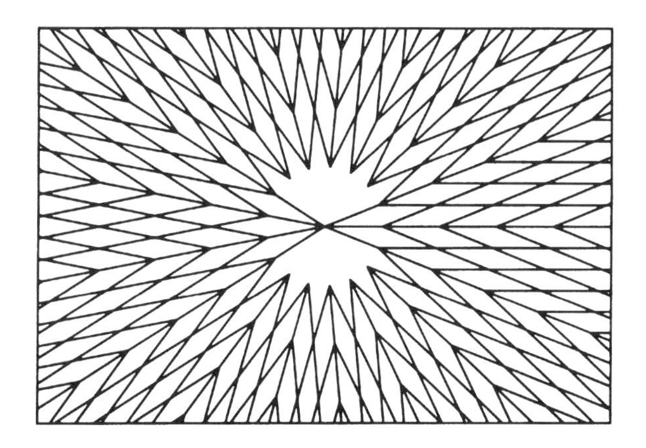

En voici une. On en obtient deux autres en plaçant la paire de pièces complexes l'une à côté de l'autre, ou séparées par un et quatre losanges, et la quatrième n'utilise qu'une seule des deux pièces complexes.

Pour construire deux éléments qui pavent le plan de n manières, il suffit d'utiliser des losanges de forme telle que $6n - 7$ d'entre eux s'ajustent autour d'un point. La pièce complexe est réalisée en collant $2n - 2$ losanges entre eux autour d'un point.

harmonique, rapport

Soient deux points quelconques A et B, et un troisième point X sur la ligne qui les joint. Tracer deux droites choisies entre A et B, se rencontrant en P, et tracer PX. Tracer AQ et BR se rencontrant en PX. QR coupe AB en un autre point Y, dont la position ne dépend que des positions d'origine de A, B et X, mais pas du choix de P, Q et R.

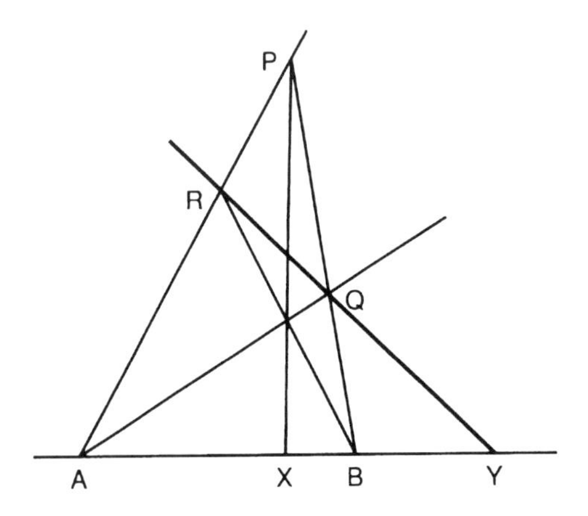

De plus, le birapport de A, B, X et Y est égal à –1 :

$$\frac{AY \cdot XB}{YB \cdot AX} = -1 \quad ou \quad \frac{AY}{YB} = -\frac{AX}{XB}$$

Le signe négatif est dû au fait que YB est mesuré dans la direction opposée aux autres longueurs. X et Y sont appelés conjugués harmoniques par rapport à A et B et, inversement, A et B sont conjugués harmoniques par rapport à X et Y.

harmonographe

Cette vieille distraction de l'époque victorienne a été remise au goût du jour il y a quelques années par un industriel dynamique. Dans la version la plus simple, il faut deux pendules disposés de sorte que l'un déplace le stylo, l'autre la table sur laquelle est fixée une feuille de papier. L'effet combiné des deux pendules produit un mouvement complexe qui s'amortit progressivement à cause du frottement. C'est pourquoi chaque trajectoire est écartée d'une courte distance de la trajectoire précédente, le mouvement global tendant finalement vers un point.

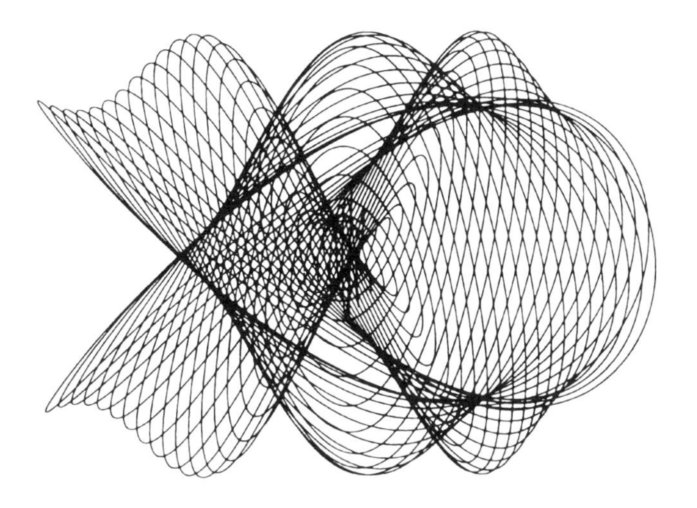

Haüy, construction de polyèdres de

L'Abbé René-Just Haüy publia en 1784 son "*Essai d'une théorie sur la structure des crystals appliquée à plusieurs genres de substances cristallisées*", dans lequel il formulait l'hypothèse que certains cristaux pourraient se former par répétition régulière d'une unité fondamentale. Ces figures montrent comment Haüy, avec une grande ingéniosité, utilisa des petits blocs cubiques pour construire l'octaèdre et le dodécaèdre rhombique.

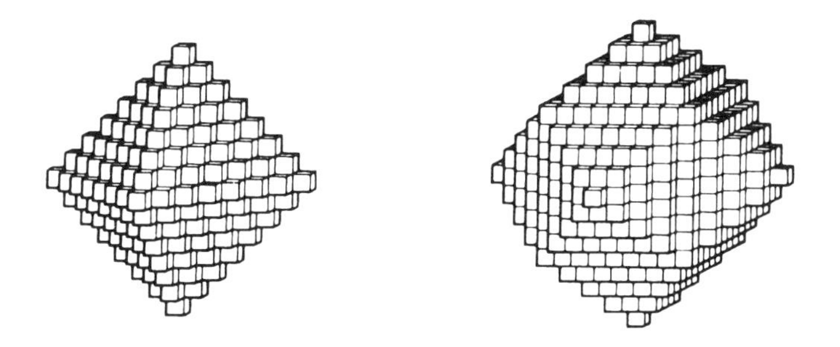

Euclide utilisa la même relation entre le cube et le dodécaèdre pentagonal, dans le *Livre XIII* de ses *Éléments*, pour construire un dodécaèdre régulier.

hélice

Imaginons un cercle dont le centre se déplace uniformément le long d'une droite perpendiculaire au plan du cercle. La trajectoire d'un point qui tourne uniformément autour de ce cercle est une hélice. En d'autres termes, une hélice résulte d'un mouvement de vissage dans une direction fixée.
Selon la direction de rotation, l'hélice peut être gauche ou droite. La figure ci-dessous montre un long cylindre dont l'axe est hélicoïdal.

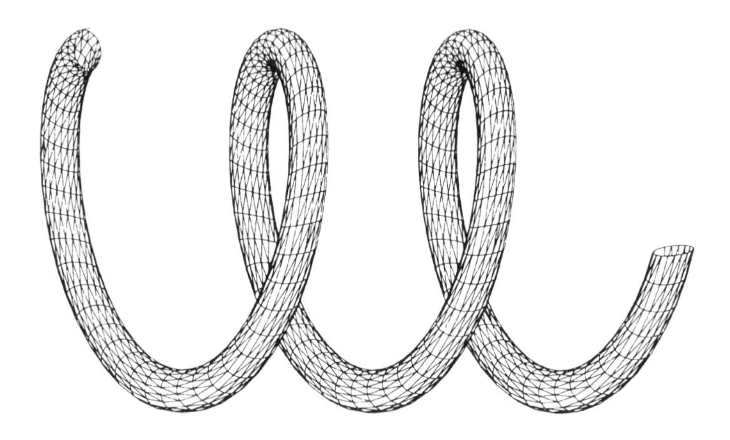

L'hélice peut également être envisagée sous la forme d'une courbe située à la surface d'un cylindre circulaire et coupant les génératrices (lignes droites à la surface du cylindre parallèles à son axe) selon un angle constant.
L'hélice apparaît couramment dans la vie de tous les jours, car elle possède l'utile propriété de se transformer en elle-même en tournant, en avançant ou en reculant le long de son axe. C'est ainsi la forme des bords extérieurs des boulons, des vis cylindriques et des vis sans fin, ou encore des escaliers en spirale, qui permettent un mouvement rapide vers le haut dans un espace limité. Les bords incurvés de ces formes sont des hélices, et les surfaces courbes sont des parties d'*hélicoïdes* ou de cylindres.

hélicoïde

Lorsqu'une ligne droite suit le mouvement d'une vis autour d'un axe qui lui est perpendiculaire, elle balaie une hélicoïde.
C'est une surface minimale. Il existe un lien assez extraordinaire entre l'hélicoïde et la caténoïde. L'hélicoïde peut s'enrouler sur la caténoïde, comme on enroule un morceau de papier autour d'un cylindre. L'axe de l'hélicoïde s'enroule autour du cercle de plus petite section de la caténoïde.

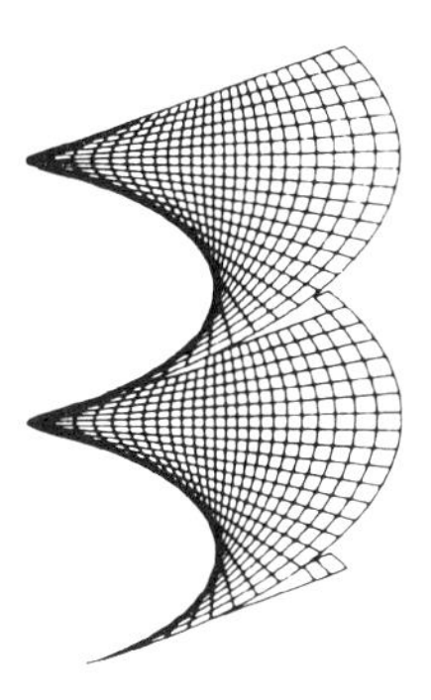

Le deuxième schéma montre comment une partie de l'hélicoïde s'enroule une fois autour de la caténoïde.

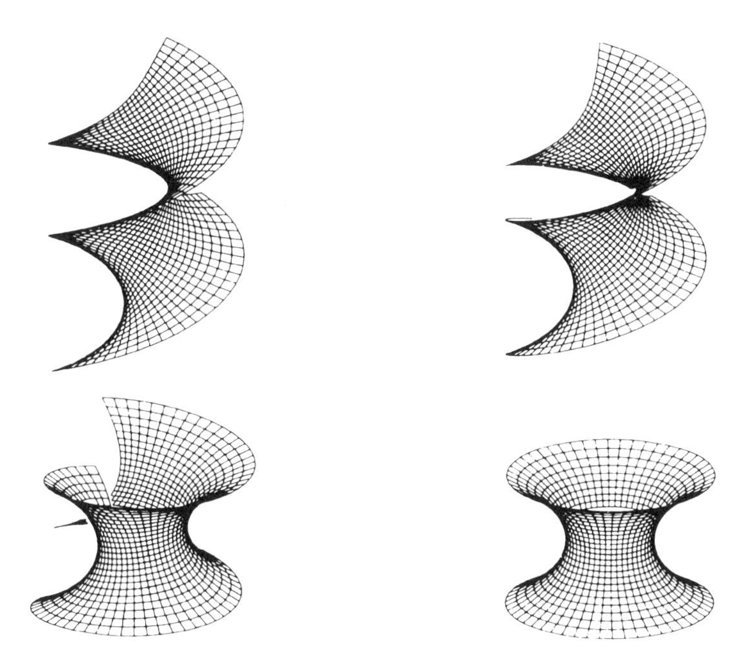

Hénon, attracteur de

Étudié à l'origine par le mathématicien français Michel Hénon à l'aide d'une calculatrice programmable HP-65, cette célèbre courbe décrit le comportement de nombreux systèmes à déperdition d'énergie, comme les astéroïdes en orbite autour du soleil.

L'attracteur est défini par la transformation suivante :

$$x \to y + 1 - ax^2, \quad y \to bx$$

Supposant que le point de départ (x, y) n'est pas trop éloigné de l'origine, après plusieurs applications de la transformation ci-dessus le point viendra se placer sur l'attracteur. À chaque itération, le point saute d'une courbe à l'autre, ou à une autre partie de la même courbe, d'une manière *chaotique*.
Si l'on agrandit par ordinateur un fragment de la première courbe, comme dans la deuxième figure, on voit que chaque courbe est composée de lignes encore plus fines, qui sont à leur tour composées de lignes encore plus fines...

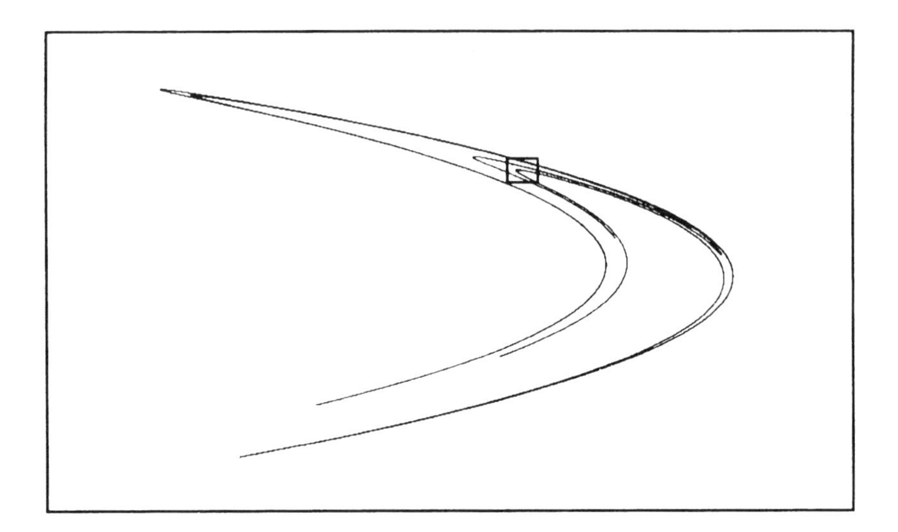

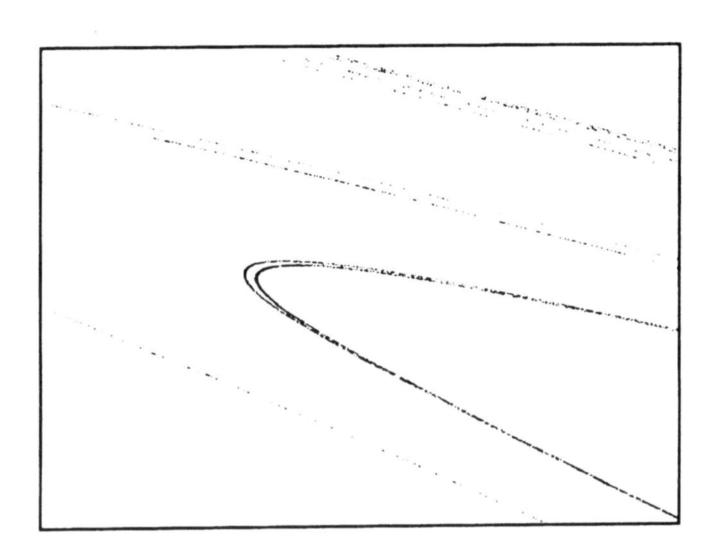

Ce schéma montre l'attracteur de Hénon pour les valeurs d'origine choisies par Hénon lui-même, à savoir $a = 1{,}4$ et $b = 0{,}3$. Si l'on transforme tous les points de cette droite par la transformation de Hénon, la droite elle-même évolue par un processus d'étirement et de déformation, un peu comme le mélange d'un liquide dans un autre, pour donner une forme plus proche de l'attracteur de Hénon.

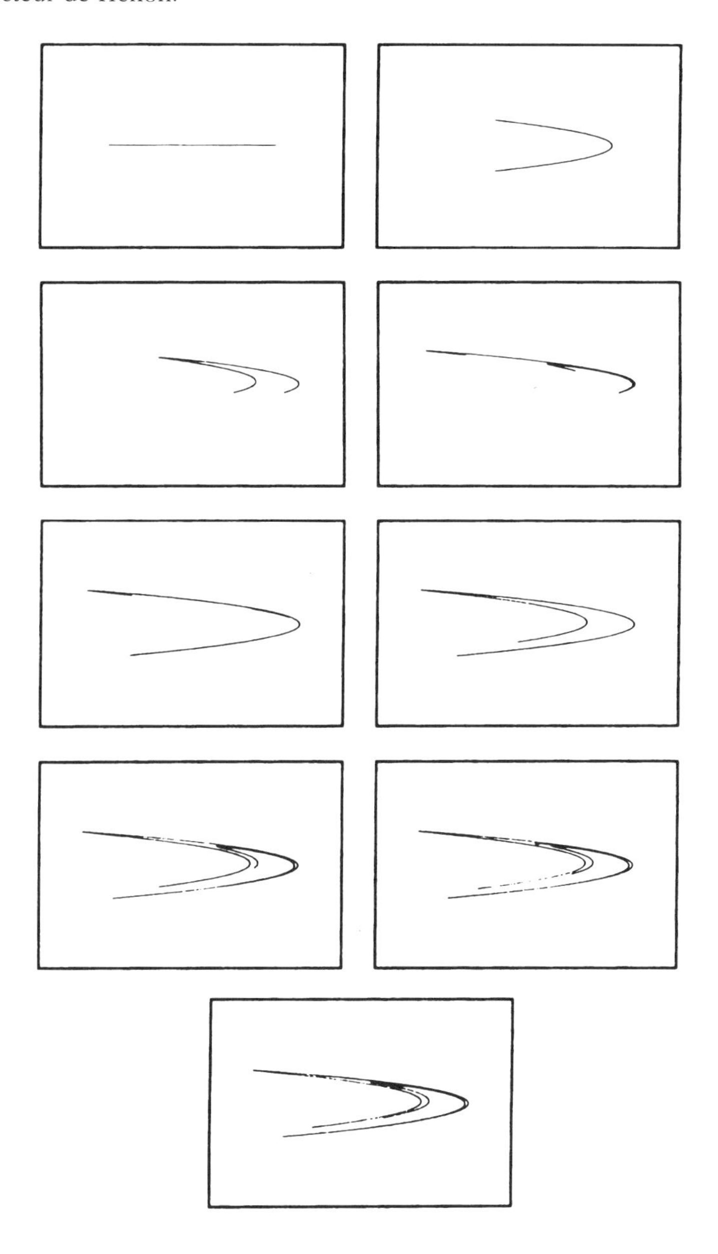

heptaèdre

Il s'agit d'une surface à une seule face fabriquée à partir de quatre triangles et trois quadrilatères, topologiquement équivalente à la surface romane de Steiner (c'est-à-dire qu'elle peut être déformée de façon continue pour donner la surface de Steiner), tout en étant beaucoup plus facile à fabriquer.

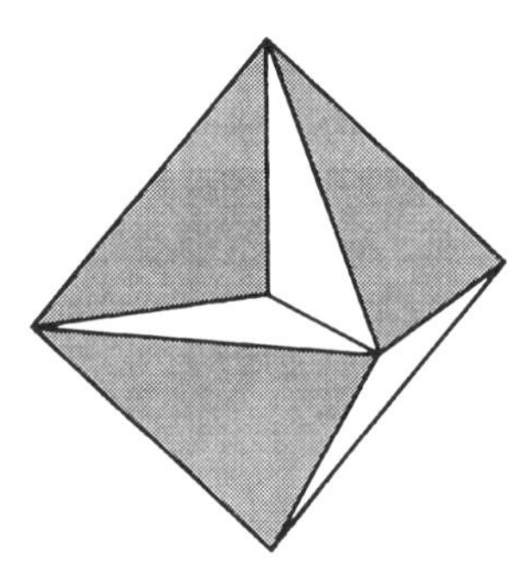

Partir d'un octaèdre régulier et supprimer une face sur deux. Les quatre triangles restants ne se touchent qu'en leurs sommets. Insérer alors trois carrés, qui sont des sections transversales de l'octaèdre d'origine et passent par son centre et les bords de ses faces. Le polyèdre obtenu est une surface fermée sans aucune frontière, mais qui n'a qu'une seule face.
On peut tout à fait classer l'heptaèdre régulier parmi les polyèdres semi-réguliers (archimédiens), car toutes ses faces et tous ses sommets sont identiques. Contrairement aux solides archimédiens classiques, il n'est pas convexe mais se coupe lui-même, le long des lignes où se coupent les trois carrés, et il possède même un point triple au centre.

Plusieurs autres polyèdres archimédiens peuvent être construits de la même manière. Le modèle ci-dessous possède les faces carrées du cuboctaèdre, ainsi que ses faces hexagonales passant par le centre.

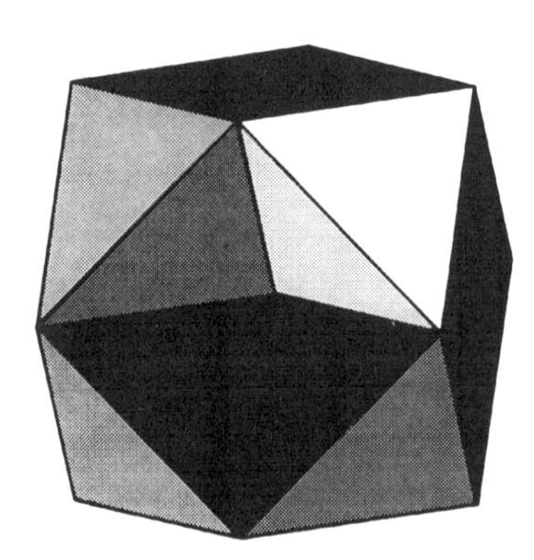

heptagone régulier

Il n'est pas possible de construire un polygone régulier à sept côtés à l'aide du compas et de la règle seulement. Cependant, on peut construire un angle de $\pi/7$ à l'aide de sept cure-dents, après quoi il est facile de construire un heptagone. Il faut disposer les cure-dents de sorte que A, X, Y et B soient alignés, et de même à droite. L'angle en A vaudra $\pi/7$.

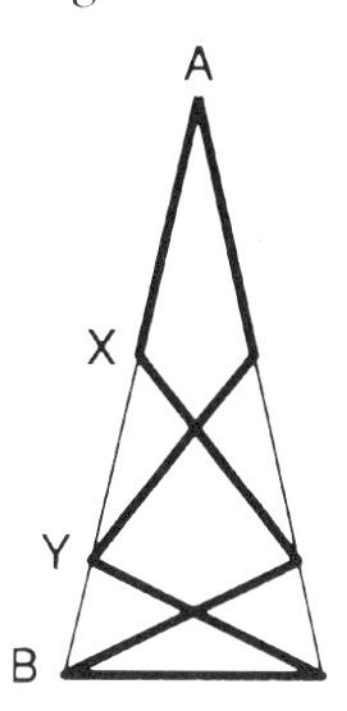

hexagones réguliers et étoiles

Les polygones réguliers qui forment un pavage à eux seuls peuvent se transformer en pavages de polygones et d'étoiles si on les écarte légèrement les uns des autres, et qu'on divise ensuite l'espace créé entre les pavés.

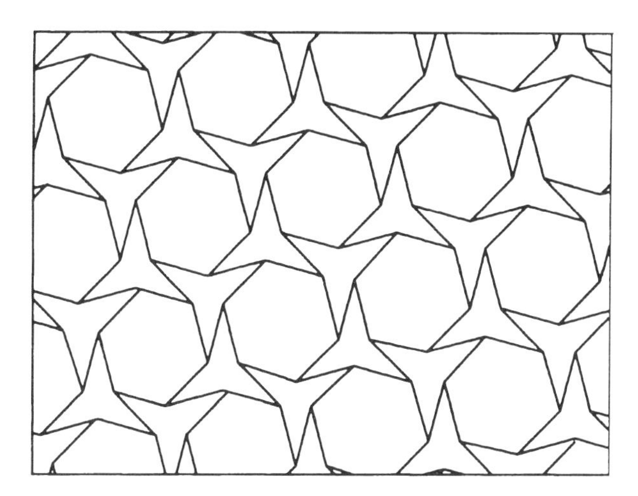

On peut aussi considérer qu'il s'agit là d'un *pavage articulé*. Chaque côté d'une étoile qui n'est pas également le côté d'un hexagone est une bande, articulée à ses deux extrémités, et qui lie deux hexagones. Lorsque les hexagones se séparent plus nettement, l'étoile s'aplatit, puis apparaît provisoirement sous la forme d'un grand triangle équilatéral, puis finalement d'un hexagone, identiques à ceux de départ.

Héron, problème de

Dans son *Catoptrica*, Héron d'Alexandrie supposa que la lumière voyageait selon le chemin le plus court (en termes de distance), et démontra que les angles d'incidence et de réflexion sur la surface d'un miroir sont égaux.

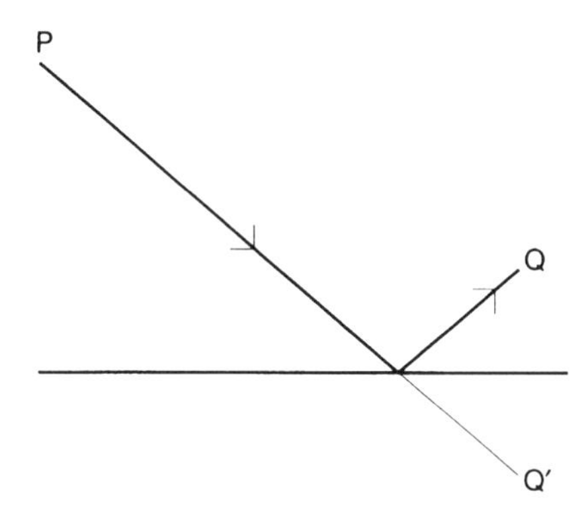

Il y parvint par la même méthode encore en usage aujourd'hui. Le point Q se reflète dans le miroir. La plus courte distance PQ sera égale à la plus courte distance P'Q', qui est une ligne droite. La réflexion de Q' en Q montre que les deux angles sont égaux.

Le même principe de réflexion résout le problème consistant à trouver un point T sur une droite telle que la *différence* entre les distances PT et TQ, P et Q étant sur des côtés opposés de la ligne, soit la plus grande possible. T est choisi de sorte que la réflexion de Q se trouve sur PT.

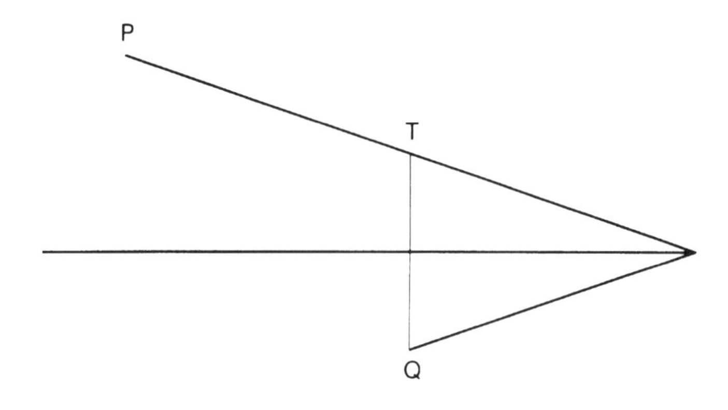

Hilbert, courbe de

Les figures ci-dessous montrent les quatre premières approximations de la courbe de Hilbert. Sur les deux premières, un quadrillage de carrés a servi à tracer la courbe. À chaque étape, chaque carré est divisé en quatre carrés plus petits, et la courbe est ramifiée de manière à passer par le centre de chaque nouveau carré pour reproduire, à plus petite échelle, le motif de l'étape précédente. On obtient au bout du compte la courbe de Hilbert : une courbe continue passant par chaque point du carré.

D'une façon un peu plus compliquée, on peut aussi construire une courbe similaire passant par chaque point d'un cube. En voici la première étape :

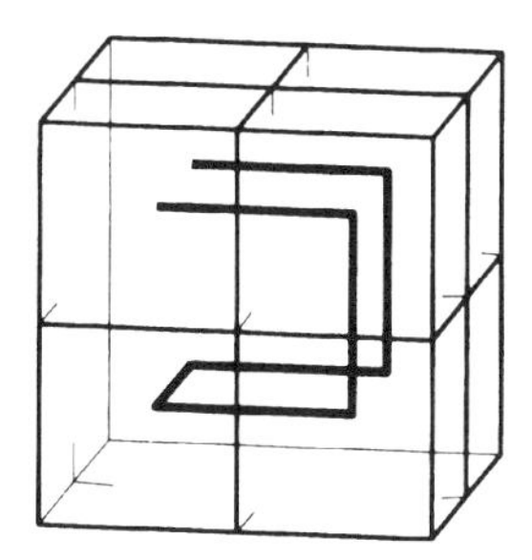

Holditch, théorème de

Soit une courbe convexe fermée lisse, et une corde de longueur constante se déplaçant sur son pourtour. Soit un point divisant la corde mobile en deux parties de longueurs p et q. Pendant le mouvement de la corde, ce point tracera une nouvelle courbe fermée. Si quelques conditions simples sont remplies, l'aire comprise entre les deux courbes sera alors égale à πpq.

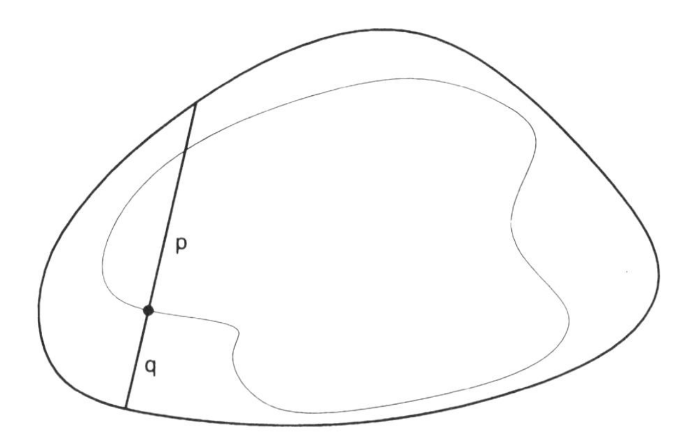

hyperbole

L'hyperbole est la section d'un cône double par un plan coupant les deux moitiés du cône.

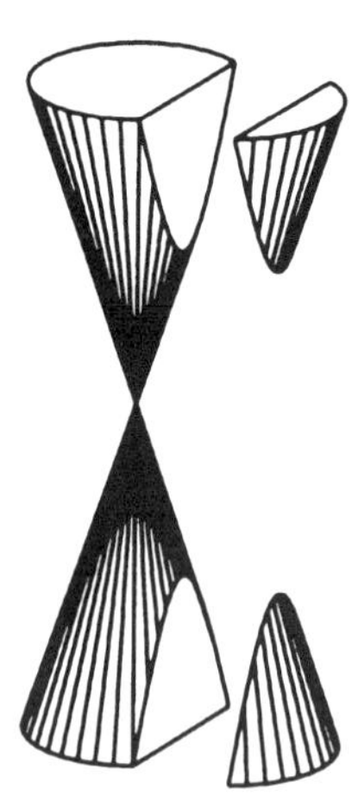

L'hyperbole admet deux asymptotes réelles : deux droites dont la courbe se rapproche de plus en plus sans jamais l'atteindre complètement (l'ellipse a deux asymptotes imaginaires).

Comme l'ellipse, l'hyperbole possède deux foyers. Pour tout point P de l'hyperbole, |PA - PB| est constante.

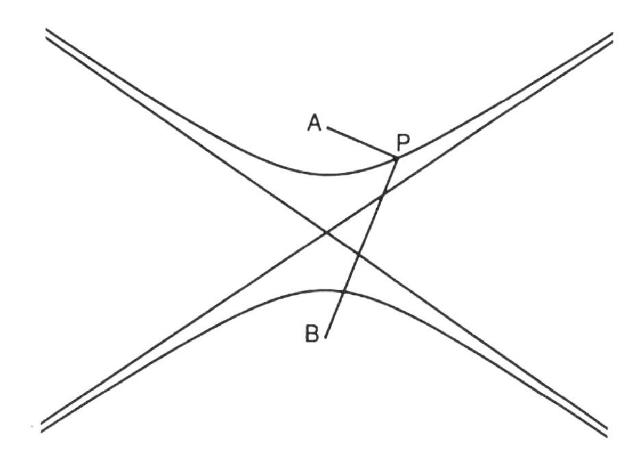

Comme l'ellipse et la parabole, l'hyperbole peut également être définie par sa propriété foyer-directrice. On choisit un point comme foyer et une droite comme directrice. Les deux branches de l'hyperbole sont chacune la trajectoire d'un point se déplaçant de telle manière que le rapport de sa distance au foyer à sa distance à la directrice soit supérieur à un.

On peut également construire l'hyperbole de façon mécanique, par une méthode semblable à celle de l'ellipse, mais moins simple. Soit AX une tige tournant autour de A, qui sera un foyer de l'hyperbole. On attache une ficelle à l'extrémité de la tige et à l'autre foyer, B, et on la garde tendue à l'aide d'un stylo, représenté ici au point P. Lorsque la tige tourne, P décrit une branche de l'hyperbole.

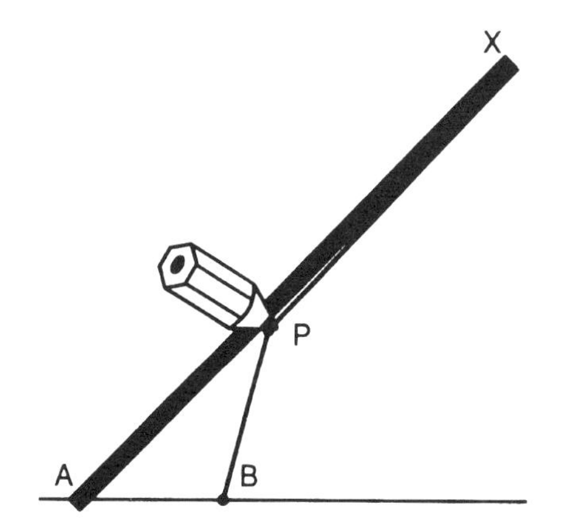

Lorsqu'un rayon lumineux passe par un foyer d'un miroir hyperbolique, il est réfléchi comme s'il provenait de l'autre foyer :

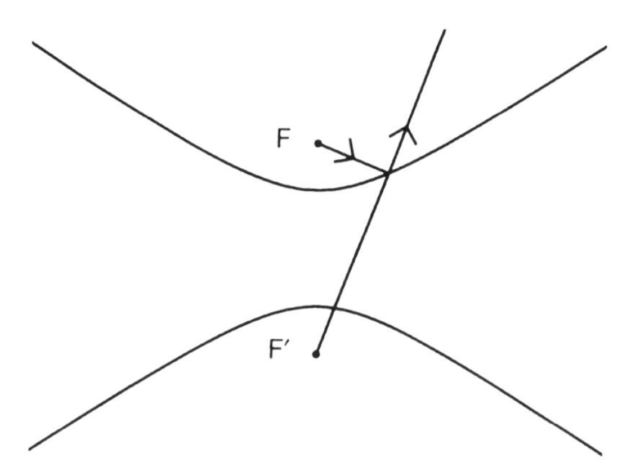

L'hyperbole peut également être construite en tant qu'enveloppe. En voici une méthode. Tracer un cercle et choisir un point F devant servir de foyer à l'hyperbole. Le diamètre passant par F sera l'axe de l'hyperbole. Tracer une droite quelconque passant par F et coupant le cercle en deux points, puis tracer les perpendiculaires en ces deux points d'intersection. Ces droites sont tangentes à l'hyperbole, une pour chaque branche, et il suffit de répéter la construction avec différentes droites passant par F pour faire apparaître l'hyperbole.

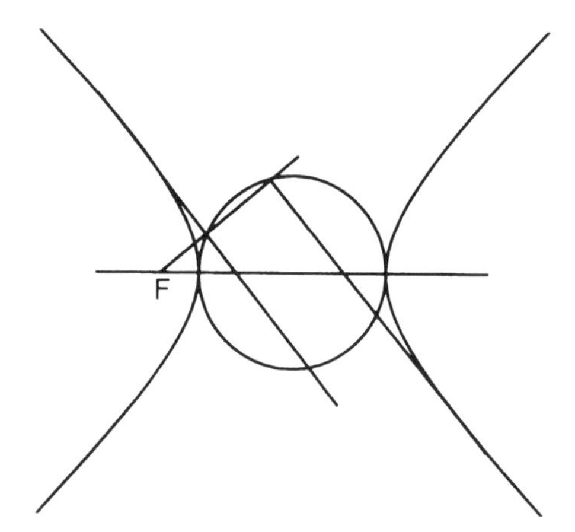

L'hyperbole possède encore d'innombrables propriétés. Par exemple, si la tangente à l'hyperbole en T coupe les asymptotes en P et Q, et si les asymptotes se croisent en O, alors OP·OQ est constant ; et PT = TQ, comme le démontra Appolonius.

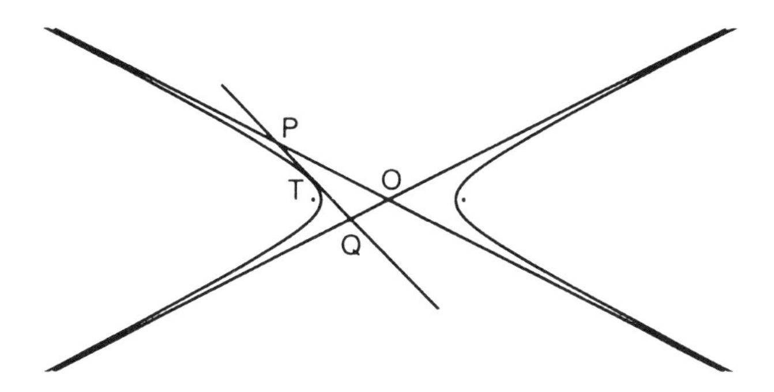

hyperbole équilatère

Une hyperbole dont les asymptotes sont perpendiculaires entre elles est appelée *équilatère.*

Si trois sommets d'un triangle se trouvent sur une hyperbole équilatère, l'orthocentre du triangle se trouve également sur la même courbe. En d'autres termes, si quatre points sont orthocentriques, il existe une famille d'hyperboles équilatères passant par ces quatre points. Le lieu des centres de ces hyperboles équilatères est le cercle des neuf points du triangle.

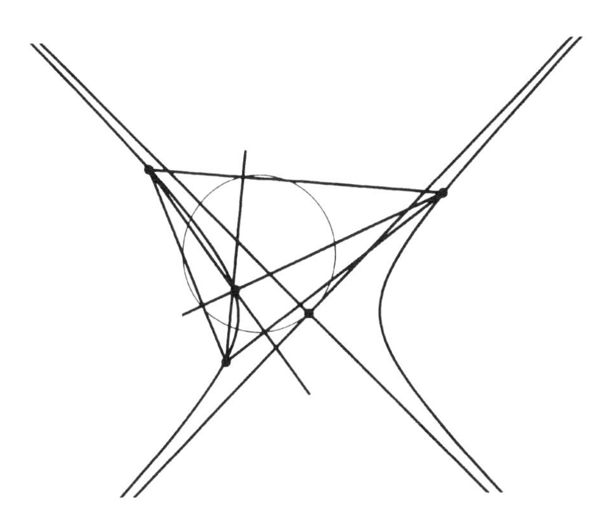

Si quatre points ne sont pas orthocentriques, il existe une unique hyperbole équilatère passant par ces points ; son centre est le point de rencontre des quatre cercles des neuf points des triangles formés en prenant les points trois à trois. Si le centre d'une hyperbole équilatère est pris comme centre d'inversion, alors la courbe inverse est une lemniscate.

hyperbolique, géométrie

Euclide supposa, dans ses *Éléments* :

> Si une ligne droite tombant sur deux autres droites fait les angles intérieurs du même côté plus petits que deux droits, ces droites, prolongées à l'infini, se rencontre du côté où les angles sont plus petits que deux droits.

C'est le fameux Cinquième Postulat, qui semble suffisamment compliqué pour être un théorème, mais que ni Euclide ni aucun de ses successeurs ne fut capable de démontrer.
Bolyai et Lobachevski, indépendamment, envisagèrent la possibilité qu'il soit indémontrable dans son principe et qu'il soit donc plus intéressant de le nier. Ils supposèrent tous deux qu'il existe deux droites distinctes WPX et ZPY, appelées *rayons limites*, passant par un point P, qui ne rencontrent pas une droite AB, telles que toute droite passant par P à l'intérieur de l'angle XPY rencontre AB. Parmi les lignes passant par P à l'intérieur de l'angle XPZ, aucune ne rencontrera AB. Ces droites sont considérées comme étant "parallèles" à AB, et il existe donc une infinité de droites passant par P et parallèles à AB.

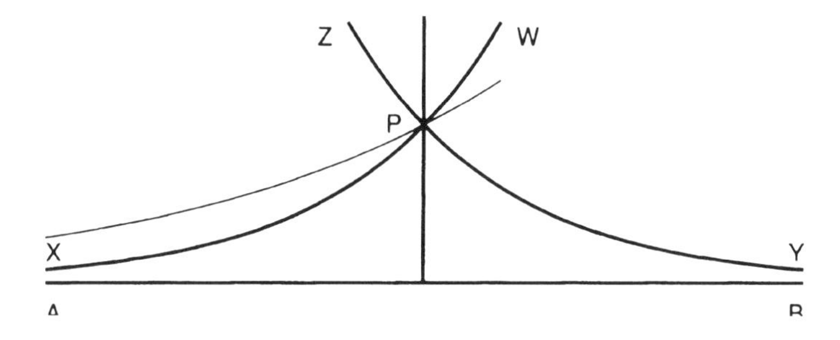

Cette géométrie fut baptisée "hyperbolique" par Klein en 1871. En géométrie hyperbolique, la somme des angles d'un triangle est toujours inférieure à deux droits. Si le triangle est petit, alors ses angles valent approximativement deux droits.

Un triangle est défini par ses angles ; en géométrie hyperbolique, il n'existe pas de triangles semblables, car deux triangles ayant les mêmes angles sont congruents. L'aire d'un triangle est égale à $K(\pi - \alpha + \beta + \gamma)$, où K est une constante et α, β, γ sont les angles du triangle. L'expression $\pi - \alpha + \beta$ est appelée le *défaut* du triangle. Les polygones ont également leurs défauts ; deux polygones sont mutuellement découpables s'ils ont le même défaut.
Un triangle peut avoir trois angles nuls, tous ses côtés étant des rayons limites de longueur infinie et son défaut valant alors un maximum : deux

angles droits. Son aire, cependant, est finie. (Coxeter note que Lewis Carroll ne parvenait pas à accepter cette conclusion, et en déduisait à l'opposé que la géométrie non-euclidienne était insensée.)
La circonférence d'un cercle n'est pas proportionnelle à son rayon, mais augmente bien plus vite que celui-ci, à peu près de façon exponentielle. Cependant, elle est à peu près proportionnelle pour les petits rayons.
À la limite, lorsque la constante de la géométrie hyperbolique tend vers l'infini, l'espace hyperbolique devient "plat" et euclidien. Ainsi, la géométrie hyperbolique admet la géométrie euclidienne comme cas particulier. Lobachevski en était conscient et appela sa nouvelle géométrie la "pangéométrie".

hyperboloïde à une nappe

Planter une aiguille dans une allumette, puis une autre allumette à l'autre extrémité de l'aiguille. Si les allumettes sont parallèles, lorsqu'on fait tourner la première autour de son axe longitudinal, la deuxième dessinera un cylindre. Mais si ce n'est pas le cas, et si elles ne se trouvent pas dans le même plan, alors la deuxième décrira un hyperboloïde de révolution à une nappe. (Sir Christopher Wren fut le premier à découvrir que la surface d'un hyperboloïde de révolution contient des familles de droites.) Les positions de la deuxième allumette définissent une famille de génératrices de la surface. Ces génératrices ne se coupent jamais et ne peuvent jamais être parallèles trois à trois dans un même plan.

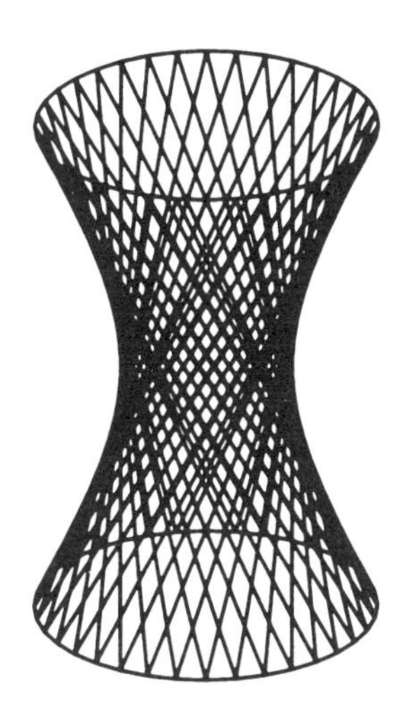

De manière intuitive, il peut sembler évident que, si l'on inverse l'angle de la deuxième allumette pour qu'elle pointe vers le bas plutôt que vers le haut, alors elle dessinera la même surface. C'est bien le cas, et ses positions forment une deuxième famille de génératrices de la même surface, chacune coupant chaque droite de la première famille (à l'exception d'une seule droite de la première famille, qui lui est parallèle et opposée).
Deux surfaces identiques de ce type peuvent servir de base à des engrenages "hypoïdes", qui permettent à un axe en rotation de transmettre son mouvement à un autre axe qui ne lui est pas parallèle et qui ne le coupe pas. Les surfaces sont conçues en sorte qu'une génératrice de la première surface soit alignée sur une génératrice de la deuxième, et que les deux surfaces roulent et glissent l'une sur l'autre.

Perpendiculairement à son axe de rotation, cet hyperboloïde de révolution a naturellement des sections transversales circulaires. Le cas général de l'hyperboloïde à une nappe a des section elliptiques.
Pour construire la surface, une méthode commode consiste à prendre deux cercles, ou ellipses, parallèles et sur le même axe, et ayant des axes parallèles. On divise ensuite chaque ellipse en un nombre égal de fragments, en traçant des angles égaux depuis le centre. Si on relie chaque point de l'ellipse du haut à un point situé N étapes plus loin sur l'ellipse du bas, les droites obtenues formeront un hyperboloïde à une nappe. Pour ajouter la deuxième famille de génératrices, il suffir de compter les N étapes en sens inverse.

Un modèle fabriqué en fils de fer rigides (plutôt qu'avec des tiges filetées qui doivent ensuite être tendues) permet d'illustrer une caractéristique remarquable de la surface. Si l'on rapproche les ellipses sans les faire tourner l'une par rapport à l'autre, de sorte que les fils glissent à travers une famille de trous, alors la surface reste encore un hyperboloïde et se transforme, à l'infini, en une seule ellipse avec sa famille de tangentes.

hypercube ou tesséract

L'hypercube est l'analogue en dimension quatre du cube tridimensionnel. Tout comme ce dernier peut être obtenu en dupliquant un carré, en écartant les deux carrés et en reliant leurs sommets correspondants, l'hypercube peut être construit en séparant des cubes tridimensionnels dupliqués.

Sur la gauche de la figure (page suivante), on a dessiné en projection deux cubes congruents et relié leurs sommets correspondants. À droite, l'un des cubes se trouve à l'intérieur de l'autre ; chaque face du cube extérieur, plus la face associée du cube intérieur et les quatre lignes les joignant constituent l'une des faces cubiques de l'hypercube. En comptant les deux cubes de départ, on a ainsi huit faces cubiques, ou *cellules*. L'hypercube possède en outre 24 faces planes, 32 arêtes et 16 sommets.

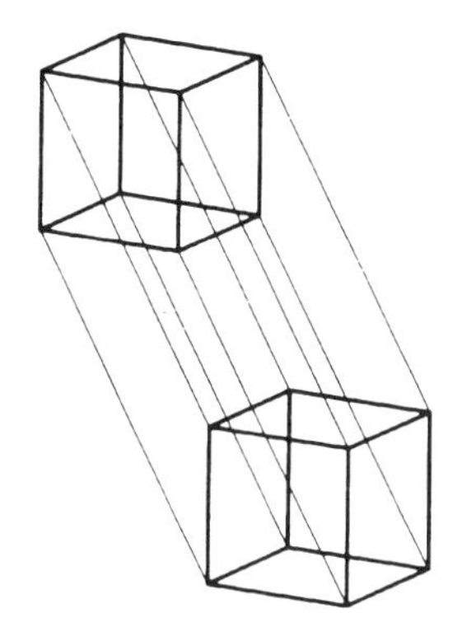

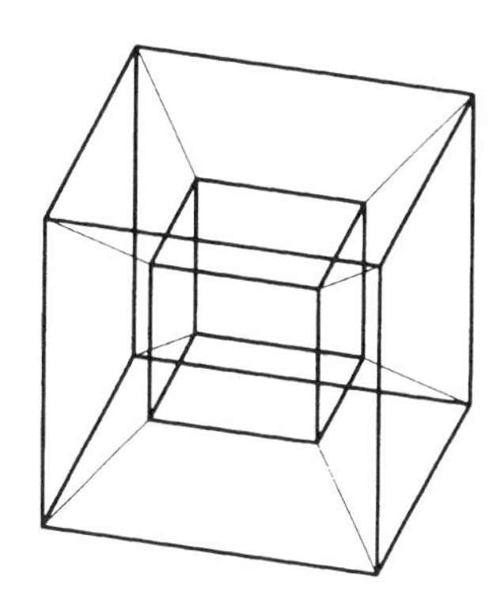

L'hypercube possède huit diagonales principales qui relient des paires de sommets opposés. Elles se répartissent en deux groupes de quatre, les diagonales de chaque groupe étant perpendiculaires entre elles. Le dual de l'hypercube est le 16-tope.

I

icosaèdres, cinquante-neuf

Le tétraèdre et le cube ne peuvent pas être transformés en étoiles, car leurs faces, une fois étirées, ne se recouperont pas. L'octaèdre a une étoile, la *stella octangula*, et le dodécaèdre en a trois : le petit dodécaèdre étoilé, le grand dodécaèdre, et le grand dodécaèdre étoilé.
L'icosaèdre, en revanche, ne compte pas moins de 59 étoiles, toutes énumérées par M. Bruckner, A.H. Wheeler et H.S.M. Coxeter. Si on découpe un icosaèdre solide par des coupes planes à partir d'un bloc de bois, cela crée 1 + 20 + 30 + 60 + 20 + 60 + 120 + 12 + 30 + 60 + 60 pièces. Elles peuvent être réagencées symétriquement pour former 32 *polyèdres réflexifs* (c'est-à-dire ayant des plans de symétrie) et 27 solides existant par paires gauche et droite. L'icosaèdre de départ en fait partie, ainsi que le grand icosaèdre et les composés de cinq octaèdres et deux tétraèdres. La figure montre la troisième étoile, qui est un deltaèdre.

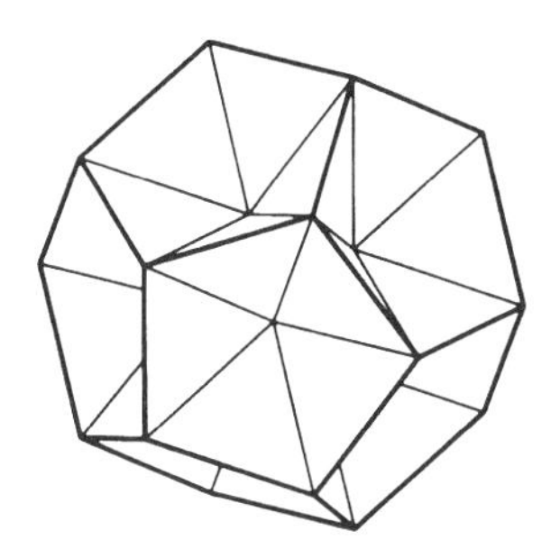

illusions géométriques

Lorsqu'on dessine une figure, il ne faut pas toujours prendre ses impressions pour des réalités. Des figures géométriquement justes peuvent révéler des aspects différents, et d'autres semblant correctes peuvent s'avérer fausses.

La première figure ci-dessous montre des lignes qui semblent de longueurs différentes, alors que la mesure montre que AB et BC sont égales.
La deuxième figure présente deux zones ombrées qui sont de même surface, bien que le disque du centre semble plus grand que la couronne extérieure. Il est facile de démontrer qu'elles sont bien égales. Les cercles sont dessinés avec des rayons croissants d'une unité à chaque fois ; l'aire du disque central vaut donc $\pi \cdot 3^2$ unités de surface, et la bague $\pi \cdot 5^2 - \pi \cdot 4^2 = \pi \cdot 3^2$ unités de surface.

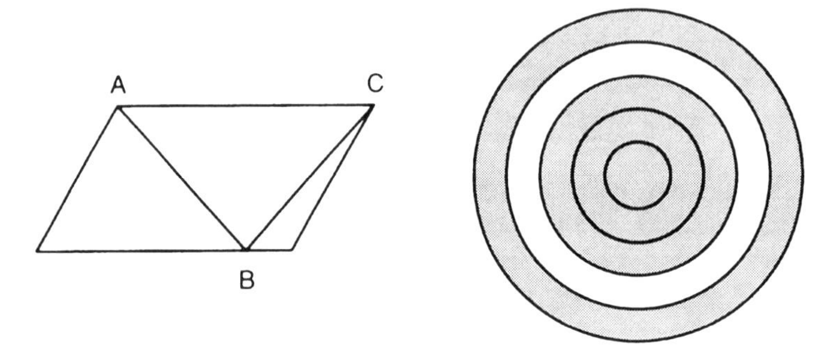

incomparables, rectangles

Deux rectangles sont dits incomparables si aucun d'entre eux ne s'inscrit dans l'autre, en gardant leurs côtés parallèles. Cela revient à dire que l'un des rectangles est à la fois le plus long et le plus étroit.

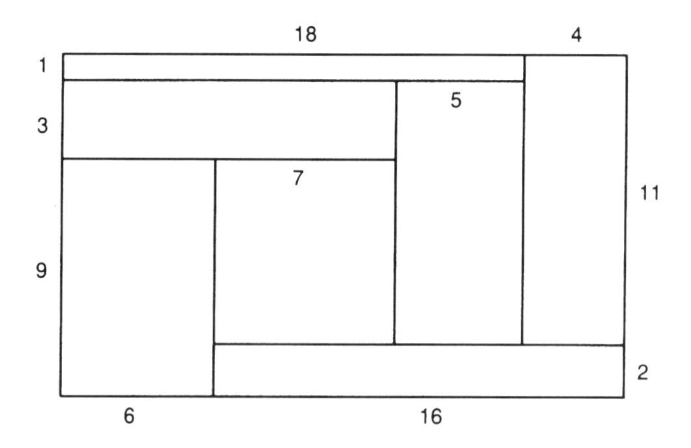

Quel est le plus petit nombre de rectangles mutuellement incomparables recouvrant un rectangle donné ? Il en faut au moins sept, et au plus huit. Ce rectangle de 13 × 22 est le plus petit rectangle (qu'on le mesure par son aire ou par son périmètre) à côtés entiers qui puisse être découpé de la sorte.

intersection de cordes d'un cercle

Jusqu'à quel degré de simplicité une figure intéressante peut-elle parvenir ? Dans celle qui suit, deux cordes d'un cercle se coupent et AX·XC = BX·XD.

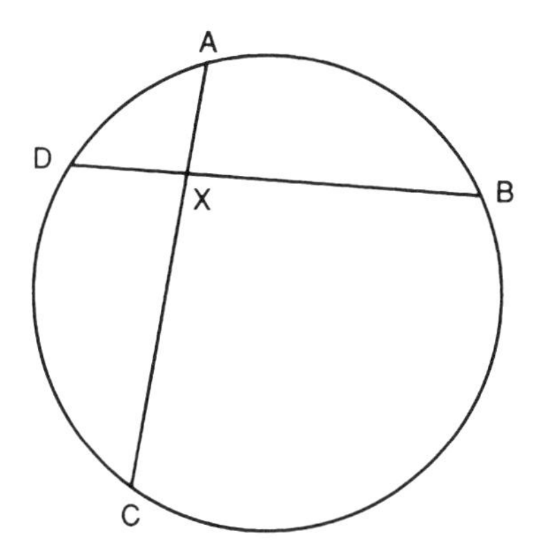

Si X se trouve à l'extérieur du cercle, et l'une des tangentes passant par X coupe le cercle en T, alors AX·XC = BX·XD = XT^2.
De même,

$$\frac{\text{arc AB} + \text{arc DC}}{\text{arc BC} + \text{arc DA}} = \frac{\angle AXB}{\angle CXD}$$

Si les cordes sont perpendiculaires, alors, comme le démontra Archimède :

$$\text{arc AB} + \text{arc CD} = \text{arcBC} + \text{arc DA}$$

intersection de cylindres

Si les axes de trois cylindres circulaires de même diamètre d se coupent mutuellement à angles droits, ils enferment un solide à 12 faces incurvées. Le volume de ce solide est de $(2 - \sqrt{2})d^3$.
Si l'on trace les plans tangents à toutes les génératrices joignant des sommets où trois faces se rencontrent, on obtient un dodécaèdre rhombique.
L'intersection de seulement deux cylindres à angle droit donne une figure plus simple. Archimède et le mathématicien chinois Tsu Ch'ung-Chih en connaissaient tous deux le volume, qu'on peut déterminer sans calcul : $\frac{2}{3}d^3$.

On peut encore envisager l'intersection de quatre cylindres, à condition que leurs axes soient disposés selon la symétrie d'un tétraèdre. Ils forment alors un solide analogue à l'octaèdre à cube inscrit, dont le volume vaut $\frac{2}{3}(3 + \frac{2}{3} - \frac{4}{2})d^3$.

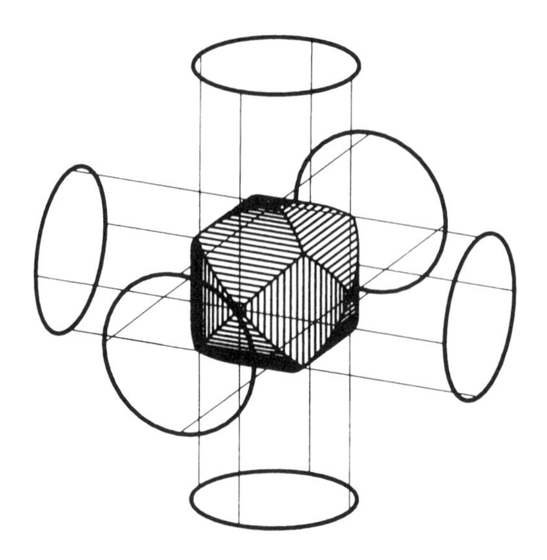

inversion

L'inversion est une transformation d'une figure plane en une autre figure plane, sur la base d'un cercle d'inversion dont le centre est appelé centre d'inversion. (En trois dimensions, les figures peuvent également être transformées en d'autres figures de l'espace à l'aide d'une sphère d'inversion.)

Si le rayon du cercle est k, alors l'inverse d'un point A est le point A' de OA tel que $OA \cdot OA' = k^2$.

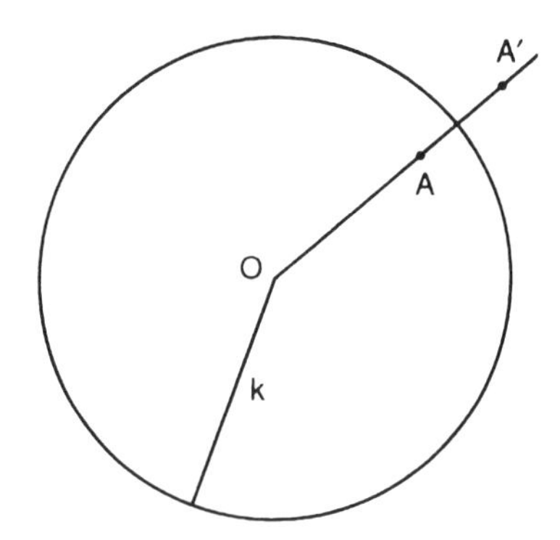

Le cercle d'inversion lui-même, les cercles qui lui sont orthogonaux et les droites passant par son centre sont tous invariants par la transformation. De plus, les angles sont conservés, et les cercles et les droites ne passant pas par le centre d'inversion sont tous convertis en cercles.

Cette transformation peut servir à démontrer un théorème en le transformant en un autre connu ou évident. Par exemple, le théorème sur la suite de cercles de Steiner peut se démontrer en inversant la figure en deux cercles concentriques, le résultat devenant alors trivial. De même, l'hexuplet de Soddy peut être inversé. Steiner connaissait le procédé d'inversion, mais il se garda bien de révéler son secret lorsqu'il étonna ses collègues avec toute une série de théorèmes surprenants et apparemment très difficiles!

L'inverseur de Peaucellier peut servir à inverser une courbe, et de nombreuses courbes très connues sont des inverses les unes des autres. Par exemple, si l'on inverse une parabole en prenant son foyer comme centre d'inversion, on obtient une cardioïde ; si on l'inverse par rapport à son sommet, le résultat est une cissoïde de Dioclès.

Les deux figures qui suivent se rapportent à une inversion sphérique. Le motif d'hexagones et de triangles converge vers deux points de la sphère, le pôle sud et le pôle nord. La deuxième figure est obtenue par inversion du pavage sphérique dans la sphère.

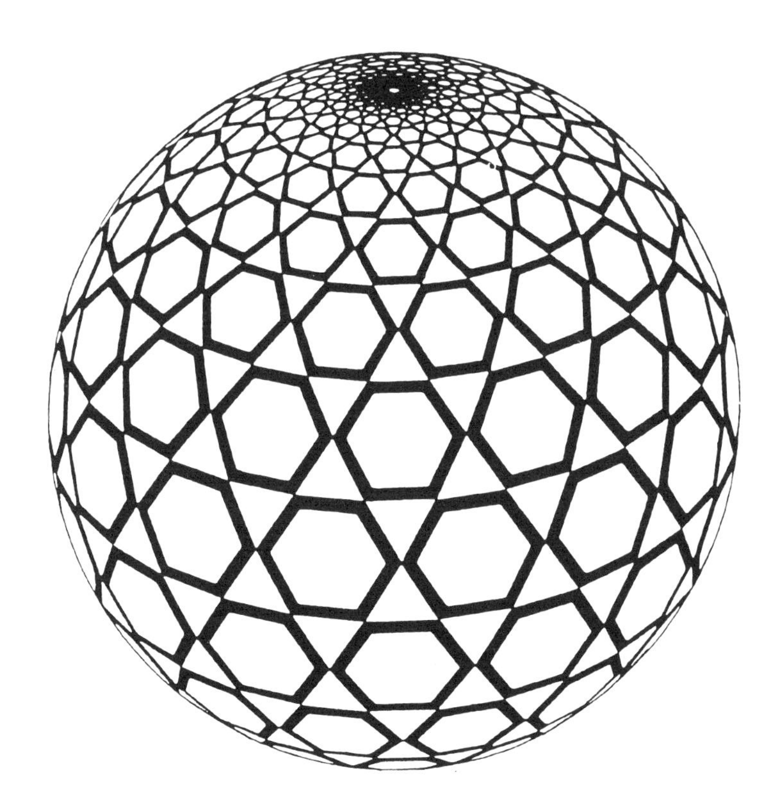

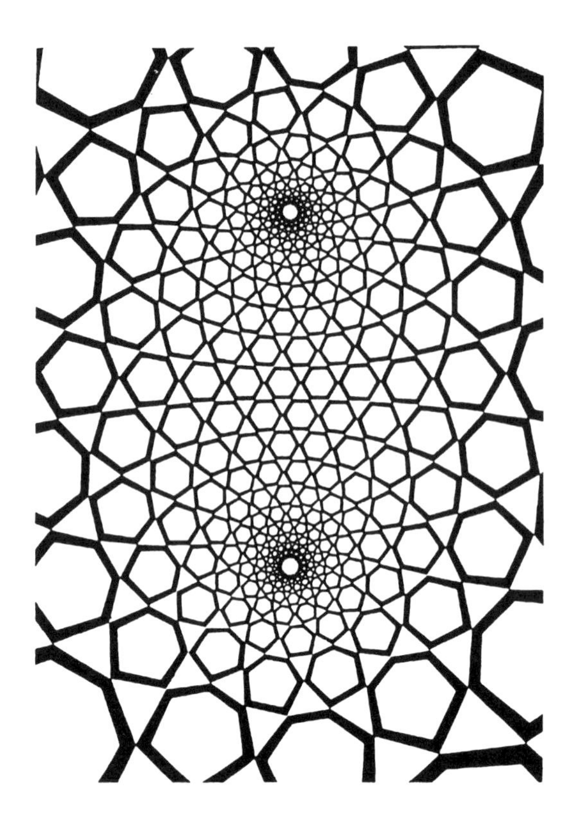

islamiques, pavages

Les artistes orientaux sont bien connus pour leur adresse et leur imagination dans l'utilisation de pavages de tous types. Par exemple, les dix-sept *motifs de papier peint* possibles sont présents dans le seul palais de l'Alhambra. Bon nombre de ces motifs font appel à des imbrications.

Tous ces motifs complexes peuvent être envisagés de nombreuses manières différentes. La figure suivante peut ainsi être interprétée comme un motif de diamants, chacun étant divisé en deux quadrilatères et deux pentagones, ou bien comme un motif d'hexagones réguliers à rayons et de triangles équilatéraux tronqués, ou encore comme un motif de grands hexagones découpés en quatre petits hexagones et sept triangles équilatéraux tronqués... et ainsi de suite.

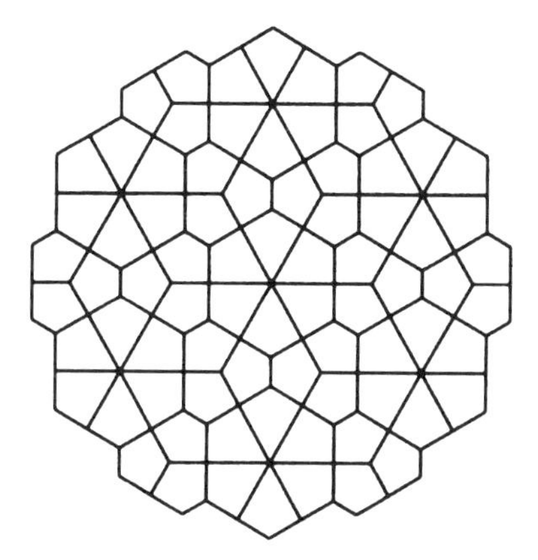

isopérimètre, problème de l'

Le théorème de l'isopérimètre ("de périmètre égal") affirme que, de toutes les figures planes ayant le même périmètre, c'est le cercle qui a la plus grande surface.

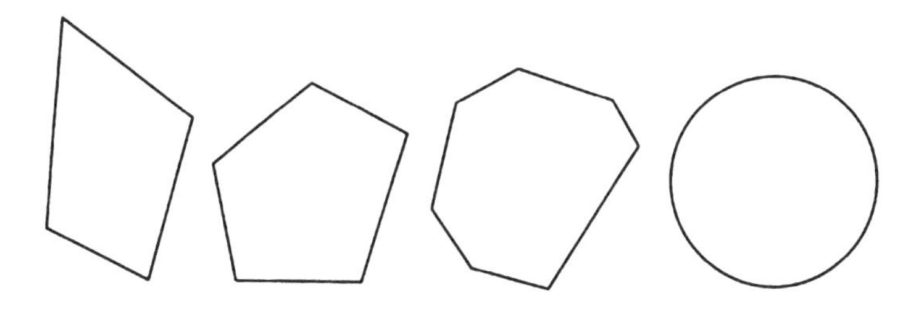

Ce théorème a une longue histoire. Zénodore, quelque temps après Archimède, démontra que la surface du cercle est plus grande que celle de tout polygone ayant le même périmètre. Pappus décrivit également dans un passage célèbre l'économie dont font preuve les abeilles pour construire leurs nids :

> Bien que Dieu ait offert aux hommes... la compréhension la meilleure et la plus parfaite en science et en mathématiques, Il en a accordé tout aussi bien une part à certaines des créatures intelligentes. Aux hommes, les ayant dotés de raison, Il accorda qu'ils agissent toujours à la lumière de la raison et de la démonstration, mais aux autres créatures non raisonnables, Il fit pour seul présent que chacune d'elles, suivant en cela une certaine prédestination naturelle, obtienne ce qui lui est nécessaire pour survivre... Que les abeilles ont imaginé [leurs nids] selon une certaine prédétermination géométrique que nous pouvons donc supposer. Elles auront nécessairement pensé que les figures doivent toutes être adjacentes les unes aux autres et partager leurs côtés... Sachant donc qu'il existe trois figures capables, en elles-mêmes, de remplir l'espace autour d'un même point, qui sont le triangle, le carré et l'hexagone, les abeilles, dans leur sagesse, ont choisi pour leur ouvrage celle qui possède les angles les plus nombreux, percevant qu'elle contiendrait plus de miel que chacune des deux autres... pour la même débauche de matière lors de l'édification de chacune. Mais, pensant disposer d'une plus grande part de sagesse que les abeilles, nous allons étudier un problème un peu plus large, à savoir que, *de toutes les figures planes équilatérales ou équiangles ayant le même périmètre, celle qui possède le plus grand nombre d'angles est toujours plus grande, et la plus grande de toutes est le cercle de périmètre égal aux autres.* (*Collection mathématique*, Livre V.)

Finalement, Steiner proposa en 1841 plusieurs démonstrations du théorème de l'isopérimètre. Un problème voisin est évoqué dans l'*Énéide* du poète romain Virgile : la Reine Didon, fuyant son frère assassin, arriva sur les côtes d'Afrique du Nord et proposa d'acheter au Roi Jarbas des terres pour elle-même et sa suite. On lui offrit la surface de terre qu'elle serait capable de délimiter avec la peau d'un bœuf. D'après Virgile, elle accepta, découpa la peau de bœuf en une bande mince et longue, et s'attribua la plus grande surface possible en repérant au sol, à l'aide de la bande, la clôture d'une zone semi-circulaire adossée à la côte.

japonais, théorème

Johnson rapporte ce théorème japonais, typique des années 1800, et observé dans un temple édifié à la gloire des dieux.

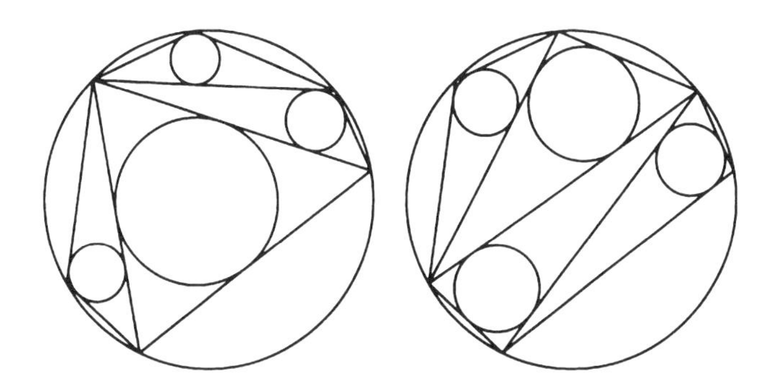

On trace un polygone convexe à l'intérieur d'un cercle, puis on le divise en triangles. On inscrit ensuite un cercle dans chaque triangle. La somme des rayons de tous les cercles est alors indépendante du sommet depuis lequel on a démarré la triangulation. Toute triangulation fonctionnera ainsi : la somme est identique sur les deux figures.

Johnson, théorème de

Ce théorème extrêmement simple fut visiblement découvert en premier par Roger Johnson, pas avant 1916. Cela suggère que de très nombreuses propriétés géométriques s'y trouvent encore cachées, attendant d'être découvertes, deux mille ans après que Thalès ait découvert que "l'angle intérieur à un demi-cercle est un angle droit".
Si trois cercles identiques passent par un point commun P, alors leurs trois autres intersections se trouvent sur un autre cercle, de même taille.

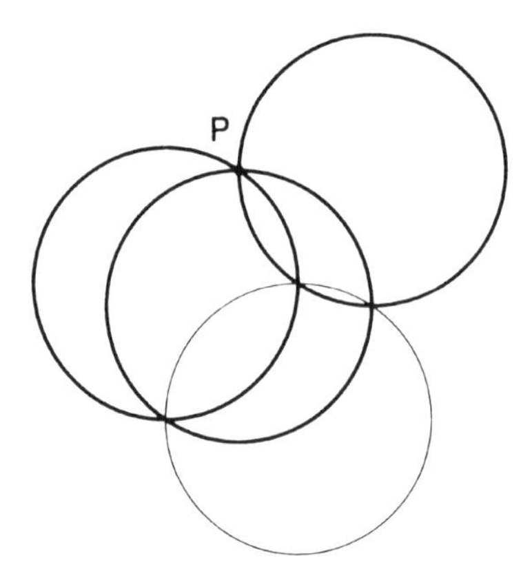

Il existe une preuve aussi simple que le théorème lui-même. Tracer les rayons, comme sur la figure ci-dessous. Ils forment le squelette d'un cube, car les cercles ont le même rayon. Ajouter les arêtes manquantes du cube, et le sommet caché est le centre du quatrième cercle.

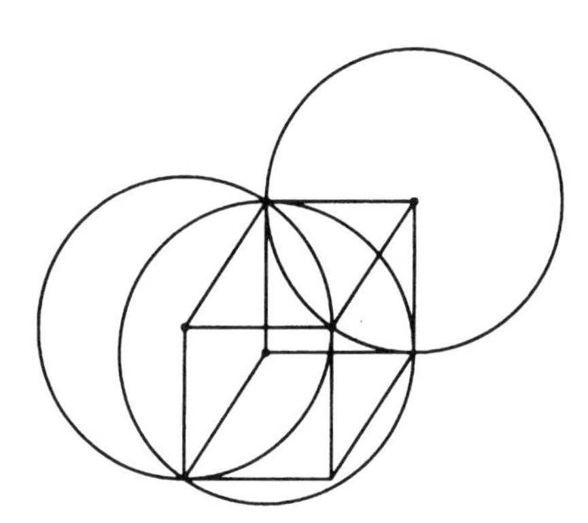

Julia, ensemble de

Soit un nombre complexe quelconque, $z = p + iq$, représenté par un point (p, q) du plan complexe, et une constante complexe k. On calcule $z^2 + k$ et l'on prend la valeur obtenue comme nouvelle valeur de z, puis on calcule de nouveau $z^2 + k$ avec cette nouvelle valeur. Et on répète l'opération avec cette troisième valeur à la place de z...

On peut répéter le procédé à l'infini. La suite des valeurs de z, en partant de la valeur de départ, peut être présentée sous forme de graphe. De quoi aura-t-il l'air ? Trois possibilités existent : il peut s'éloigner de plus en plus de l'origine et disparaître finalement à l'infini ; il peut tendre vers un point fixe ; ou bien il peut finir par des bonds à l'intérieur d'une région appelée "attracteur étrange". L'attracteur étrange correspondant à un point particulier est appelé ensemble de Julia.

Si le point de départ se trouve à l'intérieur de l'ensemble de Mandelbrot, alors son ensemble de Julia sera un ensemble connexe formant une courbe fractale, de dimension fractionnelle. S'il se trouve en dehors de l'ensemble de Mandelbrot, ce sera un ensemble de points distincts appelé poussière de Fatou.

Le procédé $z \to z^2 + k$ est le plus simple de tous ceux qui donnent lieu à ce type de comportement. Cependant, il existe aussi des ensembles de Julia correspondant à des transformations plus complexes. La figure ci-dessous montre ainsi l'ensemble de Julia correspondant au procédé $z \to \lambda \cos z + k$:

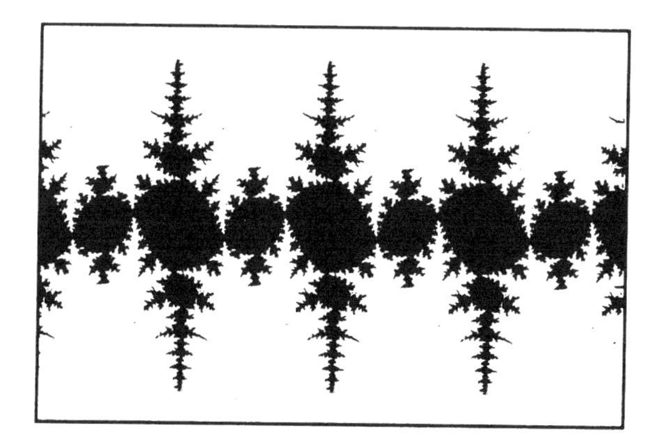

Jung, théorème de

La plus grande distance séparant deux points quelconques d'un ensemble est appelée diamètre. Le théorème de Jung affirme que tout ensemble de diamètre 1, ou inférieur, peut être recouvert par un cercle de diamètre $2/\sqrt{3}$.

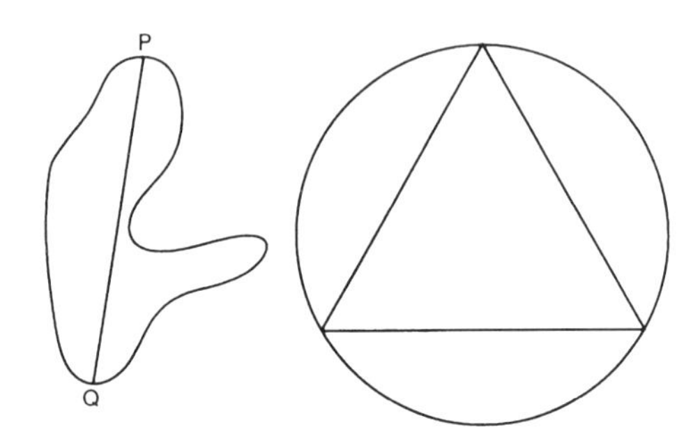

La figure de gauche a un diamètre égal à PQ. Si le triangle équilatéral de droite a un côté égal à l'unité, on peut le recouvrir entièrement par un cercle d'un diamètre de exactement $2/\sqrt{3}$: cette borne ne peut donc pas être dépassée.

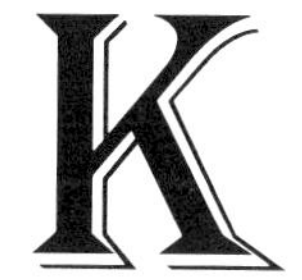

K

Kakeya, ensembles de (et arbres de Perron)

Kakeya chercha en 1917 la plus petite région convexe à l'intérieur de laquelle un segment de droite de longueur unité peut être inversé, c'est-à-dire modifié de manière à tourner complètement. Une telle région s'appelle un ensemble de Kakeya. Celui-ci supposa que la réponse était un triangle équilatéral de hauteur un. C'est effectivement le cas. Mais que se passe-t-il si la région n'a pas à être convexe ? On a parfois suggéré comme réponse une deltoïde, dans laquelle un segment unité tournerait de façon continue en touchant toujours la deltoïde de ses deux extrémités situées sur une courbe, mais cette conjecture s'est avérée fausse. La plus petite région de ce type a une surface que l'on peut rendre aussi petite que l'on veut !

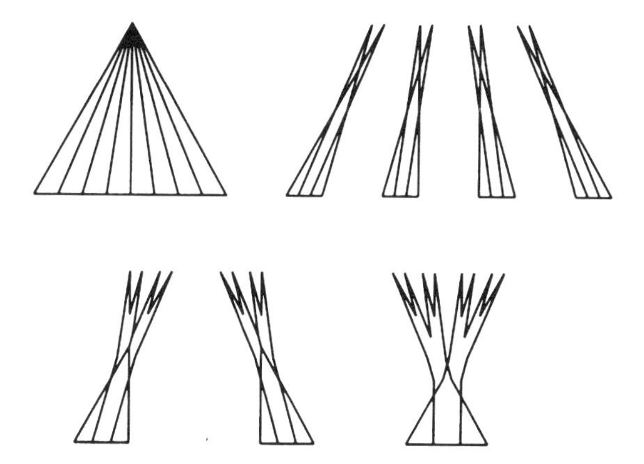

L'idée consiste à couper en deux, trois fois de suite, la base d'un triangle équilatéral. On fait alors glisser des triangles voisins pour qu'ils se chevauchent légèrement, puis on répète le processus avec cette paire de triangles, en les faisant légèrement glisser l'un vers l'autre.

On obtient ainsi ce qu'on appelle un arbre de Perron. Si l'on divise la base du triangle un nombre suffisant de fois, la surface de l'arbre de Perron qui en résulte peut être rendue aussi faible que l'on veut. Plusieurs arbres de Perron assemblés les uns aux autres forment un espace permettant à un segment unité de tourner complètement.

Kepler-Poinsot, polyèdres de

Pacioli, dans *De Divina Proportione*, dont on pense que les illustrations sont dues à Léonard de Vinci, présente un dodécaèdre et un icosaèdre "élevés". Les élévations adoptées par Pacioli étaient des pyramides pentagonales de faible hauteur pour le dodécaèdre, et des tétraèdres réguliers pour l'icosaèdre.

Parmi les figures présentées par Kepler dans son *Harmonice Mundi* (1619), connu surtout pour contenir sa troisième loi sur le mouvement des planètes, on trouve deux nouveaux polyèdres que l'on peut considérer comme réguliers, bien que non convexes. Leurs faces sont des pentagones étoilés réguliers qui se coupent entre eux. Ce sont, à gauche, le petit dodécaèdre étoilé et, à droite, le grand dodécaèdre étoilé.

Ils furent redécouverts par Poinsot en 1819, avec deux autres nouveaux solides réguliers non convexes : le grand dodécaèdre (à gauche) et le grand icosaèdre (à droite).

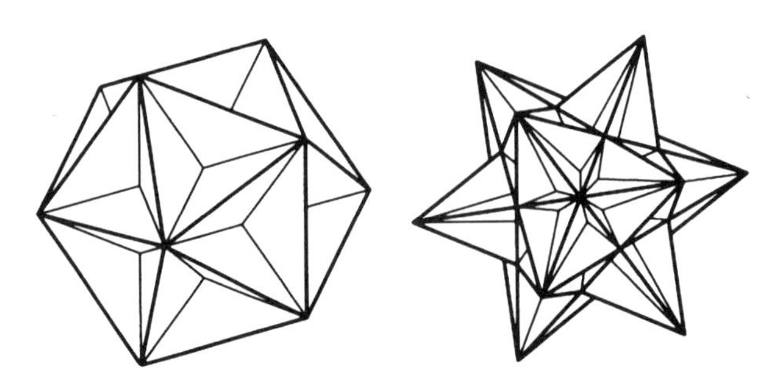

Tous ces solides sont les analogues tridimensionnels des polygones étoilés plans. Le grand dodécaèdre et le petit dodécaèdre étoilé ont beaucoup préoccupé les mathématiciens, car il n'est pas évident de comprendre comment ils remplissent la relation d'Euler, sommets + faces = arêtes + 2. Chacun d'entre eux a apparemment 12 faces, 12 sommets et 30 arêtes.

Klein, bouteille de

Prenez un cylindre et retournez-en une extrémité en lui faisant traverser sa propre paroi. Établissez une liaison entre les deux extrémité, et vous obtenez une bouteille de Klein, du nom de son découvreur Felix Klein.

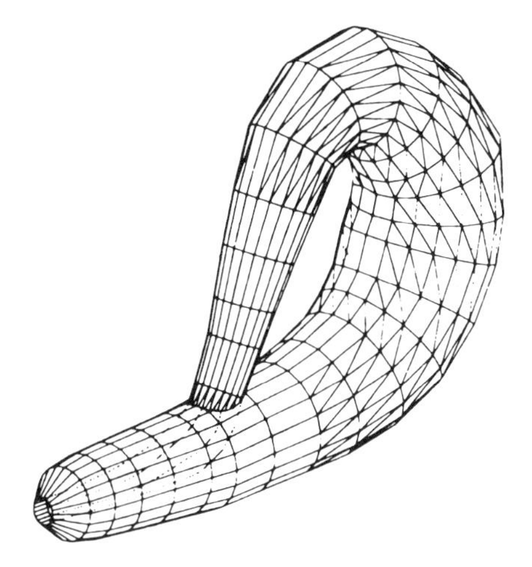

La bouteille de Klein peut être envisagée comme un rectangle dans lequel deux côtés opposés ont été reliés directement, sans torsion (de CD à C'D'), mais les deux autres côtés ont été reliés avec une torsion d'un demi-tour (de AB à A'B').

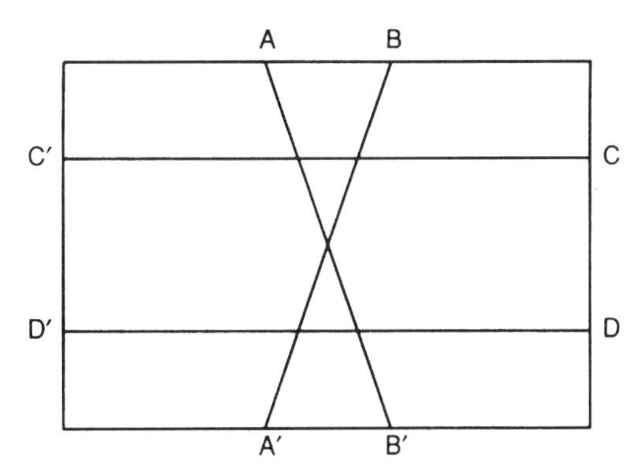

von Koch, courbe ou flocon de neige de

Partant d'un triangle équilatéral, on remplace le tiers central de chaque côté par deux segments de droite de longueur égale à la partie retirée. On répète ensuite le processus en remplaçant à chaque fois le tiers central de chaque côté rectiligne.

Les figures ci-après montrent les quatre premières étapes de ce "flocon de neige". La courbe de von Koch est la limite de cette courbe lorsque le nombre d'itérations tend vers l'infini.

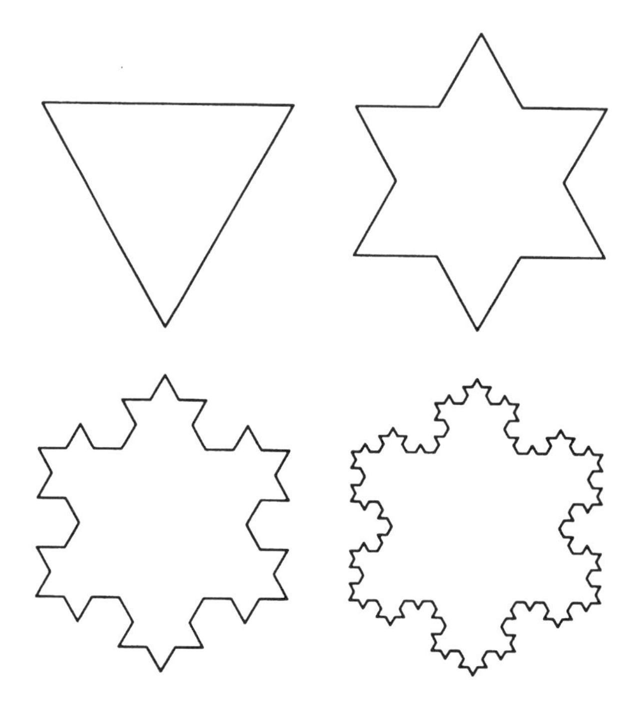

La longueur de la courbe de von Koch est infinie, mais l'aire qu'elle délimite vaut seulement 8/5 de la surface du triangle de départ. C'est ainsi une courbe fractale, de dimension fractale log4/log3, soit approximativement 1,2618 (même si l'idée des fractales n'avait pas encore cours lorsque Koch publia sa courbe en 1904).

La courbe opposée est obtenue en remplaçant le tiers central de chaque segment par les deux mêmes segments de droite, mais tournés vers l'intérieur. Son aire à la limite vaut 2/5 de celle du triangle de départ, sa longueur est infinie, et elle possède une infinité de points doubles situés sur les lignes joignant le centre du triangle d'origine à ses sommets.

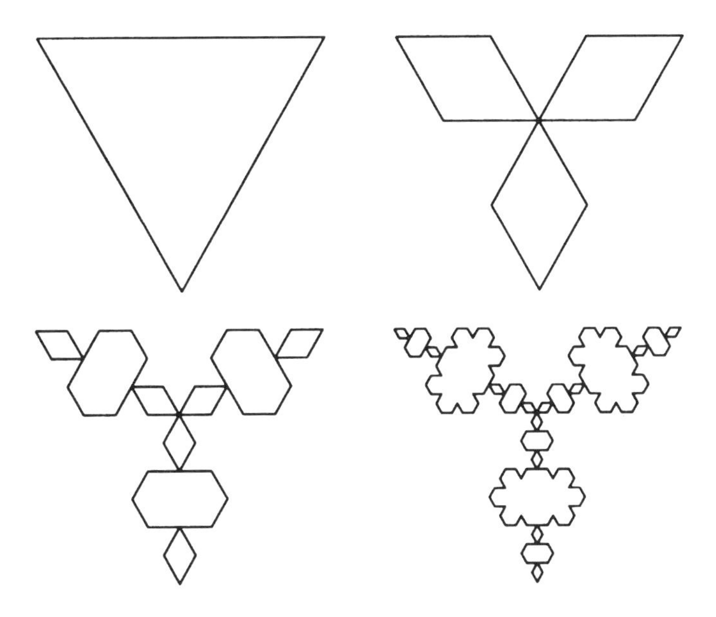

Kürshák, pavage de

On prend un carré et l'on trace des triangles équilatéraux tournés vers l'intérieur sur chacun de ses côtés. On cherche ensuite les milieux des côtés du carré formé par les sommets libres de ces triangles. Ces points, avec les intersections des côtés du triangle, forment les sommets d'un dodécagone régulier. Le carré formé par les sommets libres et le dodécagone inscrit forme la base du pavage de Kürshák, représenté sur la deuxième figure.

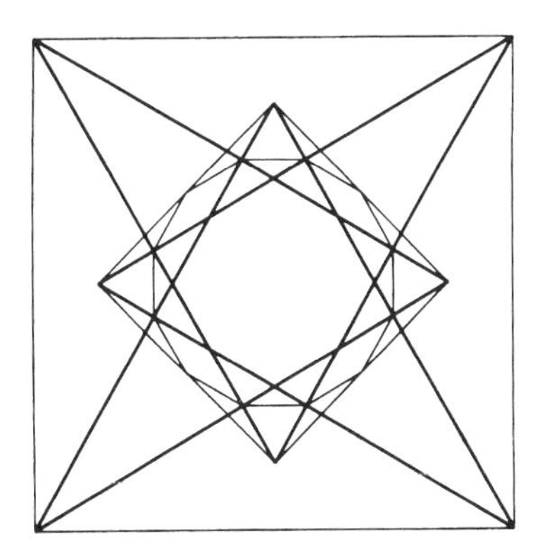

Ce pavage peut servir à démontrer le *théorème de Kürshák* : l'aire d'un dodécagone régulier inscrit dans un cercle de rayon unité est égale à 3. (De tous les autres polygones réguliers, seul le carré a une aire rationnelle lorsqu'on l'inscrit dans un cercle de rayon unité.) La figure ci-dessous contient 16 triangles équilatéraux et 32 triangles isocèles ayant des angles de 15°, 15° et 150°. Son quart "nord" en contient respectivement 4 et 8, et son aire est égale à celle de la zone extérieure au dodécagone.

L'aire du dodécagone régulier (qui est égale à 3) fournit une approximation grossière de π. C'est le cas également du périmètre de l'hexagone régulier. I.J. Schoenberg a démontré que, si un polygone régulier à n côtés fournit une certaine approximation de π par son périmètre, alors un polygone régulier à $2n$ côtés donne la même approximation par sa surface.

Lebesgue, problème minimal de

Quelle est la plus petite forme qui puisse couvrir un ensemble de points quelconque de diamètre inférieur ou égal à 1?

Un hexagone régulier de côté $1/\sqrt{3}$ y parviendra. Pourtant, J. Pal démontra en 1920 qu'il est possible de réduire légèrement l'hexagone en enlevant les deux triangles grisés, dont les bases touchent le cercle inscrit. L'hexagone dont ces deux triangles ont été retirés s'appelle la *couverture universelle de Pal* :

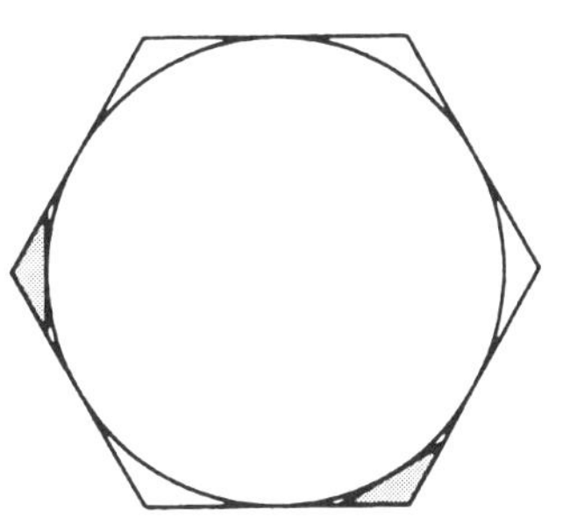

Plus tard, Roland Sprague montra qu'on peut enlever un autre petit fragment. Partant du centre A, on trace un arc tangent au côté opposé et coupant l'arc similaire de centre B sur l'axe de symétrie de l'hexagone.

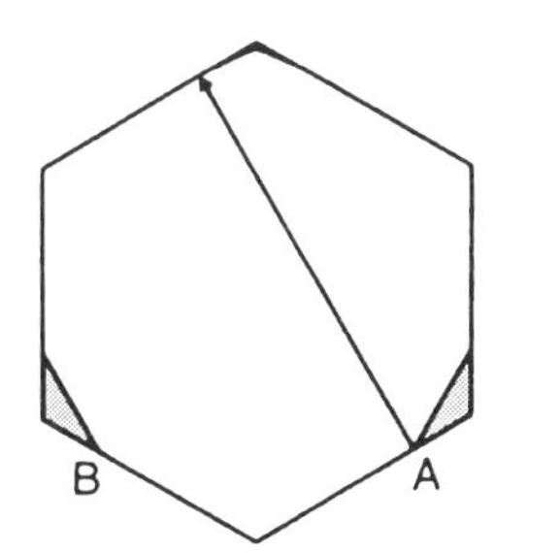

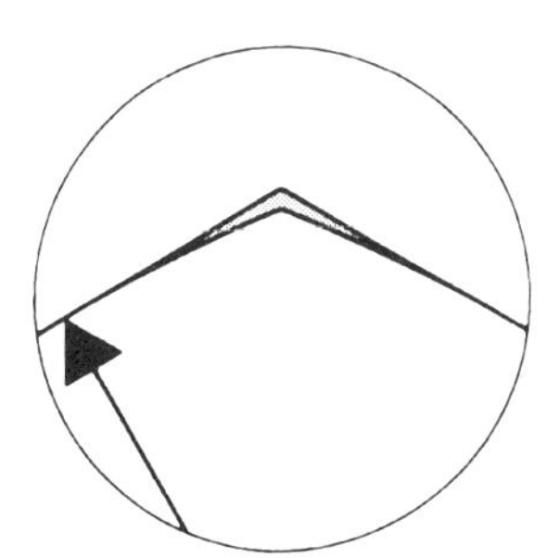

ligne à l'infini

En géométrie, il est souvent utile d'imaginer qu'une droite possède un "point à l'infini", et que tous ces points forment la "ligne à l'infini". Celle-ci est conçue comme une ligne droite, plutôt que comme un cercle.

Il va de soi qu'il n'est pas possible de dessiner réellement la "ligne à l'infini". Mais on peut la représenter, comme dans les schémas ci-dessous, qui montrent une ellipse qui ne coupe pas la ligne à l'infini, une parabole qui lui est tangente, et une hyperbole qui la coupe.

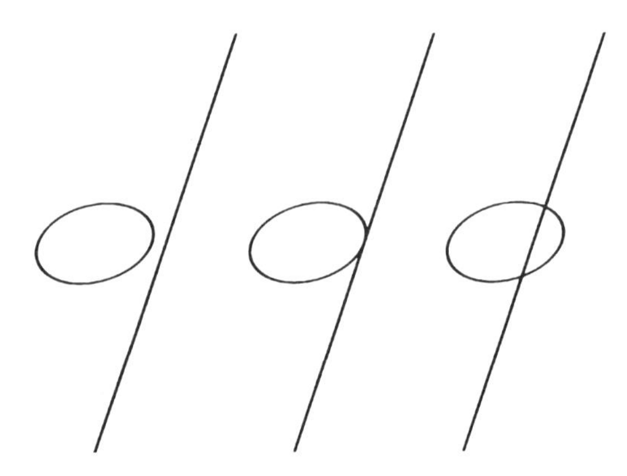

Kepler, ce grand maître de l'analogie, fut le premier mathématicien à concevoir les coniques comme une suite continue, l'ellipse se transformant, à l'extrême, en une parabole, qui devient à son tour une hyperbole, qui est en somme une ellipse disparaissant à l'infini d'un côté et réapparaissant de l'autre.

Kepler introduisit également le terme de "foyer" pour les points particuliers précédemment décrits par Pappus, car un rayon lumineux passant par un foyer d'une ellipse passe par l'autre foyer après avoir été réfléchi.

Un cercle réel ne rencontre la ligne à l'infini en aucun point réel, mais il la coupe en deux points imaginaires appelés *points circulaires à l'infini.* Ces points sont identiques pour tous les cercles.

Les tangentes imaginaires à une conique partant des points circulaires imaginaires à l'infini (sauf pour une parabole, qui touche la ligne à l'infini) forment un quadrilatère dont les sommets sont les quatre foyers de la conique. Deux d'entre eux sont réels, les deux autres sont imaginaires.

limaçon de Pascal

Baptisé du nom d'Étienne Pascal, le père de Blaise Pascal, même si Dürer avait déjà dessiné cette courbe auparavant.

Un segment de droite PQ de longueur donnée se déplace en sorte que la ligne, éventuellement prolongée, passe par un point fixe situé sur un cercle, et que le milieu du segment se trouve sur le cercle. Le limaçon est donc la conchoïde d'un cercle par rapport à l'un de ses points.

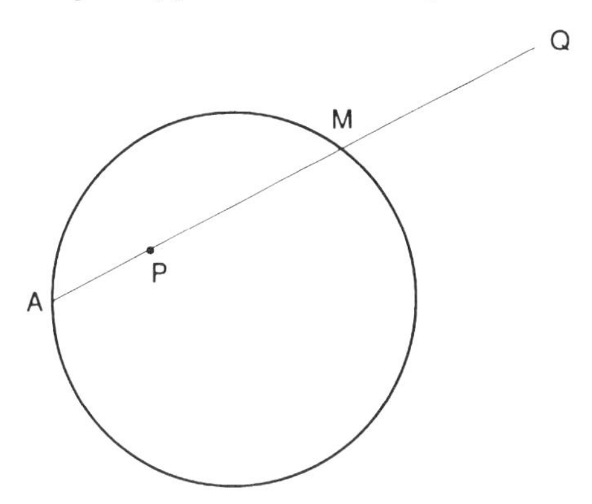

Les extrémités du segment décrivent le limaçon. Si la longueur du segment est égale au double du diamètre du cercle, le limaçon est une cardioïde.
Mais il est formé aussi par un point d'une roue circulaire roulant autour d'une autre de même diamètre. Comme pour la cycloïde, le limaçon prend alors trois formes différentes, selon que le point se trouve sur la circonférence (produisant une cardioïde), ou qu'il est intérieur ou extérieur au cercle.
L'équation polaire du limaçon est $r = 2a\cos\theta + k$, où a est le rayon du cercle et $2k$ est la longueur du segment.

Pour obtenir un limaçon sous forme d'enveloppe, on prend un cercle de base et un point fixe (en dehors du cercle), et l'on trace un cercle centré sur le cercle de base et passant par le point fixe. L'enveloppe de tous les cercles de ce type est le limaçon (c'est une cardioïde si le point fixe fait partie du cercle).

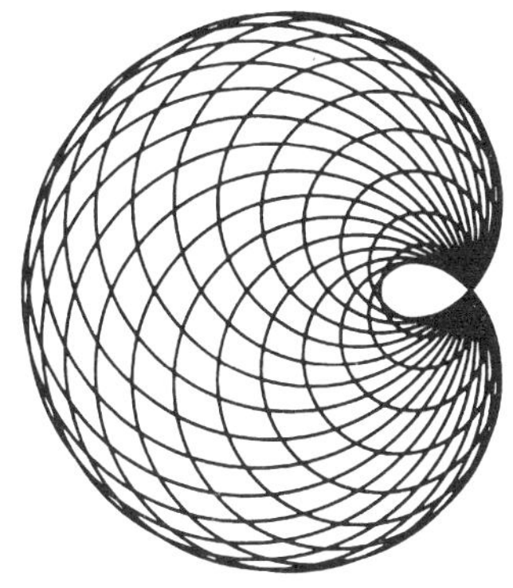

Lissajous, figures de (ou courbes de Bowditch)

Présentées d'abord par Nathaniel Bowditch en 1815, puis par Jules Antoine Lissajous en 1857.

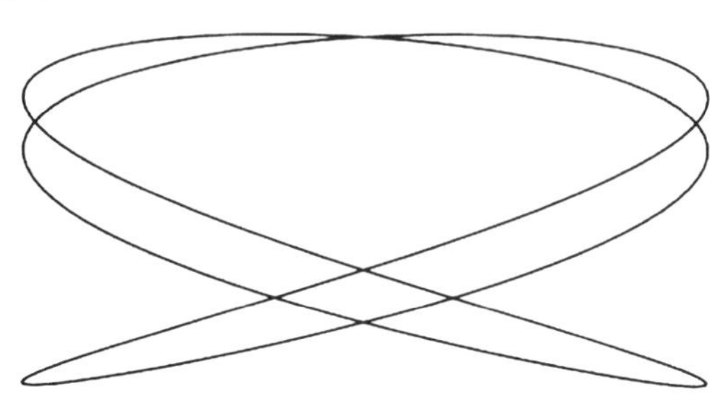

Une figure de Lissajous est la combinaison de deux mouvements harmoniques dans deux directions perpendiculaires. Si leurs périodes sont égales, la courbe est une ellipse. Si l'une est double de l'autre, la courbe est une quartique, et admet la lemniscate de Bernoulli comme cas particulier.
Ses équations peuvent s'écrire sous la forme :

$$x = a\sin(pt + q)\,;\quad y = b\sin t$$

Lorenz, attracteur de

Du nom d'Edward Lorenz, météorologiste au célèbre Massachusetts Institute of Technology, qui le découvrit au cours d'une étude sur le comportement d'une couche de fluide chauffé par le dessous, modèle servant à décrire une couche d'air de l'atmosphère.

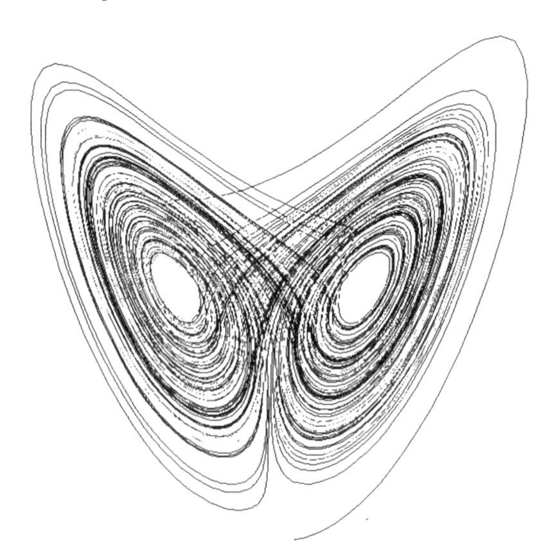

Le point représentant le comportement se déplace dans l'espace tridimensionnel. Il part de l'origine au temps zéro, tourne sur une première boucle, peut-être plusieurs fois, puis saute à l'autre boucle, fait quelques tours, revient à la première, etc. les sauts de l'une à l'autre semblant imprévisibles.

lunules

À en croire Aristote, qui anticipait déjà sur la caricature moderne du mathématicien, Hippocrate de Chios était excellent géomètre mais absolument perdu dans toutes les choses de la vie courante. Mais, ce qui est plus intéressant, c'est qu'il a sans doute été le premier mathématicien à présenter des théorèmes selon une suite logique, approche que reprit ensuite Euclide dans ses *Éléments*.

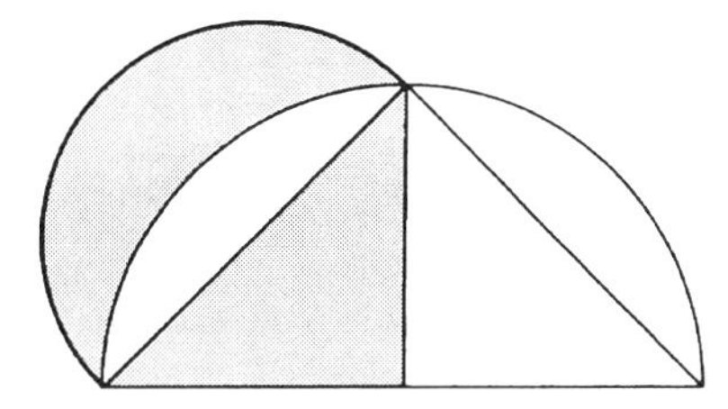

Hippocrate démontra que, sur la figure ci-dessus, dans laquelle un demi-carré est inscrit dans un demi-cercle avec un autre demi-cercle adossé à un côté du carré, la lunule grisée a la même surface que le triangle. (Le fait que l'on puisse rendre égales en surface une région à frontière courbe et une figure rectiligne laissait espérer la possibilité de la quadrature du cercle.)

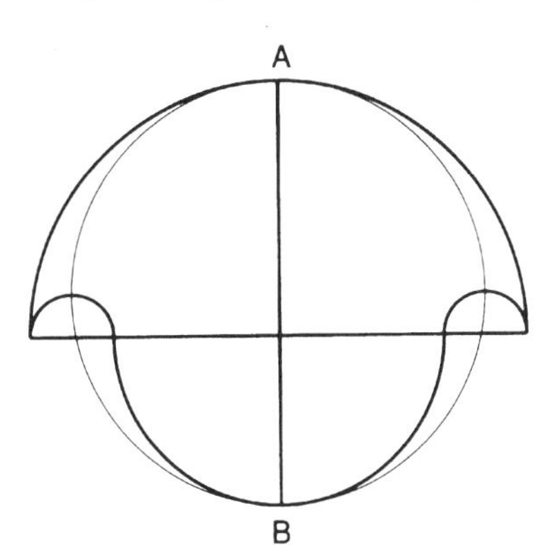

Archimède démontra dans son *Livre de lemmes* que cette figure composée de demi-cercles, et qu'il appela *salinon* ("grenier à sel"), a une surface égale à celle du cercle ayant AB pour diamètre.

Malfatti, problème de

En 1803, Malfatti chercha à déterminer les trois plus grandes colonnes cylindriques (du point de vue de leur volume total) pouvant être découpées dans un prisme de marbre. Les mathématiciens pensèrent tout d'abord résoudre le problème en trouvant trois cercles tangents entre eux et aux trois côtés de la base triangulaire du prisme. Et ce problème fut effectivement résolu à plusieurs reprises.

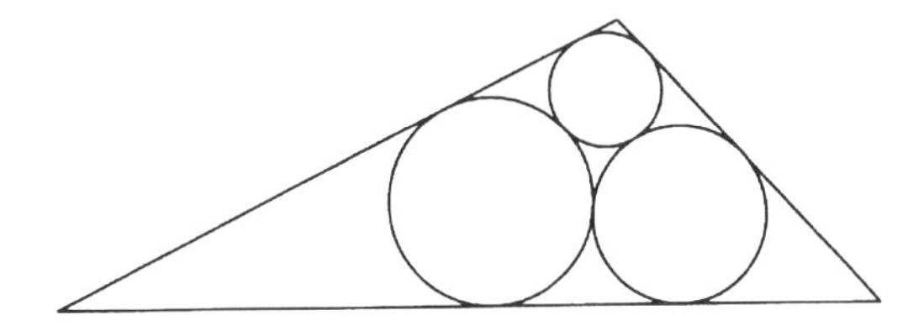

Pourtant, vers 1830, on souligna que, même dans le cas d'un triangle équilatéral, on perdait le moins de marbre possible en choisissant des colonnes dont les sections étaient le cercle inscrit et deux autres cercles plus petits, même si l'augmentation de surface des cercles était minime, tout juste 1 % pour un triangle équilatéral.

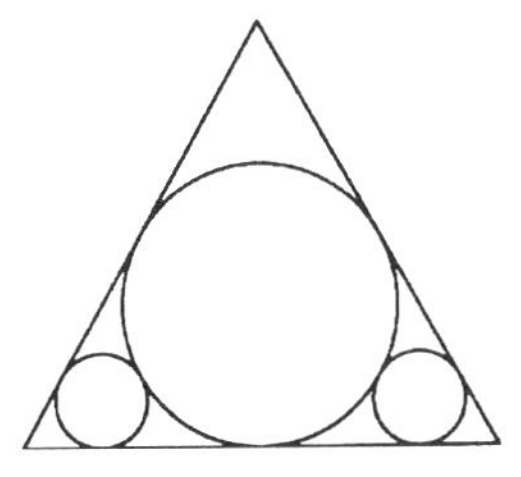

Trente-cinq ans plus tard (les mathématiques progressent parfois très lentement), Howard Eves montra que, si le triangle est long et mince, alors la solution suivante est naturellement la meilleure :

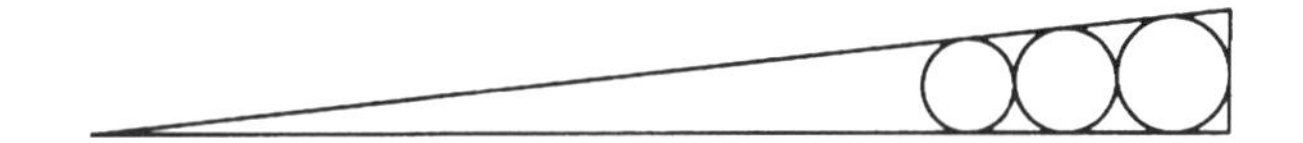

Enfin, Michael Goldberg démontra en 1967 que la solution "d'origine" n'est jamais la meilleure. La surface maximale est atteinte par l'une des autres dispositions.

Mandelbrot, ensemble de

La transformation $z \to z^2 + k$, qui définit le plus simple ensemble de Julia, définit également l'ensemble de Mandelbrot, découvert en 1980 par Benoît Mandelbrot, qui avait été étudiant de Gaston Julia. Pour toute constante complexe k donnée, l'origine tendra vers l'infini ou vers un point fixe, ou fera des bonds à l'intérieur d'un ensemble de Julia. Toutes les valeurs de k pour lesquelles z ne tend pas vers l'infini forment l'ensemble de Mandelbrot. Il existe des ensembles similaires pour différentes fonctions. La figure montre l'ensemble de Mandelbrot (à gauche), et l'ensemble correspondant à la transformation $z^4 + k$ (à droite).

La partie principale de l'ensemble de Mandelbrot est une cardioïde. Un grand cercle s'y rapporte à gauche, ainsi que des régions circulaires en haut et en bas. La cardioïde et ces régions portent d'autres zones plus réduites, et ainsi de suite, comme dans les vers de Jonathan Swift :

> Ainsi l'observent les naturalistes, une mouche
> A des mouches plus petites qui l'ont prise pour proie,
> Et celles-ci ont des mouches encore plus petites qui les mordent,
> Et ainsi de suite, *ad infinitum.*

La frontière de l'ensemble de Mandelbrot est fractale. Lorsqu'on l'agrandit sur l'écran de l'ordinateur (comme ci-après), et quel que soit le grossissement, elle se montre d'une certaine façon semblable à elle-même. Dans certaines positions, on retrouve l'intégralité de l'image de Mandelbrot. La vitesse à laquelle z tend vers l'infini, s'il ne fait pas partie de l'ensemble, peut être visualisée à l'écran par des dégradés de couleurs ou de gris. L'image montre un tel effet à un agrandissement de 170, dans une région s'étendant le long de l'axe de symétrie à gauche de la partie circulaire de l'ensemble.

Que se passerait-il si, au lieu de suivre l'évolution de (0, 0) pour différentes valeurs de k, on choisissait un autre point ? Le résultat serait juste une version déformée de l'ensemble de Mandelbrot.

marches d'escaliers, pavages en

Il est possible de paver le plan avec des pièces rectangulaires auxquelles on a retiré une "marche d'escaliers". Pour cela, il faut d'abord les assembler par paires pour supprimer l'effet des marches, ce qui peut se faire de quatre façons :

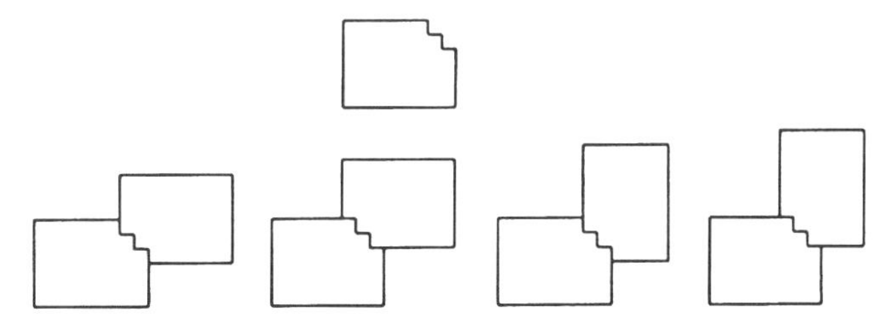

Il existe alors de nombreuses manières de paver le plan avec des pièces doubles. En voici une (la même méthode s'applique également à un rectangle dont un angle a été tronqué à 45°) :

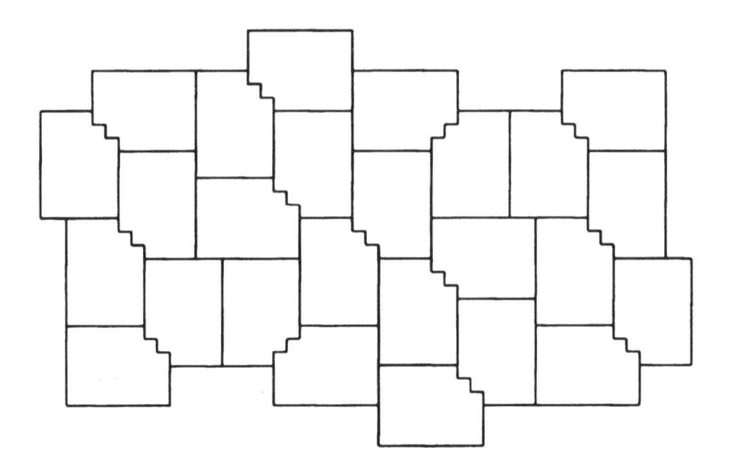

Mascheroni, constructions de

C'est à Mohr et Mascheroni que l'on doit la surprenante découverte que toute construction à la règle et au compas peut se faire également avec le compas seulement. On peut aussi employer seulement la règle, à condition d'avoir déjà tracé un cercle fixe et son centre, ou juste un arc de cercle (même petit) et son centre, ou deux cercles se coupant, sans leurs centres.

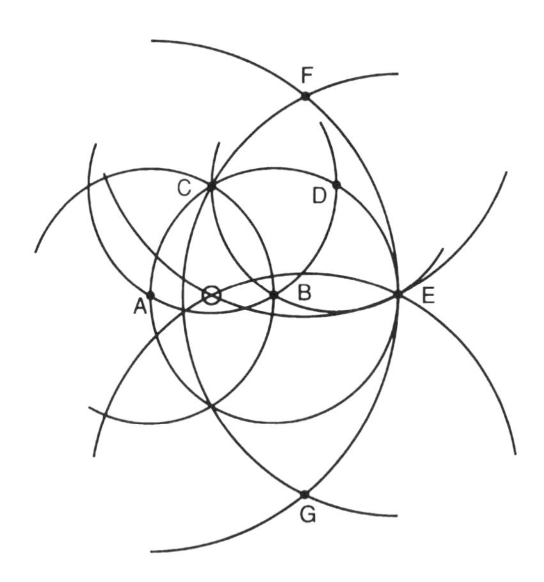

Par exemple, pour trouver le milieu de AB, on construit d'abord des cercles centrés en A et B et de rayon égal à AB. On trace ensuite un cercle passant par C et de rayon AC et un cercle centré en D et de rayon DB. On trace ensuite le cercle centré en A et passant par E, puis le cercle centré en E et passant par C. Enfin, les cercles centrés en F et G et passant par E se coupent au centre de AB.

médianes d'un triangle

Une médiane joint le sommet d'un triangle au milieu du côté opposé. Les trois médianes sont concourantes, et leur point d'intersection divise chacune d'elles selon le rapport 2:1. Curieusement, une droite passant par un sommet et coupant une médiane en deux divise le côté opposé selon le même rapport.

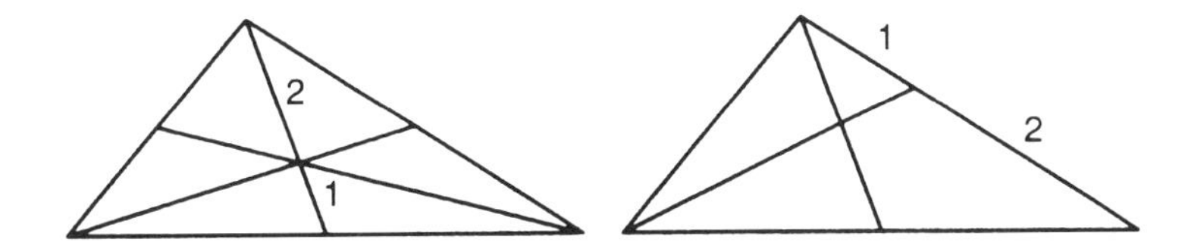

Le point de concours des médianes est également le centre de gravité de trois masses égales placées en chacun des sommets, ou encore le centre de gravité de l'ensemble du triangle considéré comme une feuille d'épaisseur uniforme.

Ménélaus, théorème de

Ménélaus d'Alexandrie démontra ce théorème dans son travail sur la trigonométrie sphérique.

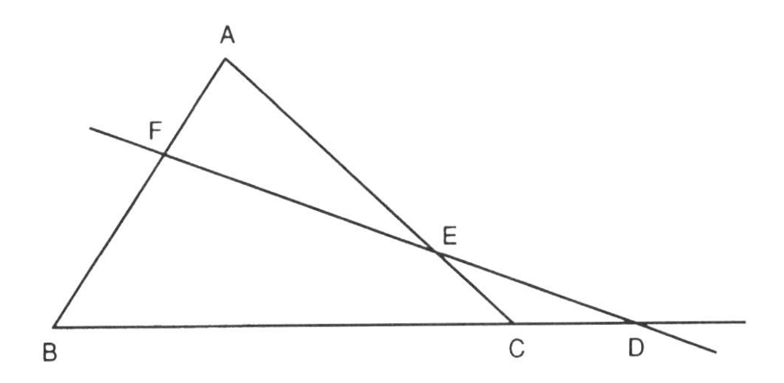

Si ABC est un triangle quelconque, et DEF une droite quelconque coupant les trois côtés, on a :

$$\frac{BD}{DC} \cdot \frac{CE}{EA} \cdot \frac{AF}{FB} = -1$$

La rapport est négatif, car DEF doit couper l'un des côtés à l'extérieur du triangle. Ici, D coupe BC à l'extérieur, et DC est mesuré "à reculons" jusqu'à C, donc avec une valeur négative. Le théorème inverse est également vrai.
Le théorème de Ménélaus peut se généraliser à tout polygone.

méridiens, théorème des

C'est un exemple de théorème du point fixe. Imaginons qu'on peigne une balle de tennis recouvertes de poils au lieu d'être pelucheuse. On essaie de la peigner afin que les poils soient tous bien plats à la surface et qu'ils ne changent pas brutalement de direction en un endroit ou un autre. C'est impossible.

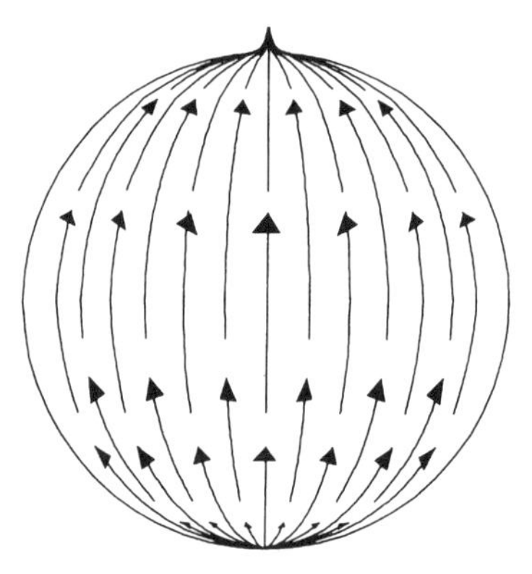

Le schéma ci-dessus montre la tentative la plus proche du succès. On brosse les poils vers le haut du pôle sud au pôle nord, comme si on brossait le long des méridiens. La surface entière est correcte, sauf en ces deux points, où il se forme respectivement un trou et une touffe.
Comme la Terre est sphérique et le vent en tout point possède une direction, comme si l'air était "peigné" à la surface du globe, il s'ensuit qu'il y a toujours un cyclone quelque part.

mi-hauteurs

Les perpendiculaires aux côtés d'un quadrilatère passant par les milieux des côtés opposés sont appelées mi-hauteurs du quadrilatère. Si celui-ci est cyclique, alors elles sont concourantes, et leur point de concours est le symétrique du centre O du cercle par rapport au centre de gravité G des quatre points.

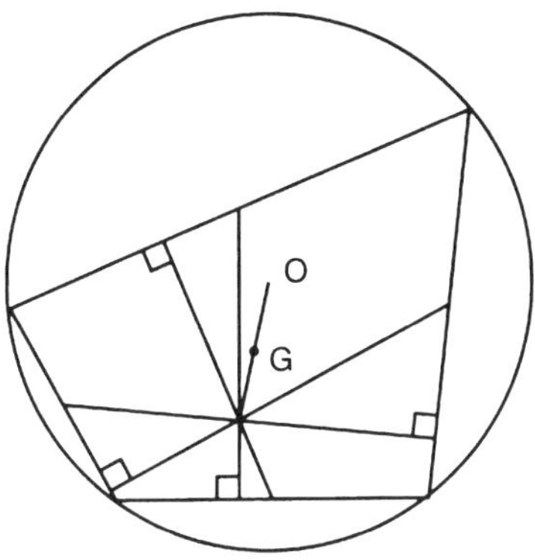

Miquel, point de

Quatre droites quelconques forment quatre triangles, dont les cercles circonscrits passent tous par le point de Miquel, M. C'est le foyer de l'unique parabole qui touche les quatre droites. Les centres des cercles circonscrits sont également situés sur un cercle passant par le point de Miquel.

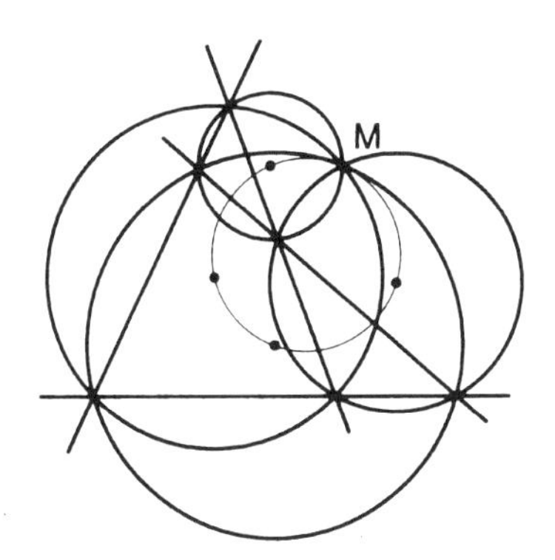

Que se passe-t-il si l'on part de cinq droites? En les traitant par groupes de quatre, on obtient cinq points de Miquel, tous situés sur un même cercle appelé *cercle de Miquel.* De plus, chaque famille de quatre droites produit un cercle des centres des cercles circonscrits, et ces cinq cercles passent par un point commun.

En partant de six droites, chaque famille de cinq génère un cercle de Miquel et, bien entendu, tous ces cercles passent par un point commun, et ainsi de suite.

Miquel, théorème de

Tracer un cercle et en repérer quatre points, A, B, C et D. Tracer des cercles passant par A et B, B et C, C et D, et D et A. Alors les quatre autres intersections de ces cercles sont également cocycliques.

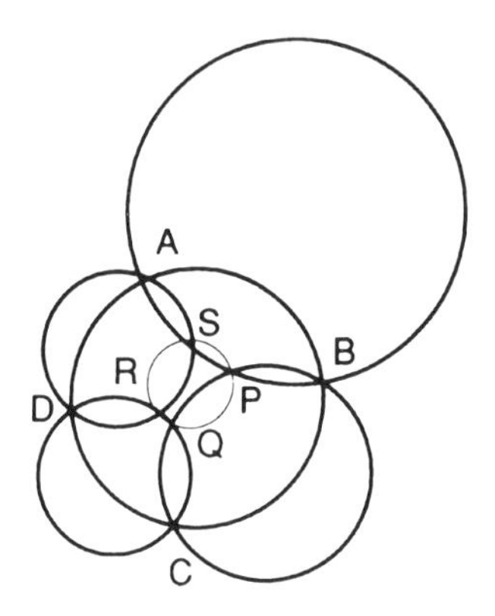

La figure est symétrique. Même si nous sommes partis du cercle ABCD, chacun des autres aurait fait l'affaire. Cette symétrie apparaît nettement lorsqu'on dispose les points de la façon suivante :

A	B	C	D
S	P	Q	R

Il existe six manières de choisir deux lettres dans la première ligne. Avec les deux lettres non associées de la deuxième ligne, les quatre points se trouvent sur un cercle.

Möbius, ruban de

Prenez une longue bande de papier mince et reliez-en les extrémités après avoir fait un demi-tour avec l'une (on pourrait relier les grands côtés, mais c'est plus difficile !). Vous obtenez le ruban de Möbius, du nom d'August Möbius, qui en publia une description en 1865.

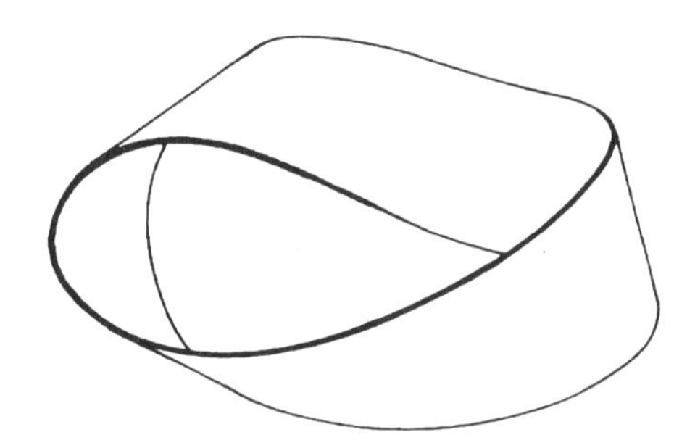

Le ruban possède un seul bord et une seule face, et se présente sous deux formes : à gauche et à droite, l'une ne pouvant être retournée pour donner l'autre qu'en dimension quatre.
D'un point quelconque de la surface, tracez une ligne dans une direction ne coupant pas le bord. Continuez et, à mi-chemin, vous vous retrouverez à votre point de départ, mais de l'autre côté du papier. Et vous reviendrez pour de bon à l'origine après un autre tour.
Comme il n'a qu'une face, un tapis roulant qui aurait subi un demi-tour, comme celui breveté par la société Goodrich Tyre Company, s'usera régulièrement des deux côtés.

Si vous découpez un ruban de Möbius le long de sa ligne médiane, vous n'obtiendrez pas deux morceaux mais un seul formant *quatre* demi-tours, comme si les extrémités de la bande de départ avaient subi deux tours complets avant d'être assemblées. Les bords forment maintenant deux courbes distinctes, reliées l'une à l'autre, mais chacune sans aucun nœud.

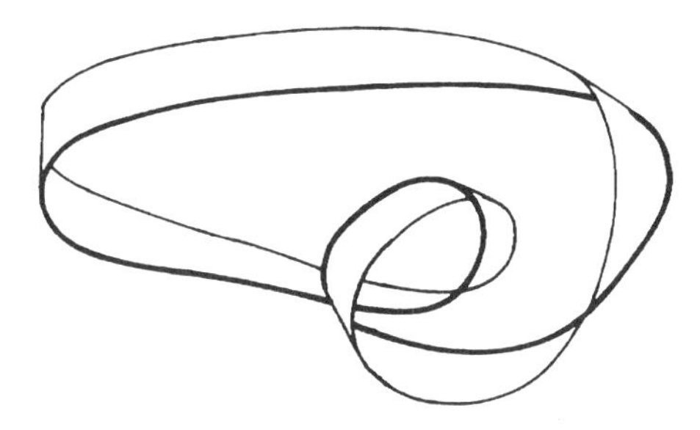

On peut tendre une bande cylindrique en papier entre deux rouleaux. Pour la ruban de Möbius, il en faut trois.

Monge, théorème de

Les tangentes extérieures à trois cercles *x*, *y* et *z*, prises par paires, se coupent en trois points A, B et C alignés. Si l'on inclut les intersections des tangentes intérieures (appelons-les L, M et N, pour les paires de cercles *y* et *z*, *z* et *x*, *x* et *y*), alors AMN, BNL et CLM sont également des droites.

L.A. Graham rapporte que, lorsque l'ingénieur John Edson Sweet prit pour la première fois connaissance de ce problème,

> Il s'arrêta un instant, puis déclara : "Et bien oui, c'est parfaitement évident". Étonné, son ami lui demanda des explications... le professeur Sweet répliqua : "Au lieu de trois cercles dans un plan, imaginons trois sphères posées sur une surface plane. Au lieu de tracer les tangentes, imaginons un cône enroulé autour de chaque paire de sphères. Les sommets des cônes se trouveront alors sur la surface plane. Sur les sphères se trouve une autre plaque plane. Elle repose sur les sphères et sera nécessairement tangente aux trois cônes, et elle contiendra donc leurs sommets. Ainsi, les sommets des trois cônes se trouvent à la fois dans les deux surfaces planes, ce qui forme évidemment une droite."

Ce théorème fut proposé à l'origine par d'Alembert, puis démontré par Monge, exactement par les mêmes arguments que Sweet.

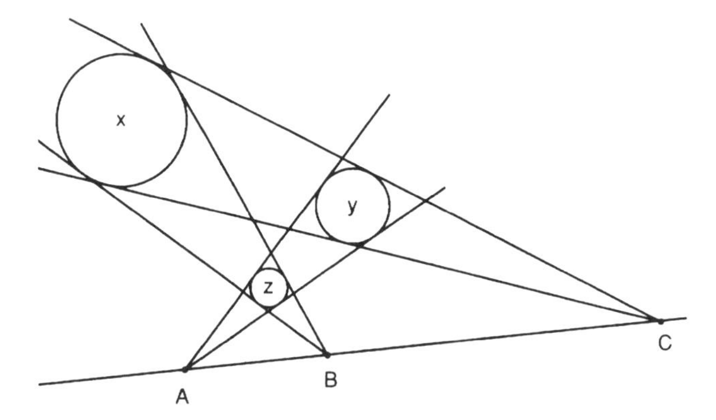

Son analogue en trois dimensions affirme que les sommets des cônes définis par quatre sphères, prises deux à deux, se trouvent dans un même plan. Les cônes sont dessinés pour que les sphères se trouvent du même côté du sommet.

Morley, triangle de

Frank Morley travaillait en 1899 sur les cardioïdes lorsqu'il tomba sur un théorème vraiment extraordinaire, que quiconque expérimentant avec un papier et un crayon aurait pu découvrir plus tôt.
Prenez un triangle quelconque et divisez ses angles en trois. Trois des points auxquels les trisectrices se rencontrent forment un triangle équilatéral.

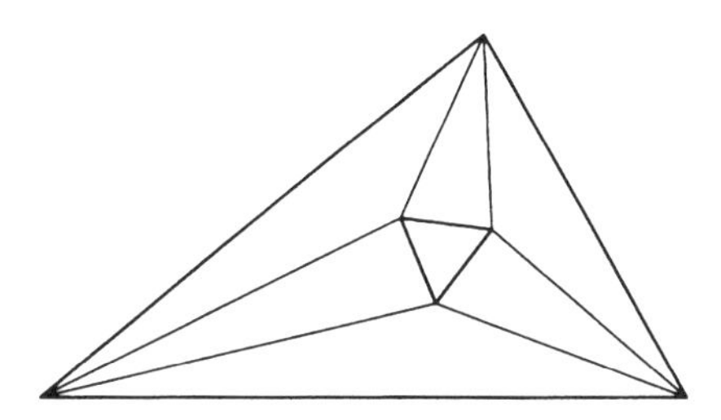

Comme on peut s'y attendre, si l'on prend les angles extérieurs au triangle, on obtient un autre triangle équilatéral. De plus, les intersections des trisectrices extérieures et des côtés de ce triangle forment trois triangles équilatéraux supplémentaires, comme sur la figure ci-dessous.

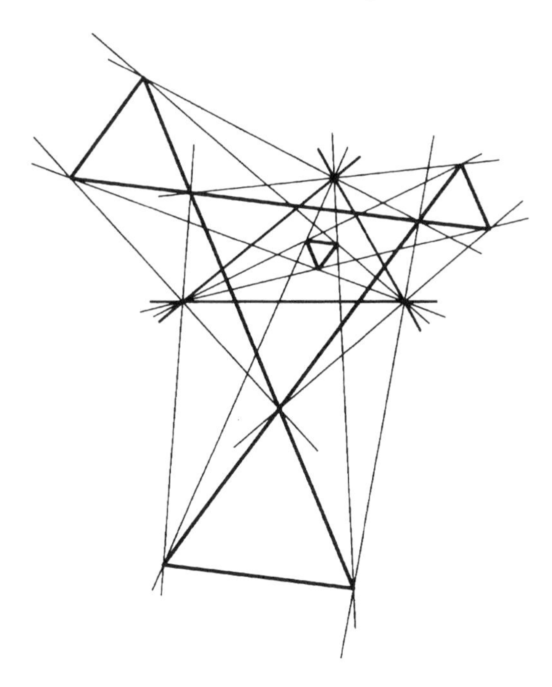

Le triangle de Morley présente la même orientation que la deltoïde, qui est l'enveloppe de toutes les droites de Simson du triangle.

moyenne de deux polygones

Soient deux triangles semblables, dans une position quelconque mais avec la même orientation (sans en retourner un).

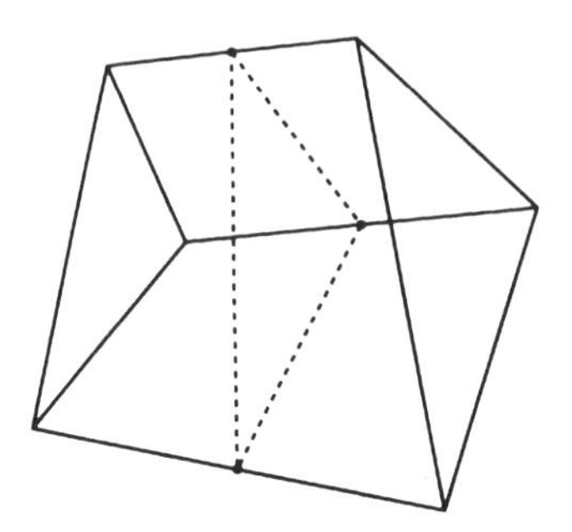

Le triangle moyen, formé en reliant des sommets correspondants et en prenant les milieux, est alors semblable aux deux triangles de départ. Cette conclusion se vérifie pour tous les polygones en général. Elle est encore vraie si, au lieu de prendre les milieux des droites, elles sont simplement divisées selon le même rapport.

La figure suivante illustre également un cas particulier de ce théorème :

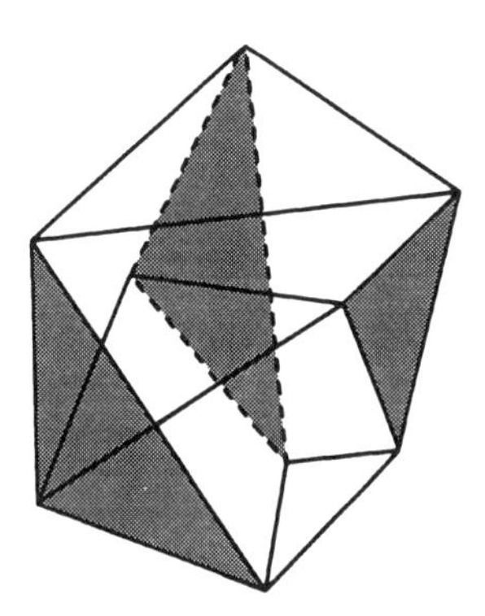

Soient deux triangles semblables de même orientation. On construit trois autres triangles, également semblables, sur les droites joignant des sommets correspondants. Les sommets libres de ces nouveaux triangles forment un triangle semblable aux deux de départ. La figure de Napoléon généralisée est encore un cas particulier de ce théorème.
Un autre cas particulier, découvert de nombreuses fois, affirme que, si deux carrés ABCD et XYZD ont un sommet commun D, alors les deux milieux des droites joignant AX et CZ et les centres des carrés forment un autre carré.

Napoléon, problème de

D'après la légende, Napoléon Bonaparte aurait découvert ce théorème, ce qui est fort possible, compte tenu de ses connaissances mathématiques.
Soit un triangle sur les côtés duquel on a rajouté des triangles équilatéraux. Les centres de ces triangles forment un autre triangle équilatèral.

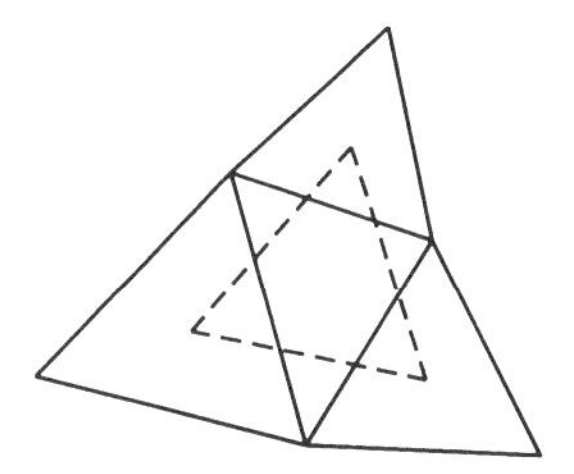

On peut aussi construire les triangles équilatéraux à l'intérieur : leurs centres forment encore un autre triangle équilatéral. Ce dernier possède le même centre que le triangle extérieur, et la différence entre leurs aires est égale à l'aide du triangle de départ.
D'autre part, en dessinant les centres d'un triangle équilatéral intérieur et de deux extérieurs, on obtient un triangle d'angles 30°, 30° et 120°.
Le théorème peut être démontré en insérant la figure dans un pavage, qui s'avère présenter une symétrie d'ordre 6.

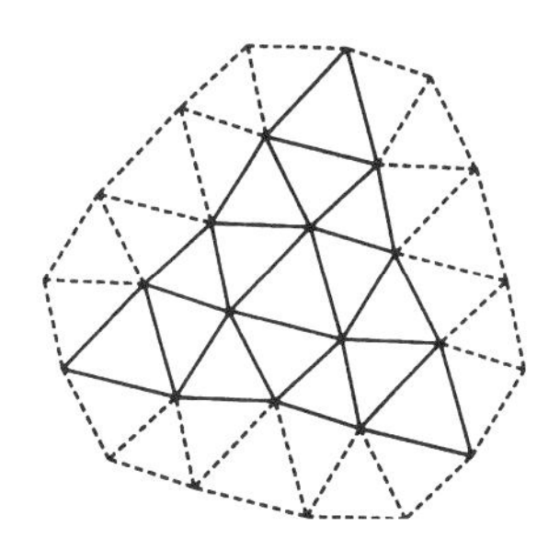

Les triangles extérieurs ne doivent pas être obligatoirement équilatéraux. Il suffit qu'ils soient semblables et qu'ils soient rapportés au triangle de départ sans changer d'orientation, hormis pour une légère rotation, comme sur la figure ci-dessous. Le théorème généralisé affirme alors que des points correspondants, un sur chaque triangle, forment un autre triangle de même forme.

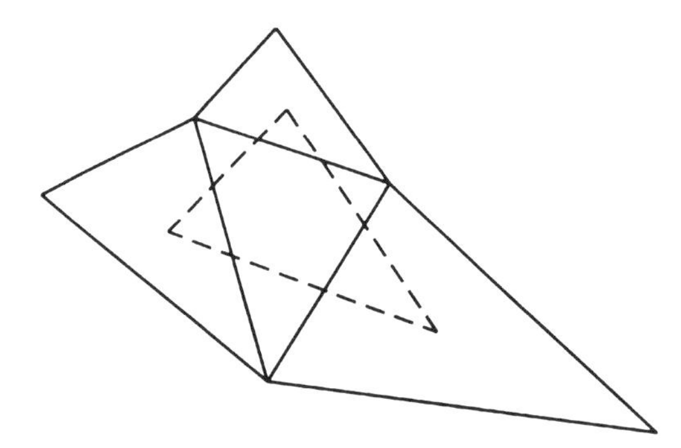

Pour revenir à la figure de départ, on peut constater qu'elle contient de nombreux autres triangles équilatéraux :

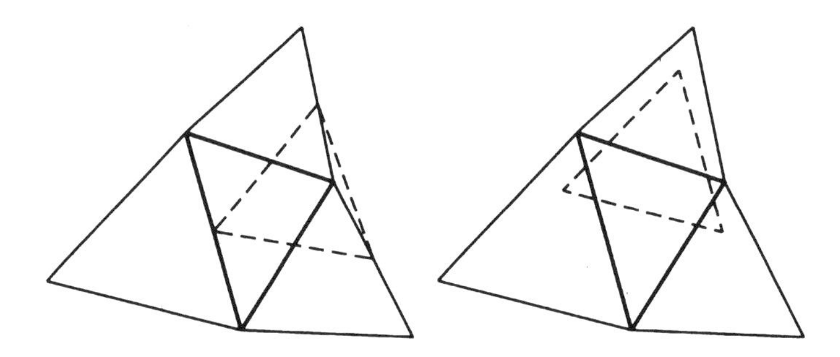

Les triangles équilatéraux construits sur les côtés d'un triangle sont liés au *point de Fermat.*
Si l'on construit des triangles équilatéraux sur les côtés d'un quadrilatère convexe quelconque, de manière alternée à l'intérieur et à l'extérieur, leurs sommets forment un parallélogramme.

néphroïde

Ainsi nommée parce que sa forme ressemble à celle d'un rein, c'est la trajectoire d'un point de la circonférence d'un cercle de rayon a roulant extérieurement sur un cercle fixe de rayon $2a$. C'est aussi la trajectoire d'un point d'un cercle de rayon $3a$ roulant sur un cercle fixe de rayon $2a$, mais le cercle fixe étant cette fois-ci intérieur au plus grand cercle.

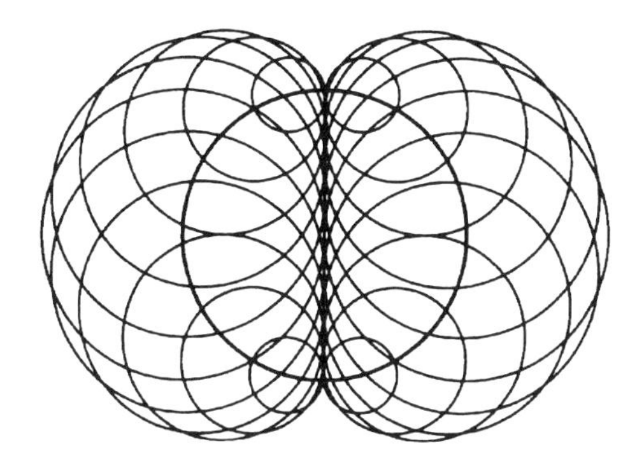

Pour l'obtenir par une enveloppe, on trace un cercle de base et l'un de ses diamètres. On trace ensuite plusieurs cercles centrés sur le cercle de base et tangents au diamètre choisi. Ces cercles enveloppent une néphroïde.
C'est encore l'enveloppe du diamètre d'un cercle qui roule extérieurement sur un autre de même rayon.
La développée d'une néphroïde est une autre néphroïde, de même centre, mais deux fois plus petite et ayant subi une rotation de 180°.

neuf points, cercle des

Dans un triangle, les milieux des côtés, les pieds des hauteurs et les milieux des droites joignant les sommets à l'orthocentre sont tous situés sur un même cercle.
Brianchon et Poncelet publièrent ce théorème en 1821, bien qu'un Anglais, inconnu par ailleurs, Benjamin Bevan, ait posé en 1804 un problème quasiment équivalent.

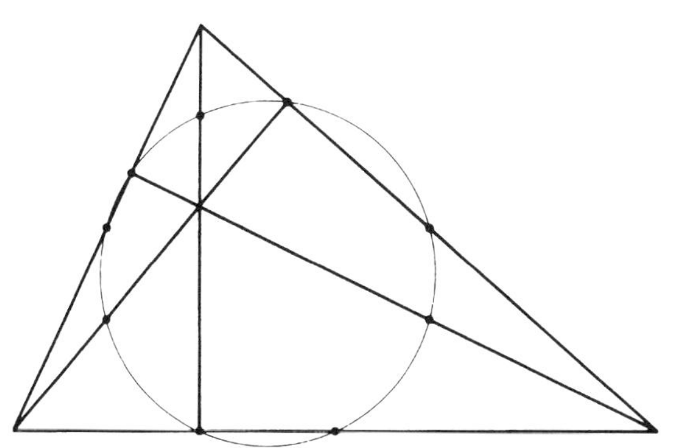

Le cercle des neuf points est deux fois plus petit que le cercle circonscrit au triangle, et son centre se trouve à mi-chemin du centre du cercle circonscrit et de l'orthocentre.
En réalité, le cercle des neuf points en comporte bien plus de neuf : voir *théorème de Feuerbach*.

nids d'abeilles

En 1926, Petrie et Coxeter découvrirent ce qu'ils appelèrent des "polyèdres réguliers modifiés" : des structures à faces régulières et sommets réguliers qui remplissent l'espace. Dans le premier cas, il y a six carrés autour de chaque sommet, dans le deuxième quatre hexagones, et dans le dernier six hexagones. Du fait de leur régularité, Coxeter suggéra même de les compter parmi les polyèdres réguliers infinis. Si l'on compte les trois pavages réguliers du plan, également considérés comme des polyèdres infinis, l'interprétation de Coxeter porte à quinze le nombre de polyèdres réguliers.

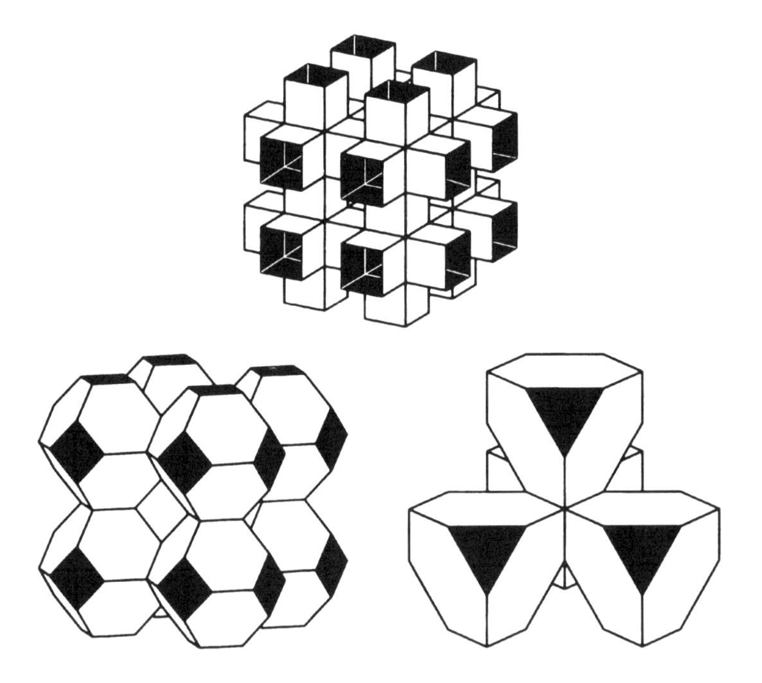

Les deux premiers sont duaux l'un de l'autre, au sens où les sommets de l'un sont les centres des faces de l'autre. Le troisième, à l'instar du tétraèdre, est son propre dual.
La figure qui comporte six carrés autour de chaque sommet peut également être interprétée comme une division standard du plan en cubes identiques,

chaque plan étant coloré comme un jeu d'échecs, et tous les carrés de l'une des couleurs ayant été retirés. Non seulement il divise l'espace en deux moitiés congruentes, mais il présente également l'extraordinaire propriété d'être flexible et, si on le fabrique à partir de faces carrées ne présentant aucune rigidité, il s'effondrera pour former un plan.

La figure suivante montre un polyèdre dont les sommets sont tous congruents, et qui a cinq carrés en chaque sommet. Il est donc situé en somme entre l'éponge carrée et le pavage carré du plan, et entretient la même relation avec les véritables éponges qu'un motif de frise avec un pavage.

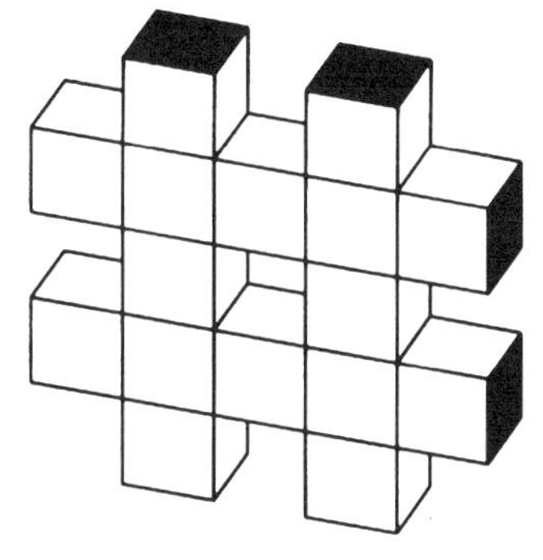

En 1967, J.R. Gott publia des détails concernant d'autres structures répétitives semblables, mais définies un peu différemment. Celles de Coxeter et Petrie en faisaient partie, ainsi que la figure précédente et trois autres encore. L'une a huit triangles autour de chaque sommet, une autre dix triangles, et la dernière cinq pentagones.

nœud en huit, ou quadruple nœud

C'est le deuxième nœud le plus simple, qui ne comporte que quatre entrecroisements, alternés dessus et dessous. Il suffit de rejoindre les extrémités du nœud de gauche pour obtenir le motif de droite.

La séquence suivante montre comment le nœud ci-dessus, qui possède un axe de symétrie vertical apparent, peut se transformer pour donner d'abord la troisième forme – qui possède deux axes de symétrie, horizontal et vertical –, puis une trajectoire symétrique à la surface d'une sphère.

nœuds

L'histoire des nœuds se perd dans la nuit des temps. Il est assez probable que les hommes aient utilisé des nœuds avant même d'avoir inventé les nombres. Pourtant, il a fallu attendre ces cent dernières années pour que les mathématiciens y voient enfin des objets mathématiques dignes d'intérêt et commencent à les étudier.

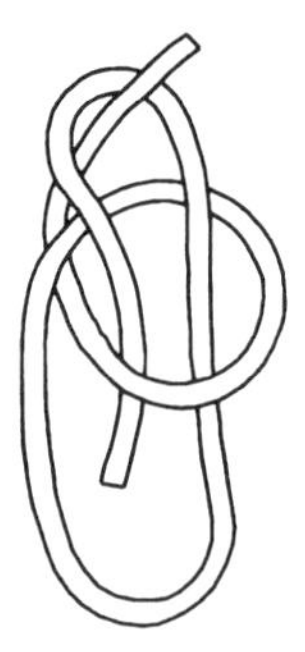

La figure ci-dessus montre un nœud de chaise découvert il y a quelques années par des archéologues dans un filet de pêche retrouvé en Finlande, et que la datation par analyse du pollen a permis de situer aux alentours de

7000 av. J.C. En liant les extrémités, on obtient la même chose que si on était parti d'un nœud d'écoute dont on aurait joint les extrémités : les deux nœuds sont mathématiquement équivalents.

Les nœuds traditionnels peuvent prendre des centaines de formes et d'utilisations, du plus courant au plus décoratif. Le schéma ci-dessous montre à gauche un nœud de ride plat, et à droite une "natte marine", tous deux des réminiscences de motifs employés par les artisans celtes.

nœuds en série

Les mathématiciens s'intéressent peu à l'utilité pratique des nœuds (qui dépend de la facilité à les serrer, du frottement, etc.), et ils ne voient en eux que des courbes dans l'espace, qui ne peuvent pas se défaire, puisque leurs extrémités ont été raccordées. En quatre dimensions, une courbe ne peut pas être nouée, mais une surface peut l'être.

De façon naturelle, on peut classer les nœuds en fonction de leurs nombres d'entrecroisements. Ceux présentés ci-après sont des *nœuds premiers*, ayant au plus sept entrecroisements. "Premier" signifie que le nœud ne peut pas être décomposé en deux nœuds plus simples formés l'un après l'autre sur la même ficelle.

Notons qu'on peut ajouter à chaque nœud un entrecroisement supplémentaire, mais trivial, en pinçant une petite partie que l'on rabat ensuite par-dessus (à droite ou à gauche). De tels entrecroisements ne sont pas comptés, et ils sont même supprimés avant de classer le nœud.

Le nombre de nœuds possédant un nombre donné d'entrecroisements augmente rapidement, comme on peut s'y attendre. Pour trois (le plus petit nombre possible) et quatre entrecroisements, il en existe 1, pour cinq 2, pour six 3, pour sept 7, pour huit 21, pour neuf 49, et pour dix entrecroisements 165, sans distinguer les nœuds à droite des nœuds à gauche.

nœuds non alternés

Un nœud premier ayant moins de huit entrecroisements est nécessairement alterné. C'est-à-dire que, lorsqu'on dessine la trajectoire de la ficelle s'entre-croisant, elle passe de manière alternée dessous-dessus-dessous-dessus. (Comme pour la classification des nœuds, les entrecroisements triviaux formés en rabattant une partie ne sont pas pris en compte.) Les plus petits nœuds non alternés sont ceux qui ont huit entrecroisements.

nœuds polygonaux

Nouez une bande de papier ordinaire, en la serrant avec précaution tout en l'aplatissant, et il apparaît un pentagone régulier :

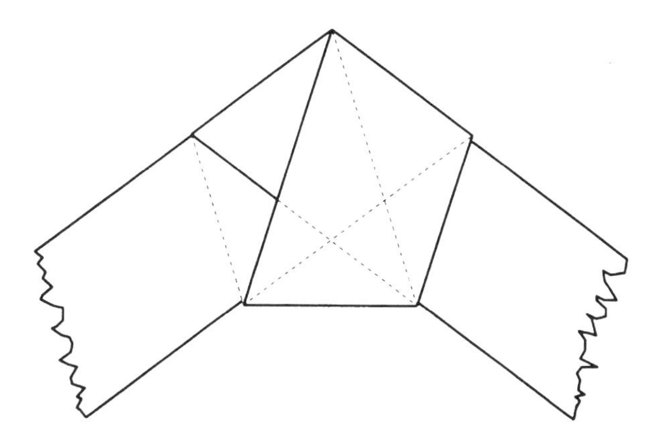

De la même manière, il est possible de former des hexagones, des heptagones et d'autres polygones plus grands, comme on peut le voir sur les figures suivantes, en considérant les diagonales des polygones réguliers.

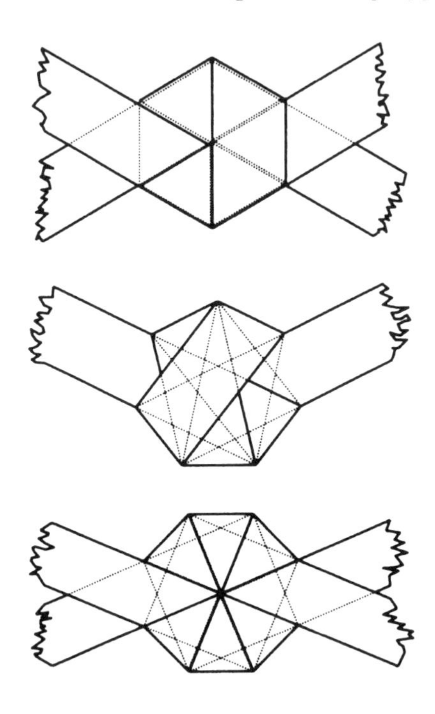

non rigides, polyèdres

Cauchy démontra en 1813 qu'un polyèdre convexe formé de faces rigides articulées le long de leurs arêtes est également rigide. Cependant, s'il n'est pas convexe, divers cas se présentent : il peut être rigide, ou "branlant" (mobile de manière infinitésimale), avoir deux formes stables ou plus, ou être continûment déformable, comme une articulation.

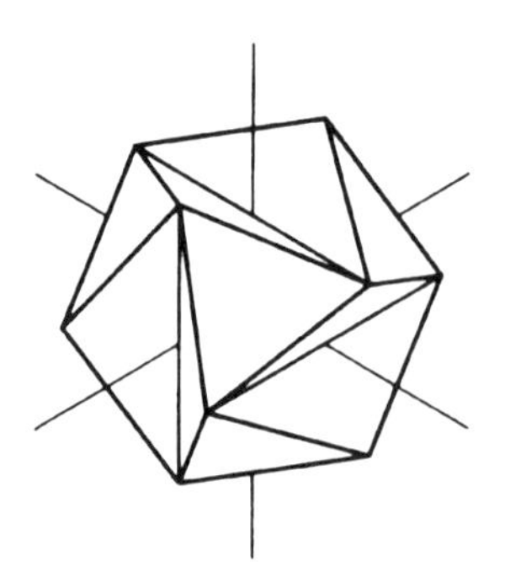

Considérons deux faces adjacentes d'un icosaèdre. Leurs arêtes forment un quadrilatère oblique, qui est également l'arête de deux autres triangles ayant un côté commun.
Dans le cas d'un icosaèdre régulier, on peut remplacer chacune des six paires de faces ayant une arête commune (d'orientation correspondant aux faces d'un cube) par une paire de triangles équilatéraux. On obtient alors l'*icosaèdre orthogonal de Jessen*, qui est branlant : il peut être déformé de manière infinitésimale, en changeant légèrement les angles entre deux arêtes sans déformer les faces.

Soient dix triangles équilatéraux, assemblés pour construire deux pyramides pentagonales, jointes face à face, mais en laissant un interstice au lieu de joindre les deux dernières paires. Prenons deux pyramides incomplètes de ce type, et rejoignons-les à angle droit, de sorte que, lorsqu'on en écrase une pour en réduire la hauteur et élargir l'interstice, l'autre s'élargit. Le calcul montre que ce polyèdre, inventé par Michael Goldberg, admet trois positions stables.

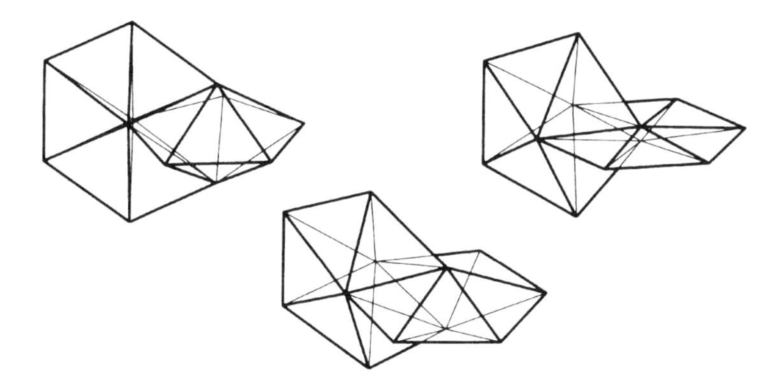

octaèdre

Si l'on divise les arêtes d'un octaèdre régulier selon le rapport d'or (c'est-à-dire le rapport $1 \div \frac{1}{2}(1+\sqrt{5})$ de sorte que les points de découpage de chaque face forment un triangle équilatéral, les douze points ainsi définis constituent les sommets d'un icosaèdre régulier.

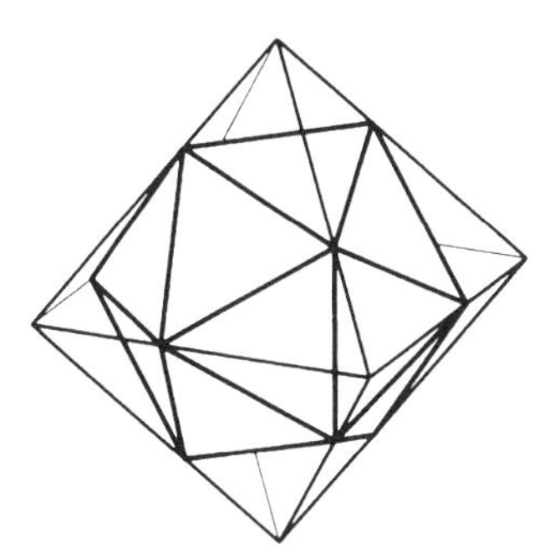

Il existe deux façons de diviser les arêtes intérieurement selon le rapport d'or, et deux autres manières de les diviser extérieurement, ce qui donne un total de quatre icosaèdres. Pour la division externe, les points de division des arêtes d'une face forment un sommet sur deux de l'icosaèdre.

onduloïdes

Lorsqu'on trempe dans de l'eau savonneuse deux anneaux circulaires vides, parallèles entre eux et centrés sur le même axe, la surface minimale formée est la caténoïde. Par contre, si l'on remplace les anneaux par des disques pleins, de sorte que la pression à l'intérieur du film n'est plus égale à la pression extérieure, la surface minimale devient un onduloïde.

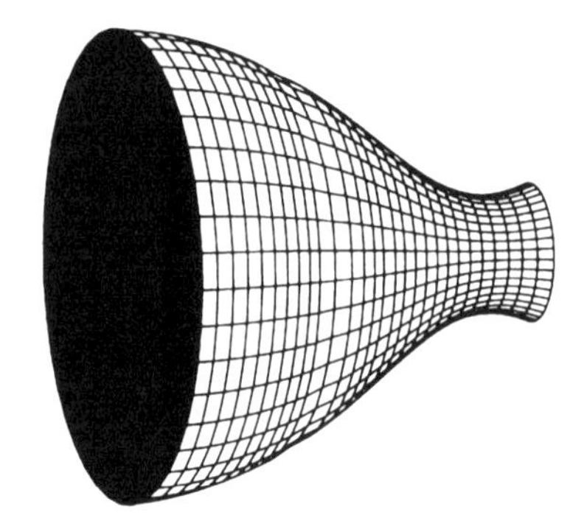

Le contour d'un onduloïde fait toujours partie du lieu du foyer d'une conique qui roule sur une ligne droite.

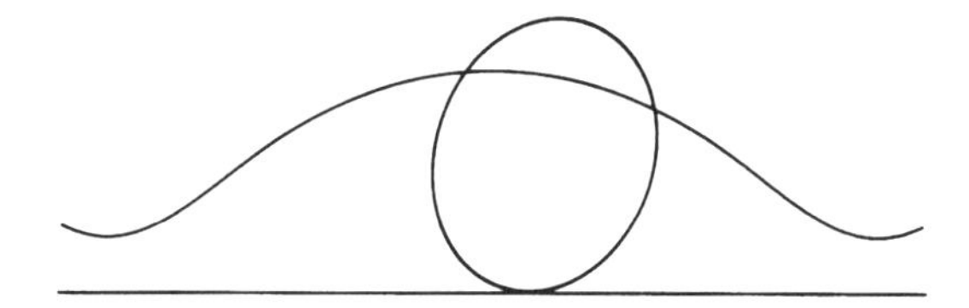

orthocentriques, points

Proclus fut le premier à remarquer que les hauteurs d'un triangle sont concourantes, leur intersection étant l'orthocentre (souvent noté H) du triangle. Les trois sommets du triangle de départ et l'orthocentre présentent une remarquable symétrie, comme le remarqua Carnot : chacun d'entre eux est l'orthocentre du triangle formé par les trois autres. Ils forment donc un ensemble de points orthocentriques.

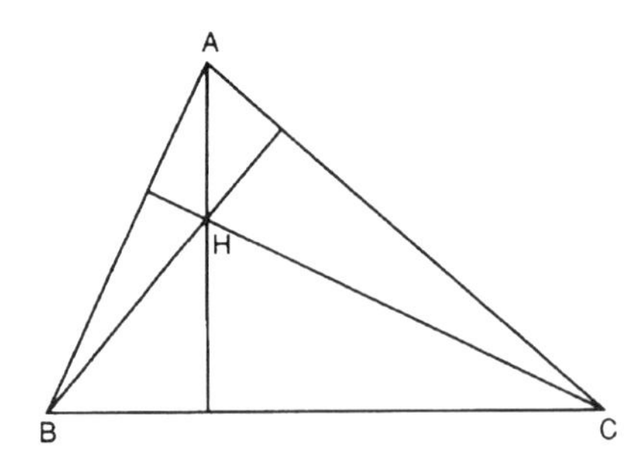

Les quatre triangles formés par des points orthocentriques possèdent le même cercle des neuf points, qui est tangent à leurs seize cercles inscrits et exinscrits. Le symétrique de H par rapport à BC se trouve sur le cercle

circonscrit au triangle ABC, et ainsi de suite, et quatre triangles ont également des cercles circonscrits de même taille.
Les centres des cercles circonscrits des quatre triangles forment une figure congruente aux quatre points de départ, car ce sont leurs symétriques par rapport au cercle des neuf points. Les centres de gravité des quatre triangles forment un ensemble de points orthocentriques semblable à l'ensemble de départ, mais d'une taille réduite au tiers.

orthogonales, surfaces

En deux dimensions, deux ensembles ou familles de courbes peuvent présenter la propriété particulière que chaque courbe d'une famille coupe de façon orthogonale chaque courbe de l'autre famille. En trois dimensions, jusqu'à trois familles de surfaces peuvent se comporter de façon analogue. Deux surfaces quelconques, de deux familles différentes, se coupent à angle droit le long d'une courbe.
L'exemple le plus simple de trois familles de surfaces orthogonales est donné par trois groupes de plans, par exemple les trois familles de plans parallèles aux faces d'un cube.

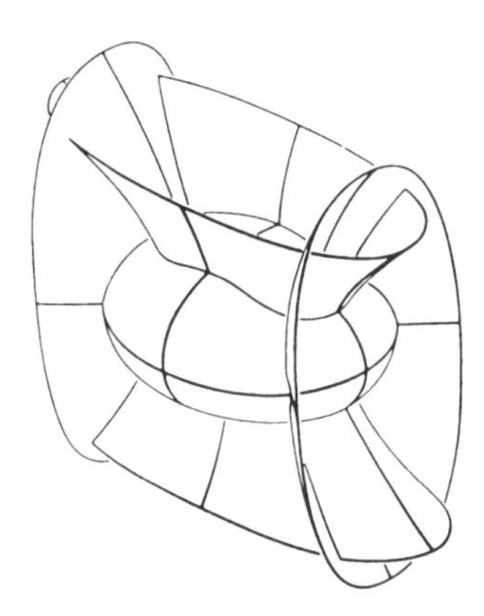

L'exemple plus compliqué représenté ici est l'analogue tridimensionnel des familles de coniques confocales. Il montre un élément de la famille des ellipsoïdes, un de la famille des hyperboloïdes à une nappe, et un de la famille des hyperboloïdes à deux nappes. En tout point de l'espace passe une surface de chaque famille. L'espace est donc divisé en compartiments curvilignes, dont les angles au sommet sont tous des angles droits, comme dans une boîte rectangulaire, mais dont les faces ne sont pas planes, et encore moins rectangulaires.

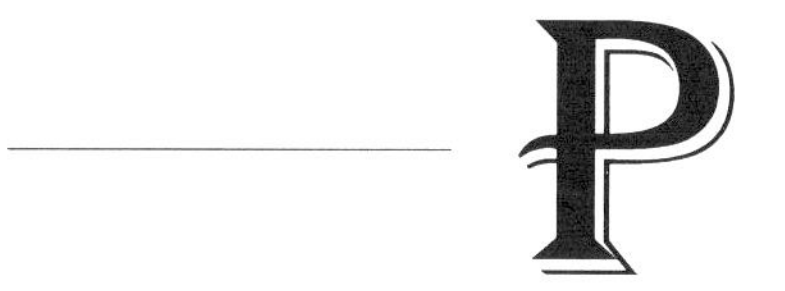

pantographe

Le pantographe exploite les propriétés des triangles semblables pour produire une copie agrandie ou réduite d'une figure. Le point O sur la figure suivante est fixe ; AB est parallèle à CD, et OA à DE. Si D décrit une figure, alors le point B décrit une autre figure semblable, agrandie du rapport OB:OD.

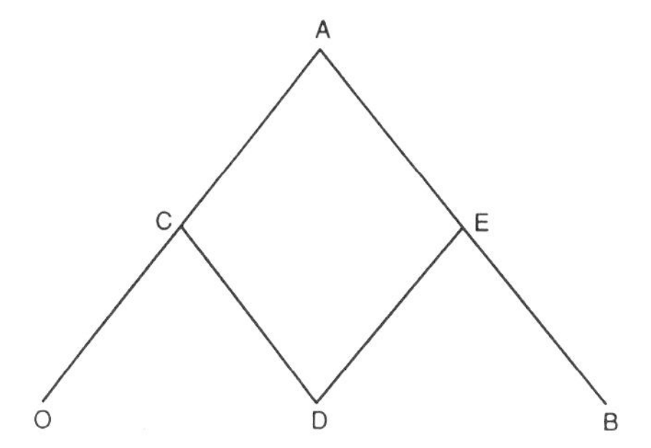

papier peint, motifs de

Un motif de papier peint se répète à intervalles réguliers dans deux directions différentes. Ses symétries dépendent de la symétrie du réseau sous-jacent, et également de ce que le motif répétitif présente ou non l'une des mêmes symétries. Le réseau peut prendre cinq formes, comme le montrent les différentes lignes de la figure.

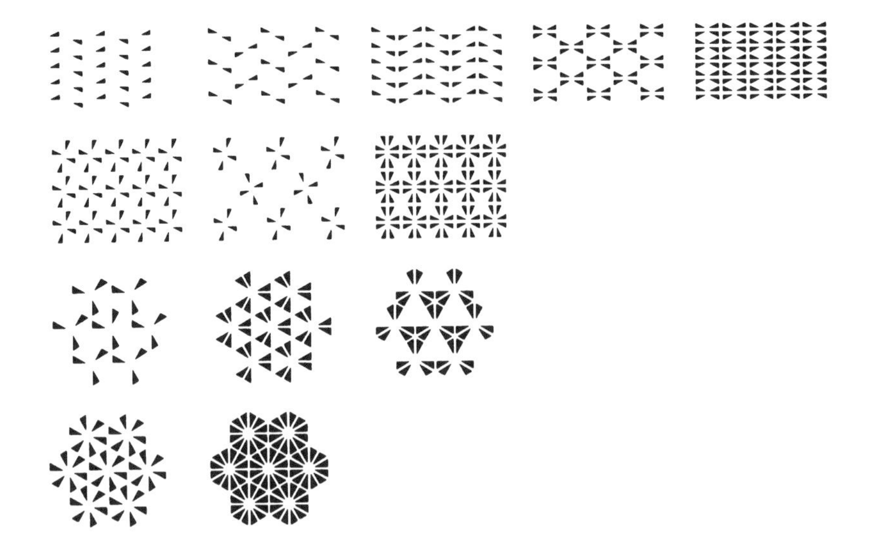

Par combinaison des diverses symétries possibles, on obtient dix-sept types de papier peint, tous représentés dans le palais de l'Alhambra en Espagne, et dans d'autres hauts lieux de l'architecture mauresque.

Pappus, théorème de

Soient deux droites et trois points sur chacune d'elle, reliés en étoile comme sur la figure ci-dessous. Les intersections des jonctions se trouvent sur une même ligne droite. Il s'agit d'un cas particulier du théorème de Pascal, car la paire de droites d'origine peut être interprétée comme un cas particulier de conique.

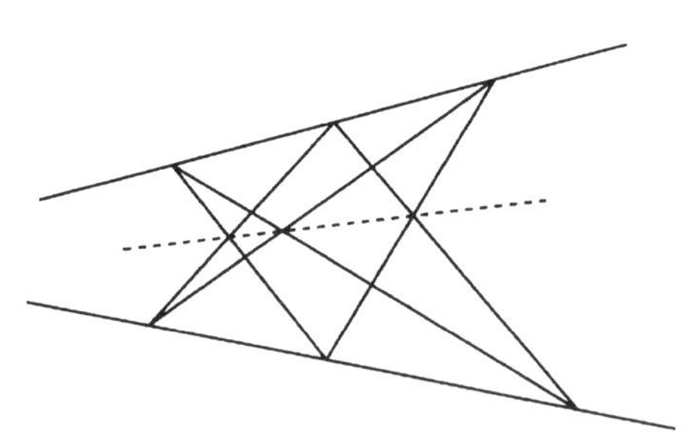

Comme le théorème n'implique que des points, des droites, des intersections et des jonctions, il possède son dual, dans lequel les points sont remplacés par des droites et les droites par des points. La figure suivante illustre un cas particulier du théorème dual, les trois droites passant par chacun des deux points étant deux familles de trois droites parallèles qui se rencontrent en deux points situés à l'infini. En joignant les points représentés sur la figure, on obtient trois droites qui se coupent en un point.

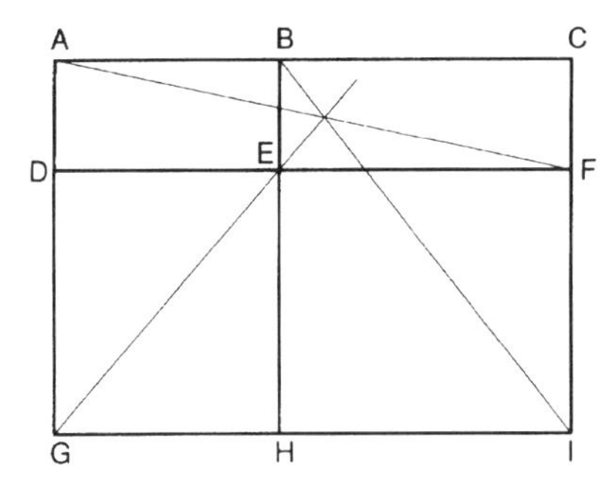

Dans cette figure, on a divisé un rectangle en quatre autres plus petits. Les lignes minces se coupent en un point. C'est aussi le cas des droites DB, GC et HF, ce qui illustre le fait que, dans la figure originale de Pappus, les points de chaque droite peuvent être pris dans des ordres différents.
Le théorème de Pappus est équivalent à un théorème sur des points et des droites en trois dimensions : soient trois lignes dans l'espace, a, b et c, qui ne se coupent pas ; il est possible de trouver une infinité d'autres droites les coupant toutes les trois. Soient trois lignes de ce type, appelées p, q et r. Alors, le théorème équivalent affirme que, si d est une quatrième droite coupant p, q et r, et si s est une quatrième droite coupant a, b et c, alors s et d se rencontrent également.

parabole

Les Grecs considéraient la parabole comme la section d'un cône droit par un plan parallèle à une droite passant par son sommet. En fait, c'est même la section de tout cône par un plan parallèle à une droite passant par le sommet du cône.

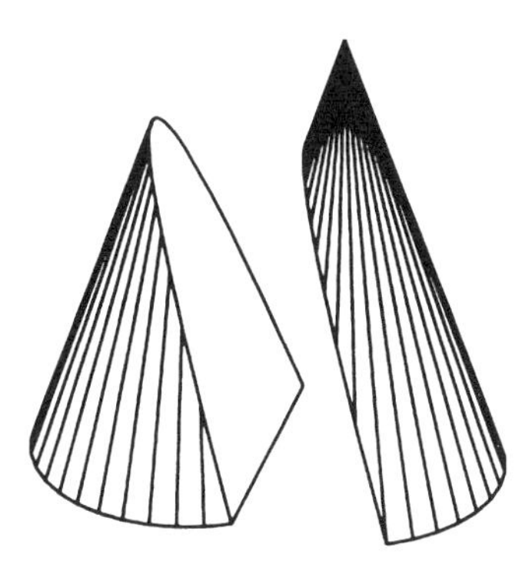

Mais c'est également la trajectoire d'un point se déplaçant de telle manière que sa distance à un point fixe, appelé foyer, est égale à sa distance à une ligne fixe, appelée directrice :

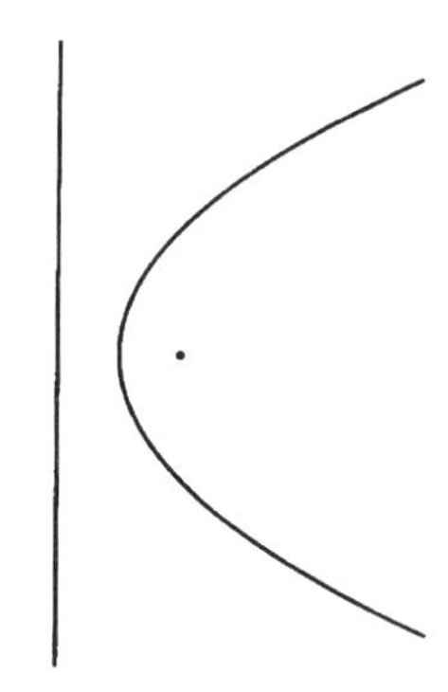

Un rayon lumineux passant par le foyer sera réfléchi par un miroir parabolique parallèlement à son axe. Ainsi, les phares de voiture utilisent des miroirs approximativement paraboliques munis d'une source de lumière placée au foyer.

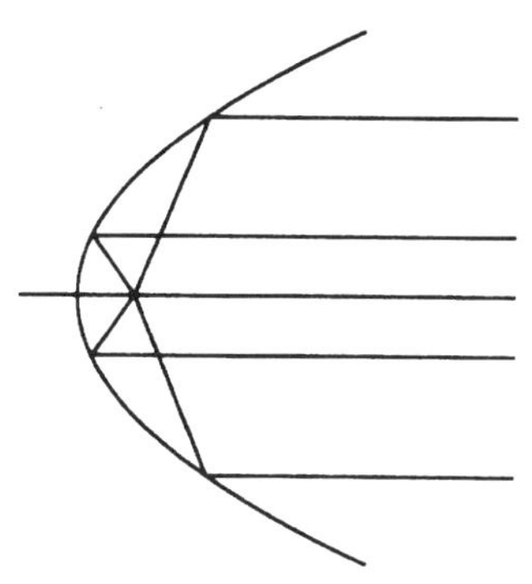

Si l'on suppose que la pesanteur s'exerce directement selon la verticale, plutôt qu'en direction du centre de la Terre, et en négligeant la résistance de l'air, on peut considérer que la trajectoire d'un projectile est une parabole. Si on tire des obus dans différentes directions en conservant une même vitesse initiale constante, l'enveloppe de leurs trajectoires est une autre parabole ou, en trois dimensions, un paraboloïde de révolution.
La surface d'un liquide que l'on fait tourner lentement dans un bol circulaire est aussi un paraboloïde de révolution. Toute section verticale de cette surface est une parabole. La forme des câbles porteurs d'un pont suspendu uniformément chargé est également une parabole si l'on néglige le poids des câbles et des supports.

La parabole peut également être construite sous forme d'enveloppe. On trace par exemple deux droites, et on repère des longueurs égales en partant de leur point d'intersection, en les numérotant dans des directions opposées, comme le montre la figure. Les droites joignant deux points de même numéro enveloppent une parabole. Les deux droites de départ sont des tangentes. Pour prolonger la parabole, il suffit de reporter des points au-delà du point d'intersection des droites d'origine, comme montré à gauche.

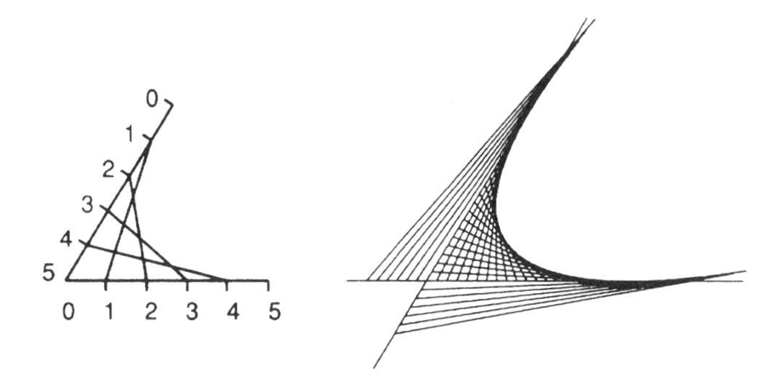

Cette construction fonctionne grâce à une propriété à la fois simple et élégante de la parabole : tracer trois tangentes, comme sur la figure. Alors SP/PA = QO/OP = BQ/QS.

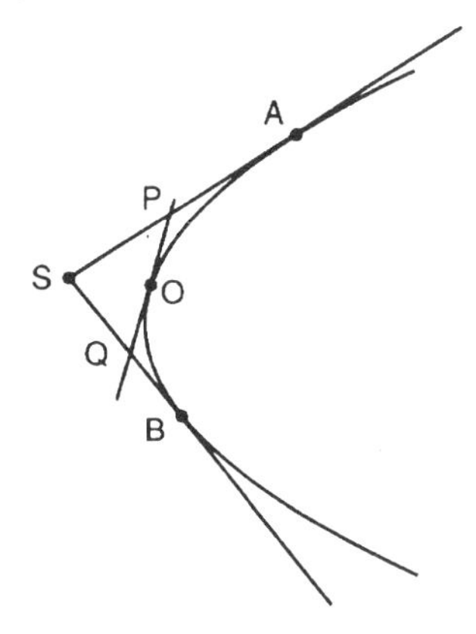

On peut employer une méthode similaire pour tracer les tangentes d'un point à une parabole. Relier le point P au foyer F et construire le cercle de diamètre PF. Si la tangente au sommet de la parabole coupe le cercle en A et B, alors PA et PB sont les deux tangentes.

Une enveloppe parabolique est créée par le déplacement d'une équerre dont l'hypoténuse passe par un point fixe, qui sera le foyer, et le sommet opposé se trouve sur une droite fixe, la directrice.

paraboloïde hyperbolique

Surface quadrique en forme de selle, dont les sections dans deux directions perpendiculaires sont des paraboles, et des hyperboles dans la troisième direction, perpendiculaire aux deux premières. Les asymptotes de toutes ces hyperboles forment deux plans passant par l'axe commun de toutes les paraboles. Comme l'hyperboloïde de révolution, sa surface contient deux familles de droites, appelées génératrices.

Pour en construire la maquette, on part d'un quadrilatère oblique dans l'espace à trois dimensions. Deux fils joignant les milieux de côtés opposés se rencontrent. Si on divise les côtés par quatre, des paires de lignes joignant des points de division associés se couperont également, et elles couperont aussi les droites joignant les milieux. En répétant ce procédé, on génère la surface recherchée, chaque fil en étant une génératrice.

La figure montre le quadrilatère oblique avec une famille de génératrices et une droite, de l'autre famille, qui est celle passant par le point de selle.

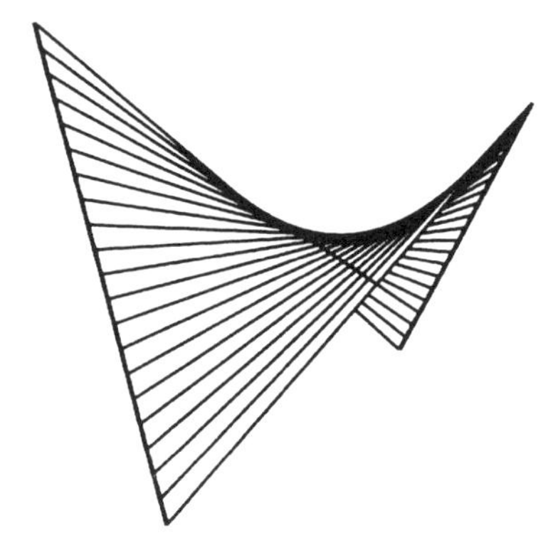

McCrea décrit une autre méthode de construction. On trace un rectangle et on construit des paraboles de même hauteur sur chaque côté. On divise ensuite une diagonale en autant de parties égales que l'on désire, ce qui

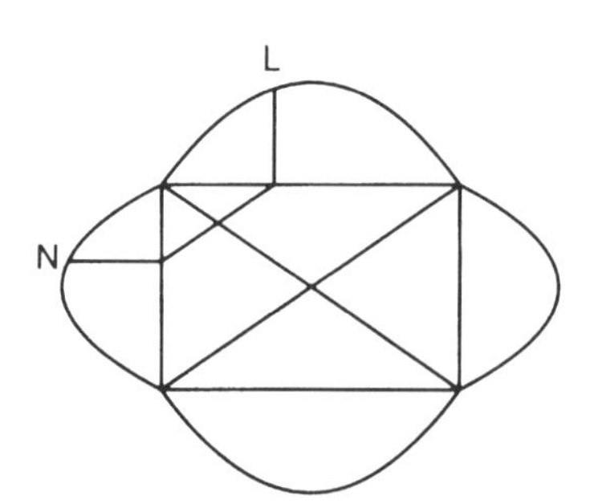

donne donc les points de division des paraboles, comme L et N. On plie ensuite deux côtés vers le haut et deux vers le bas, et on relie les points, comme sur le deuxième schéma. Cette maquette fait apparaître plus clairement le rôle des paraboles. Les deux familles de droites sont les génératrices, comme ci-dessus.

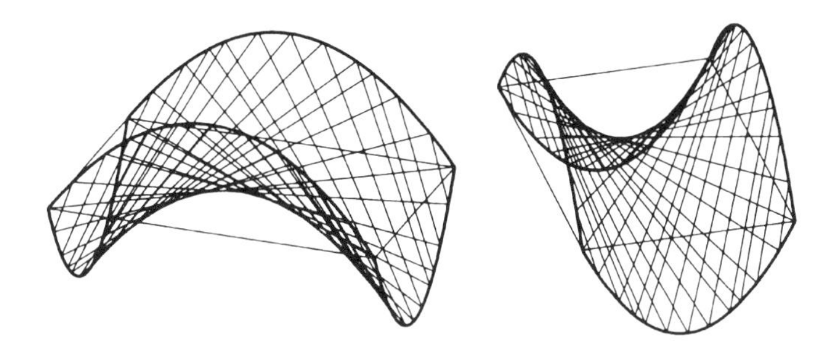

Dans une troisième approche, mathématiquement importante mais irréalisable en pratique, on part de trois droites flexibles parallèles à un plan mais pas entre elles. Pour tout point de l'une de ces droites, il existe une seule droite passant par ce point et coupant les deux autres droites. L'ensemble de toutes ces droites forme une famille de génératrices d'un paraboloïde hyperbolique. L'ensemble des droites coupant toutes les droites de cette famille, dont font partie les trois droites de départ, forme la deuxième famille de génératrices.

Pascal, configuration de

Il existe 60 manières différentes de choisir six points dans l'ordre sur une conique pour qu'ils forment les sommets d'un hexagone. Selon le théorème de Pascal, chaque choix de points génère une *droite de Pascal*. Ces 60 droites donnent lieu à une configuration complexe. La figure montre la configuration de Pascal pour six points disposés sous forme d'hexagone régulier sur un cercle, ce qui diminue le niveau de complexité. Il en résulte de nombreux cas de lignes dégénérées. Les trois lignes épaisses sont constituées chacune de quatre droites de Pascal dégénérées. Six autres droites sont identiques à la droite à l'infini, et seules 45 droites sont donc visibles.

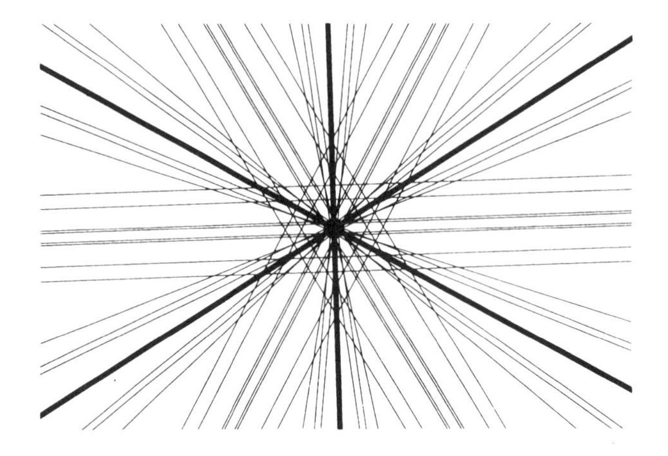

La deuxième figure montre un agrandissement de la partie centrale de la première, permettant de voir la façon dont les droites de Pascal se coupent entre elles. Elles passent par trois par 20 points de Steiner, et par trois également par les 60 points de Kirkman. Chaque point de Steiner se trouve avec trois points de Kirkman sur l'une des 20 droites de Cayley. Les points de Steiner sont également situés par quatre sur les 15 droites de Plücker, et les droites de Cayley passent par quatre par 15 points appelés points de Salmon.

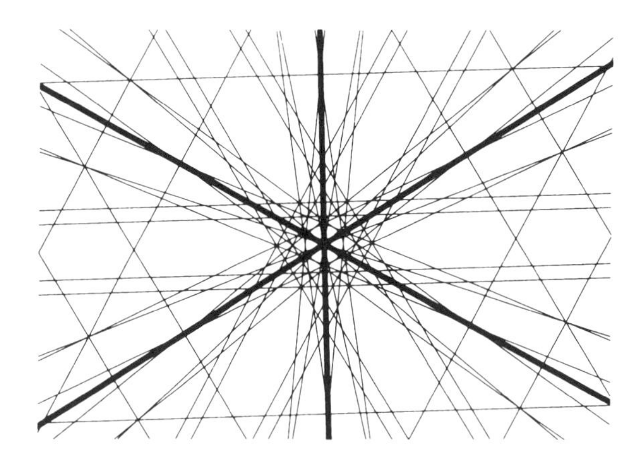

Il existe ici une étroite symétrie entre les 60 droites de Pascal et les 60 points de Kirkman, entre les 20 droites de Cayley et les 20 points de Steiner, et entre les 15 lignes de Plücker et les 15 points de Salmon.

Pascal, théorème de

C'est à l'âge de 16 ans, en 1640, que Blaise Pascal énonça son fameux théorème et le publia dans un petit pamphlet intitulé *Essai pour les coniques.* Le théorème affirme que si un hexagone se trouve inscrit dans une conique, alors les trois points d'intersection des paires de côtés opposés se trouvent sur une même droite. Si l'on repère les points de l'hexagone par ABCDEF dans l'ordre, alors AB et DE sont des côtés opposés se coupant en X, et ainsi de suite. La droite XYZ est alors la droite de Pascal.

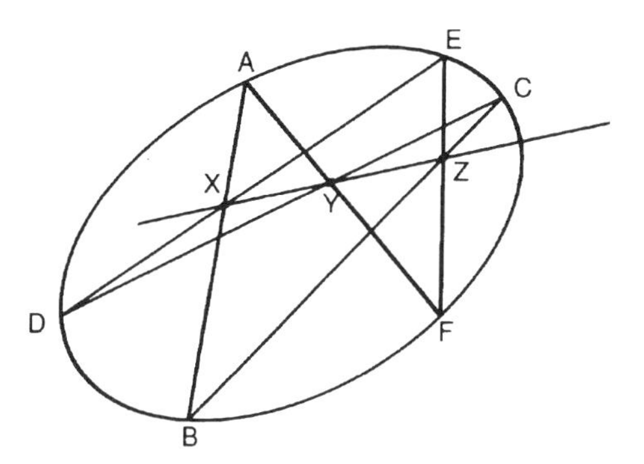

Dans le cas d'un hexagone inscrit en zigzag, les points d'intersection se trouvent à l'intérieur de la conique et la figure ressemble beaucoup à celle du théorème de Pappus. Ce dernier est en effet un cas particulier du théorème de Pascal, dans lequel la conique dégénère en une paire de droites. Si l'on dessine l'hexagone d'une façon plus conventionnelle, les trois points alignés se trouvent à l'extérieur de la conique.

Pascal, triangle de

Reporter le triangle de Pascal (pour plus de détails, voir le *Dictionnaire Penguin des nombres curieux*) sur une feuille de papier hexagonale. Griser les hexagones contenant des nombres impairs. On obtient alors le motif de gauche (généré par ordinateur avec des points à la place des hexagones).

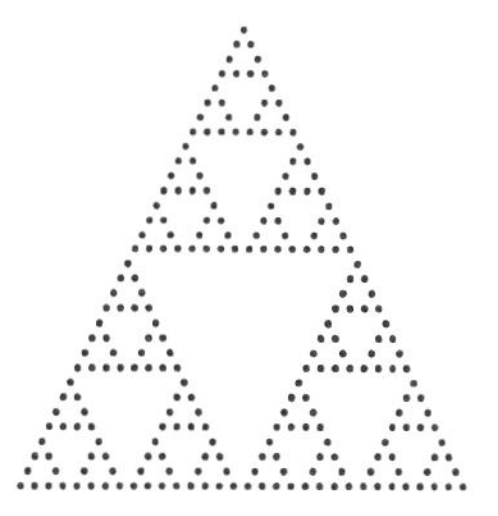 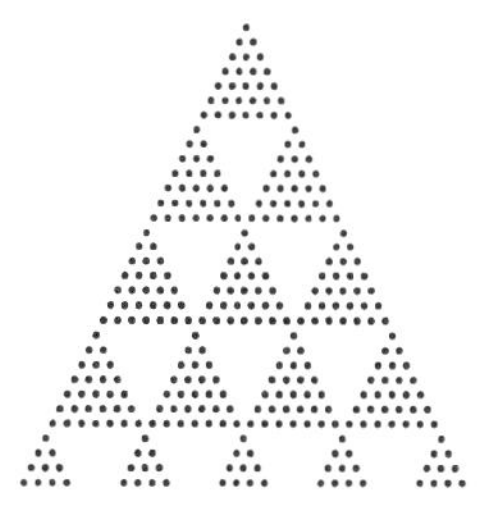 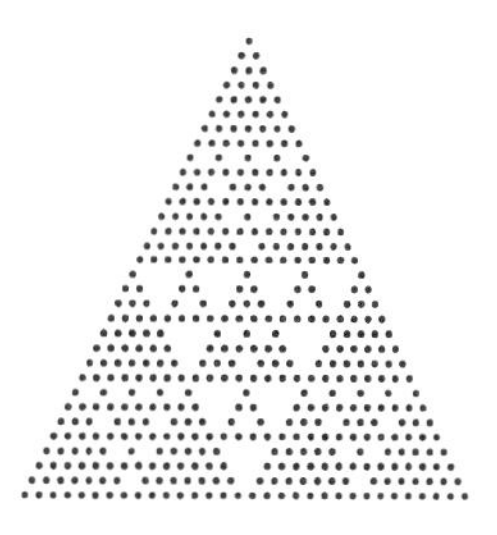

En ombrant les multiples de nombres différents de 2, on produit des motifs différents : les figures du centre et de droite correspondent aux multiples de 7 et de 8.

Le triangle de Pascal, en tant que motif de nombres pairs et impairs, peut être conçu de manière automatique. Étant donné une rangée de 0 et de 1 dans une bande infinie de cellules, la rangée de cellules suivantes est remplie en plaçant un 0 sous deux chiffres identiques, 0 ou 1, et un 1 sous deux chiffres différents, 01 ou 10. La ligne de départ peut être quelconque.

1 0 0 0 1 0 1 0 1 1 0 1 1 0 1 1 1 1
1 0 0 1 1 1 1 1 0 1 1 0 1 1 0 0 0
1 0 1 0 0 0 0 1 1 0 1 1 0 1 0 0
1 1 1 0 0 0 1 0 1 1 0 1 1 1 0
0 0 1 0 0 1 1 1 0 1 1 0 0 1
0 1 1 0 1 0 0 1 1 0 1 0 1
1 0 1 1 1 0 1 0 1 1 1 1
1 1 0 0 1 1 1 1 0 0 0
0 1 0 1 0 0 0 1 0 0
1 1 1 1 0 0 1 1 0
0 0 0 1 0 1 0 1
0 0 1 1 1 1 1
0 1 0 0 0 0
1 1 0 0 0
0 1 0 0
1 1 0
0 1
1

On peut aisément changer la règle de construction. Dans la figure suivante, un nombre impair de 1 dans trois cellules adjacentes génère un 1 dans la cellule située sous celle du milieu ; un nombre pair de 1 génère un 0.

1 1 1 0 1 0 0 1 1 0 0 1 1 1 1 0 0 0
1 0 0 1 1 1 0 0 1 1 0 1 1 0 1 0
1 1 0 1 0 1 1 0 0 0 0 0 0 1
0 0 1 0 0 0 1 0 0 0 0 1
1 1 1 0 1 1 1 0 0 1
1 0 0 0 1 0 1 1
1 0 1 1 0 0
0 0 0 1
0 1

pavage à deux carrés

On peut utiliser deux tailles de carrés quelconques pour construire ce pavage, que l'on peut également voir comme un pavage de grands carrés dans lequel chaque rangée et chaque colonne ont été décalées d'une distance égale, pour donner un motif comprenant des petits interstices carrés identiques.

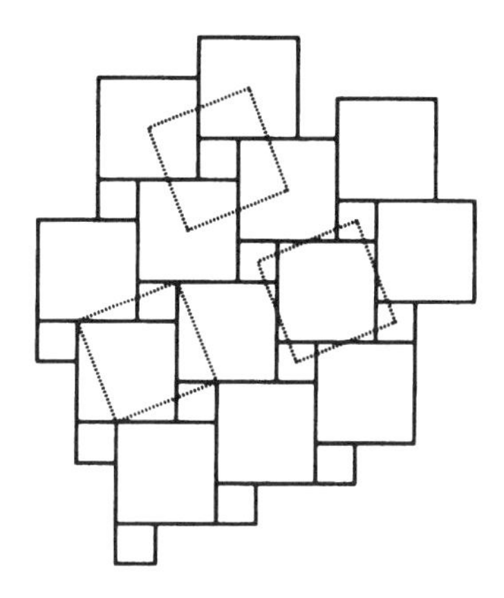

Comme dans le pavage en croix grecques, le fait de relier quatre points correspondants choisis de manière appropriée produit un découpage des deux carrés de départ en un carré plus grand.

Parmi les formes les plus connues de découpage de deux carrés en un, plusieurs correspondent à des choix évidents pour les points en question, comme les centres des grands carrés, ou ceux des petits, ou encore les angles des carrés.
Tous ces découpages permettent de démontrer le théorème de Pythagore.

pavages creux

Lorsque, avec un unique type de pavé, il est inévitable d'avoir encore des espaces dans un pavage, il est tentant de les accepter comme caractéristique à part entière du motif (mais ils pourraient bien sûr être considérés également comme une nouvelle forme de pavé).

Le pavage ci-après a été créé par Albrecht Dürer qui, comme de nombreux artistes de la Renaissance, était fasciné par les pavages.

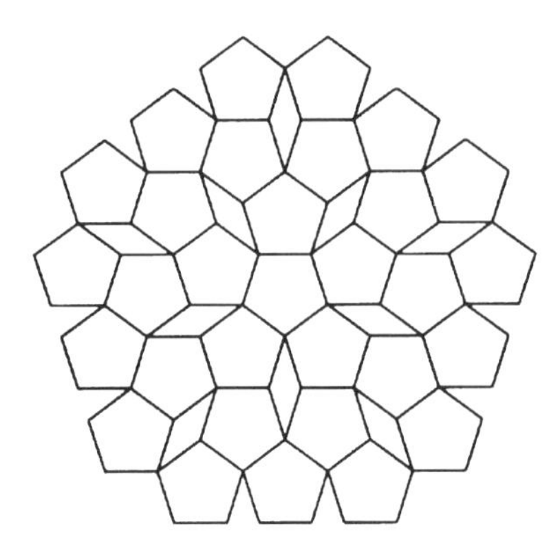

La deuxième figure montre un autre empilement dense et régulier de pentagones, dans lequel chacun d'entre eux en touche six autres.

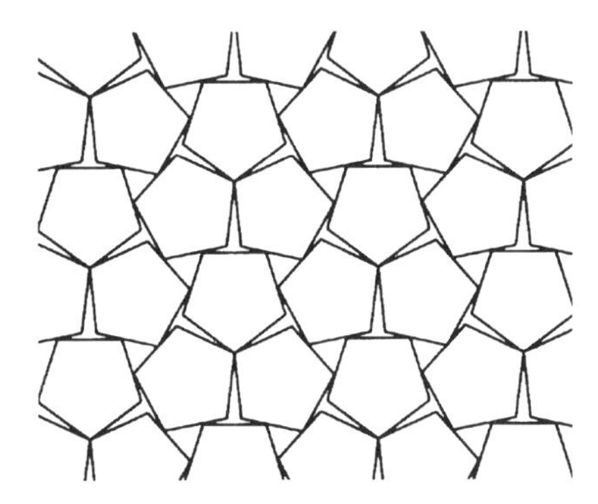

Peaucellier, inverseur de

Peaucellier était officier de l'armée française et fut le premier à résoudre le problème du tracé d'une ligne droite sans utiliser de règle, au moyen d'un mécanisme articulé.

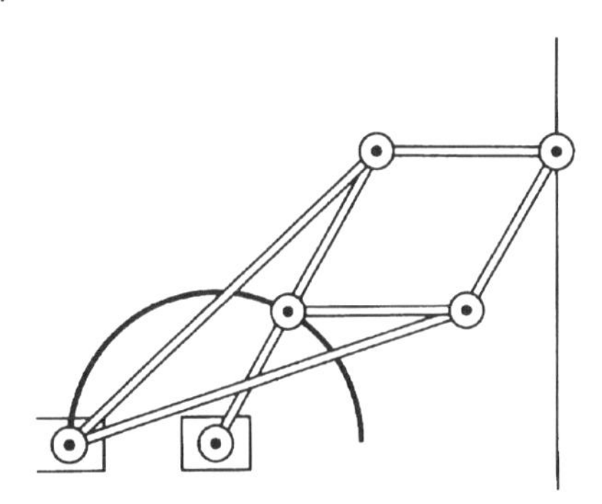

La cheville située au sommet du grand V est un point fixe. Dans le cas général, le mécanisme de Peaucellier ne comprend que le V et le losange. Si un sommet du losange décrit un cercle (passant par le point fixe), alors le sommet opposé décrit son inverse, qui est une droite. On y parvient en ajoutant une barre supplémentaire fixée à son extrémité au centre du cercle, comme sur la figure.
Si le même sommet du losange décrit non pas un cercle, mais une autre courbe, le sommet opposé décrira son inverse. L'inverseur de Peaucellier peut donc servir à inverser une courbe quelconque.

L'invention de Peaucellier, présentée en 1867, était motivée par le besoin, courant en mécanique, de transformer un mouvement circulaire en un mouvement rectiligne. James Watt avait précédemment proposé une solution approchée, le mouvement parallèle de Watt. A.B. Kempe, auteur de "*Comment tracer une droite : cours sur les mécanismes articulés*" (1877), et inventeur lui-même de plusieurs mécanismes, décrivit comment l'inverseur de Peaucellier fut modifié par l'ingénieur en chef, M. Prim, pour l'employer dans des moteurs pneumatiques destinés à la ventilation du nouveau parlement, et en recommanda la visite à ses lecteurs.

Penrose, pavages de

Roger Penrose, spécialiste de renommée internationale dans le domaine de la relativité et de la mécanique quantique, est également un adepte enthousiaste des divertissements mathématiques. C'est avec son père qu'il a inventé les escaliers de Penrose, qui montent indéfiniment. Penrose a également découvert les deux pavés suivants, chaleureusement baptisés "flèche" et "cerf-volant" par John Conway.

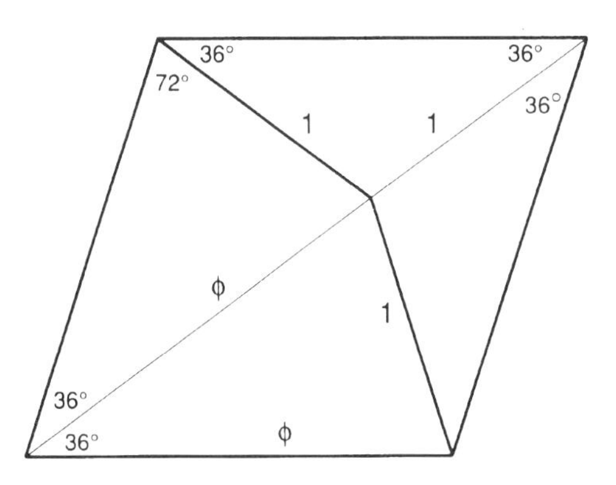

Ils sont construits à partir d'un losange. La longueur ϕ est égale au nombre d'or, soit $\frac{1}{2}(1+\sqrt{5})$ ou 1,618... Pour fabriquer un pavage de Penrose, on repère les sommets par H pour les têtes et T pour les queues. On assemble alors les sommets de manière à ne jamais placer l'un à côté de l'autre deux sommets portant la même lettre. On peut aussi plier les bords (ou les déformer légèrement) pour permettre ce type d'assemblage, ou encore tracer des courbes sur chaque pavé, comme ci-dessous, de sorte qu'une fois les pavés assemblés correctement, les courbes de pavés voisins se rejoignent.

Ces deux formes peuvent servir à paver le plan d'une infinité de manières différentes, sans aucune périodicité. En d'autres termes, si l'on fabrique un calque de l'un de ces pavages non périodiques, il est impossible de déplacer le calque sans le faire tourner pour qu'il coïncide de nouveau avec tout le pavage.

Certains pavages de Penrose présentent une symétrie de rotation ; mais ce n'est pas le cas pour la plupart d'entre eux. Dans tous les cas, il faut plus de cerfs-volants que de flèches, approximativement selon le rapport ϕ:1. Ce rapport est exact dans un pavage infini.

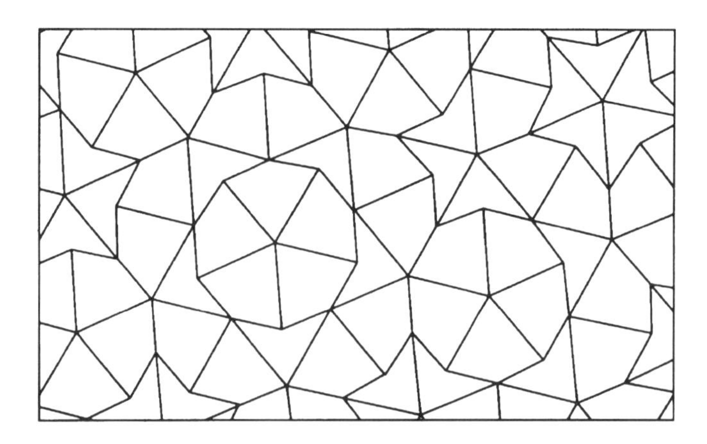

Si on a tracé les courbes sur les pavés, et si une courbe est fermée, elle présente une symétrie pentagonale, de même que la région à l'intérieur de la courbe.

Toute région finie d'un motif peut être pavée d'une seule et unique manière, de sorte que le contour d'une région définit le pavage qui lui correspond. Toute région finie d'un pavage apparaît une infinité de fois dans tout autre pavage infini de Penrose. Cela a pour conséquence remarquable que, si l'on se situe sur un pavage de Penrose et si l'on commence à l'explorer, on ne sait jamais réellement sur lequel on se trouve ! De plus, parti à l'exploration de ce nouveau monde de Penrose en quête d'une région particulière, on la trouvera, à coup sûr, à une distance d'au plus deux fois le diamètre de la région en question.

pentagone régulier

Euclide avait déjà montré comment construire un pentagone régulier, connaissance indispensable pour qui souhaitait construite un dodécaèdre régulier, décrit dans le dernier livre de ses *Éléments*.

De nombreuses constructions approchées on été décrites depuis, entre autres par Léonard de Vinci et Dürer, à l'intention des architectes et des concepteurs. La figure suivante présente une méthode simple et parfaite. Tracer un cercle et deux diamètres perpendiculaires, et diviser un rayon en deux au point X. Reporter XY égal à XA et tracer un arc de centre A et de rayon AY, qui coupe le cercle B en E. Alors A, B et E sont trois sommets d'un pentagone régulier.

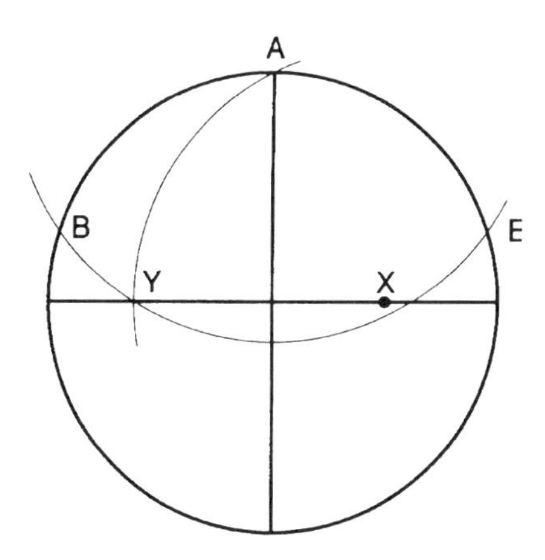

pentagones, pavages de

Le pentagone régulier ne permet pas de paver le plan. D'autres pentagones moins réguliers en sont capables, comme dans le *pavage du Caire*. Combien de types de pavages différents sont-ils possibles avec des pentagones irréguliers ?

K. Reinhardt trouva en 1918 cinq types de pavés différents. En 1967, Richard Kershner en découvrit trois de plus, qui avaient été oubliés jusque là, et il pensa alors que sa liste était complète. Mais Richard E. James découvrit en 1975 le magnifique pavage reproduit ci-dessous.

Dans ce pavage, $A = 90°$, $C + D = 270°$, $2D + E = 2C + B = 360°$ et $AE = AB = BC + DE$.

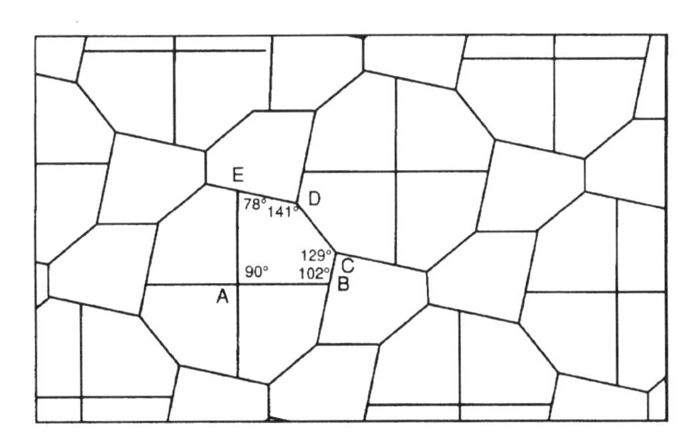

Puis Marjorie Rice qui, d'après Martin Gardner, était "une ménagère de San Diego n'ayant pas d'autres connaissances mathématiques que quelques souvenirs du lycée", découvrit en 1976 un dixième type, représenté ci-dessous, et rapidement suivi par trois autres.

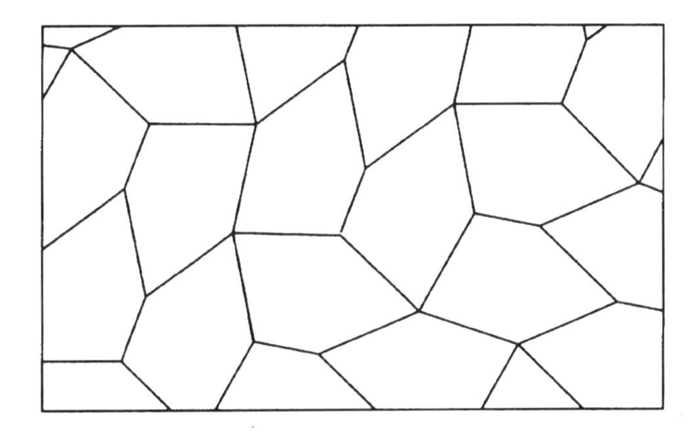

C'est Rolf Stein qui découvrit le quatorzième en 1985. On ignore si la liste est complète.

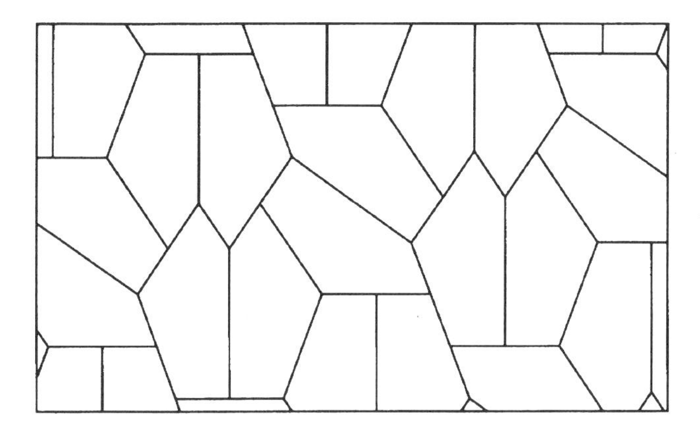

pentatope ou simplex

C'est l'analogue en quatre dimensions du tétraèdre dans l'espace et du triangle dans le plan.

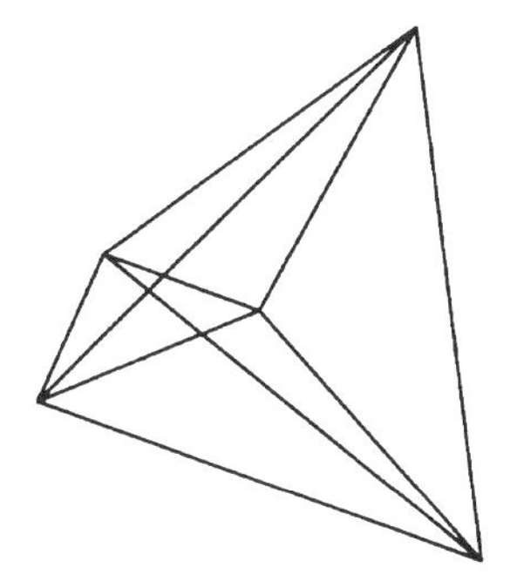

Il possède 5 faces ou "cellules" tridimensionnelles, chacune ayant la forme d'un tétraèdre régulier, ainsi que 10 faces planes, 10 arêtes et 5 sommets, et il est son propre dual.

Comme on peut s'y attendre par analogie avec le développé plan du tétraèdre régulier, son développé dans l'espace tridimensionnel est un tétraèdre régulier portant un autre tétraèdre régulier sur chaque face.
Si on le considère comme le résultat de la jonction de deux boucles de cinq faces planes chacune, alors chaque boucle de cinq faces forme un *ruban de Möbius*.

Le fait de tronquer un tétraèdre régulier, c'est-à-dire de couper symétriquement chaque sommet, produit un nouveau triangle équilatéral en chaque sommet et modifie chaque face du tétraèdre. Si l'on coupe par des plans passant par les milieux des arêtes, les faces d'origine se transforment également en triangles équilatéraux, et le solide tronqué est un octaèdre régulier.
De même, la troncature d'un pentatope produit de nouveaux tétraèdres en chacun des sommets d'origine et transforme ses faces tridimensionnelles en tétraèdres tronqués. La figure montre deux vues d'un pentatope tronqué en passant par les milieux de ses arêtes. Il est composé de cinq tétraèdres et de cinq octaèdres.

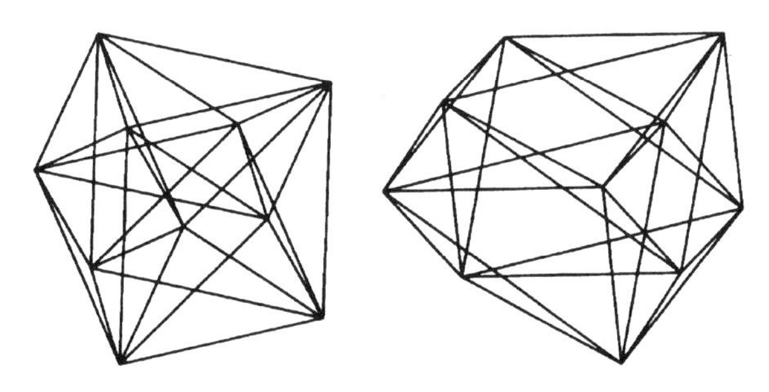

Philo, droite de

Soient deux droites formant un angle, et un point fixe X à l'intérieur de cet angle. Le plus court segment de droite AB passant par X est appelé droite de Philo, d'après Philo de Byzance, expert en mécanique et en hydraulique qui en eut l'idée en tentant de dupliquer le cube. Si OY est la perpendiculaire à AB passant par O, alors AX = YB.

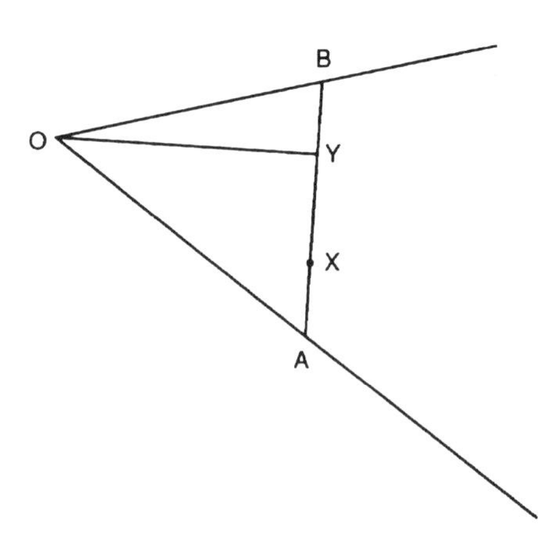

Un problème plus simple consiste à trouver la droite passant par X qui, avec les deux droites de départ, délimite la surface la plus petite. La réponse consiste simplement à construire la droite admettant X pour milieu.

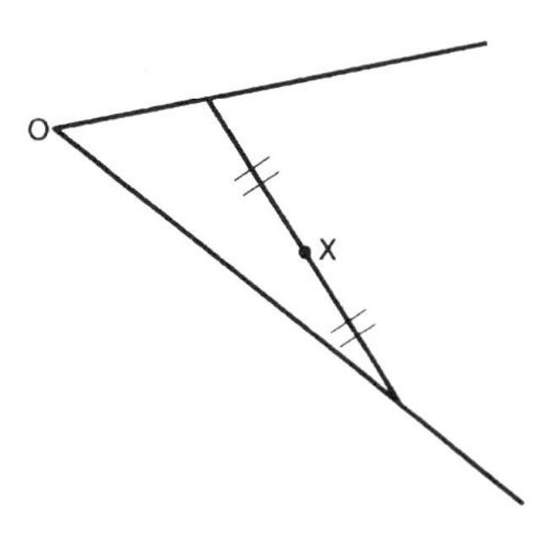

Pick, théorème de

G. Pick découvrit en 1899 une méthode simple pour déterminer l'aire d'un polygone dont les sommets coïncident avec les points d'un réseau carré. Si N est le nombre de points du réseau intérieurs au polygone et B est le nombre de points du réseau situés sur sa frontière, sommets compris, alors :

$$\text{aire} = N + \frac{1}{2}B - 1$$

Dans cet exemple, $N = 4$ et $B = 6$, de sorte que l'aire vaut $4 + \frac{1}{2} \times 6 - 1 = 6$.

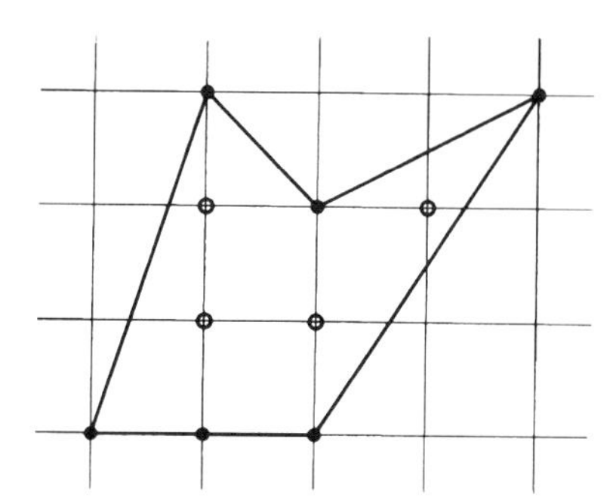

Le théorème de Pick est l'équivalent, pour une figure plane, de la relation d'Euler pour les polyèdres : sommets + faces = arêtes + 2.

pièce impossible à éclairer

Une pièce non convexe ne peut pas être éclairée par une seule lampe, quel que soit le point où l'on place celle-ci. On pourrait cependant supposer que si les parois étaient entièrement recouvertes de miroirs, alors toute partie serait éclairée, quel que soit l'emplacement de la lampe.

Pourtant, de façon surprenante, une “galerie des glaces” ayant la forme ci-dessous ne peut pas être complètement éclairée depuis l’un de ses points. La forme est basée sur une ellipse, qui a la propriété qu’un rayon lumineux partant d’un foyer sera réfléchie en direction de l’autre foyer.

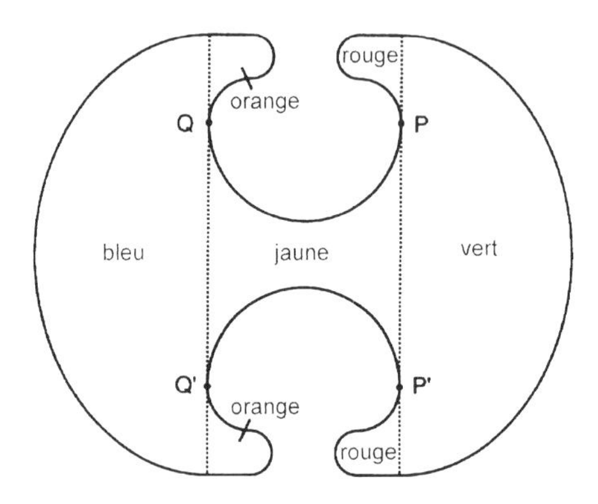

L’ellipse a été coupée le long de son grand axe, et séparée en deux moitiés verte et bleue, les foyers étant P, P’, Q et Q’. Les courbes formant les autres parois peuvent être choisies de manière plus libre, tant qu’elle touchent le grand axe au niveau du foyer. Un rayon lumineux partant de “derrière” un des foyers sera réfléchi derrière l’autre, et un rayon lumineux passant devant l’un des foyers sera réfléchi “devant” l’autre. Ainsi, la lumière provenant d’un “coin” rouge ne peut éclairer que la région verte et l’autre coin rouge, la lumière partant de la région verte ou jaune n’atteindra jamais le coin orange, et ainsi de suite.

pivot, théorème du

Soient trois points quelconques A’, B’ et C’ sur les côtés d’un triangle ABC. Alors les cercles AB’C’, BC’A’ et CA’B’ ont un point commun.

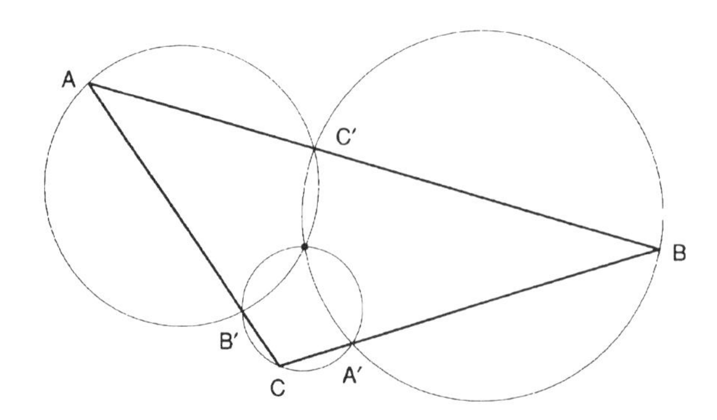

Cela entraîne un porisme. Soient trois cercles passant par un point commun. Il existe alors une infinité de triangles ayant leurs sommets répartis sur chacun des trois cercles et dont les côtés passent par les autres intersections des cercles.

Le théorème du pivot a également un analogue en dimension trois. Soient six points sur les arêtes d'un tétraèdre. Les quatre sphères passant par un sommet et les trois points ajoutés sur les arêtes passant par ce sommet ont alors un point commun.

Plateau, problème de

On doit à Lagrange le problème suivant : déterminer la surface minimale admettant une frontière fermée donnée en n'ayant aucune singularité sur la surface à l'intérieur de la frontière.
C'est ce qu'on appelle maintenant le problème de Plateau, depuis que le physicien belge J.A.F. Plateau a résolu le problème expérimentalement. Dans la plupart des cas, c'est un exercice extrêmement délicat de calcul de variations ; Jesse Douglas s'est vu décerner en 1931 la première Médaille Fields, le Prix Nobel des mathématiciens, pour avoir démontré que le cas général admet toujours une solution. Cependant, l'utilisation de bulles de savon permet en pratique de trouver de nombreuses solutions approchées.

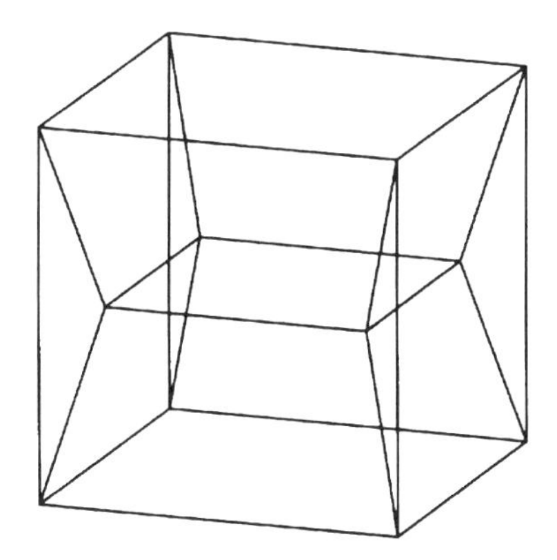

Si l'on trempe dans de l'eau savonneuse une ossature cubique en fil, treize surfaces se forment. Chacune d'elles est pratiquement plane et elles se rencontrent en formant des angles de 120°. De plus, lorsque quatre côtés se rencontrent dans un angle, ils se rencontrent selon des angles égaux, d'environ 109° 28' 16", l'angle du tétraèdre.

H.A. Schwarz résolut le problème de Plateau en 1865 pour un quadrilatère oblique. Il présenta sa solution à l'aide de trois maquettes réalisées en fil de fer mince recouvert d'un film de gélatine.

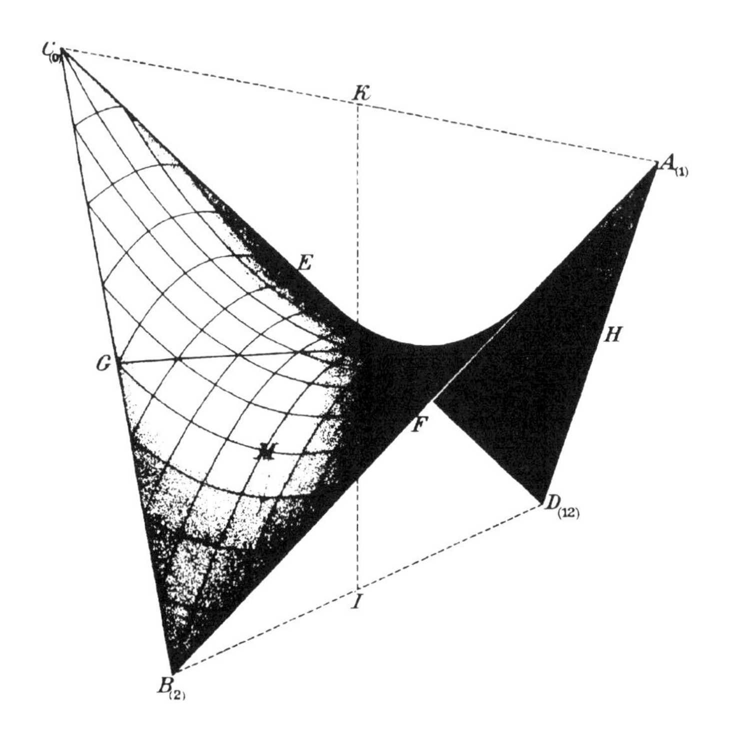

platoniciens, solides

Un polyèdre est dit *régulier* si toutes ses faces sont formées du même type de polygone et tous ses sommets sont congruents. Il n'en existe que cinq : le cube, le tétraèdre régulier, l'octaèdre régulier, le dodécaèdre régulier et l'icosaèdre régulier.

Les polyèdres réguliers sont appelés "platoniciens" par tradition, bien que le dernier livre des *Éléments* d'Euclide explique : "Dans ce livre, le treizième, sont construites les cinq figures dites platoniciennes, mais qui cependant n'appartiennent pas à Platon. Trois de ces cinq figures, le cube, la pyramide et le dodécaèdre, appartiennent aux Pythagoriciens, alors que l'octaèdre et l'icosaèdre appartiennent au Théétète."
Que le dodécaèdre ait été découvert tôt ne constitue pas une surprise, car les cristaux de pyrite de fer apparaissent souvent sous la forme de

dodécaèdres réguliers, des exemples d'une grande finesse ayant été trouvés dans le sud de l'Italie. On y a ainsi découvert des dodécaèdres artificiels antérieurs à 500 av. J.-C.

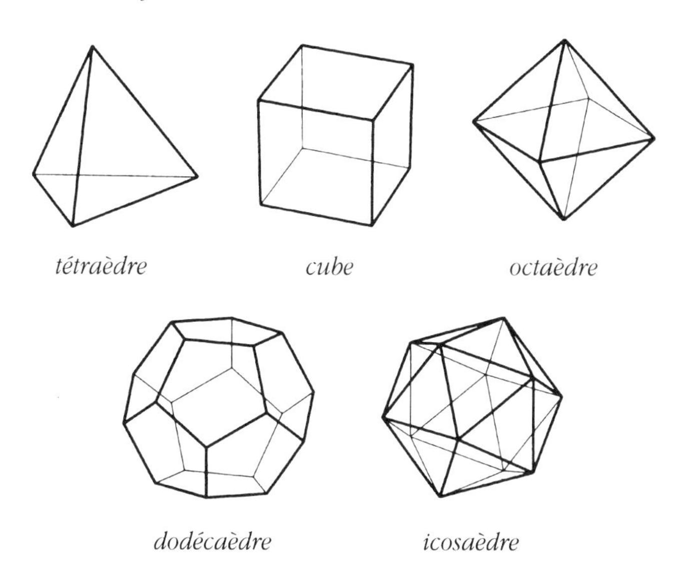

tétraèdre *cube* *octaèdre*

dodécaèdre *icosaèdre*

Les solides platoniciens satisfont tous à la relation d'Euler :

$$\text{sommets} + \text{faces} = \text{arêtes} + 2,$$

comme on peut le voir dans le tableau suivant :

	Sommets	*Arêtes*	*Faces*
Tétraèdre	4	6	4
Cube	8	12	6
Octaèdre	6	12	8
Dodécaèdre	20	30	12
Icosaèdre	12	30	20

plusieurs carrés, pavages à

Prenez un réseau carré standard et faites glisser les carrés dans les deux directions parallèles aux bords ; l'espace qui se crée entre eux peut être conçu comme un carré de taille quelconque. On obtient ainsi un pavage constitué de carrés de deux tailles différentes.

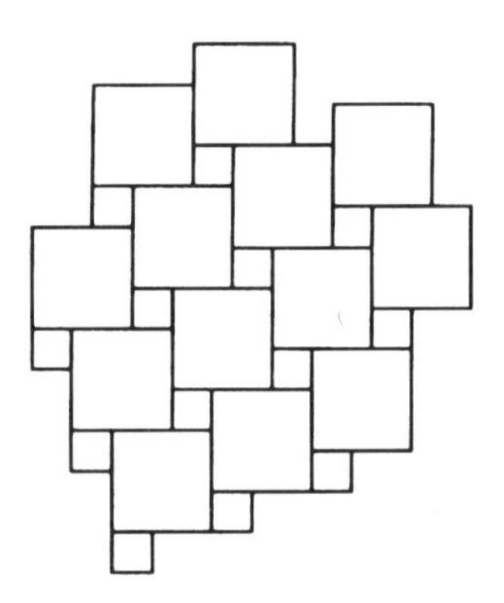

Mais on peut aussi imaginer des pavages comportant plus de deux tailles de carré, trois par exemple, comme dans l'exemple ci-dessous :

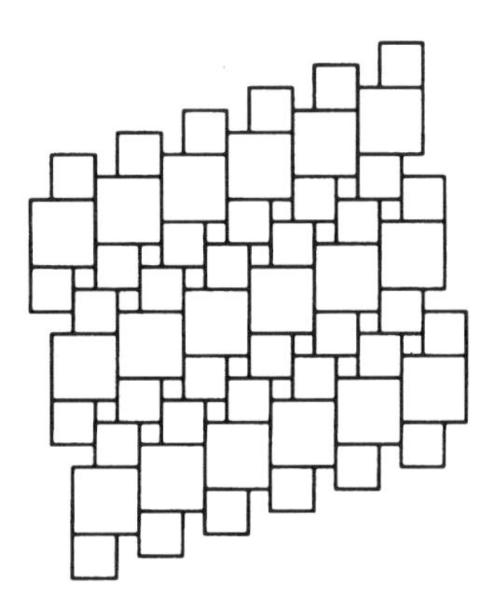

Poincaré, modèle de géométrie hyperbolique de

Poincaré découvrit que l'intérieur d'un cercle fixe fournit un modèle de *géométrie hyperbolique*. Dans ce modèle, une droite en géométrie hyperbolique est un arc de cercle, situé à l'intérieur du cercle fixe et dont les extrémités sont perpendiculaires à celui-ci. Les diamètres du cercle fixe sont compris.

Deux arcs qui ne se rencontrent pas correspondent à des droites parallèles. S'ils se coupent sur le cercle fixe, ils forment une paire de rayons limites. Le modèle de Poincaré préserve les angles, de sorte que ceux-ci peuvent être mesurés directement sur la figure. Les arcs se coupant à angle droit à l'intérieur du cercle correspondent à des droites perpendiculaires.

Les longueurs, en revanche, ne sont pas conservées. Lorsqu'on se rapproche de la frontière, des longueurs égales sont représentées par des arcs de cercle de plus en plus courts, ce qui place la frontière à une distance infinie du centre.

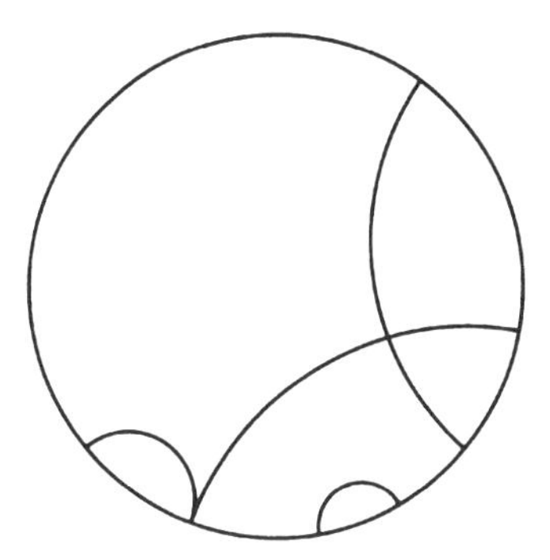

La figure ci-dessous montre le plan hyperbolique découpé en une infinité de triangles congruents. En d'autres termes, tous ces triangles, y compris l'infinité de triangles encore plus petits proches des bords du disque, ont la même taille et la même forme.

point fixe, théorème du

La figure ci-dessous montre un exemple simple de théorème du point fixe. Deux figures ont été placées l'une sur l'autre. Elles présentent des régions identiques, mais l'une est plus grande que l'autre. La plus petite peut être envisagée comme résultant d'une réduction de taille de la plus grande sur une partie d'elle-même. Ce théorème du point fixe affirme qu'il existe un point de la petite figure qui coïncide exactement avec son antécédent sur la grande figure.

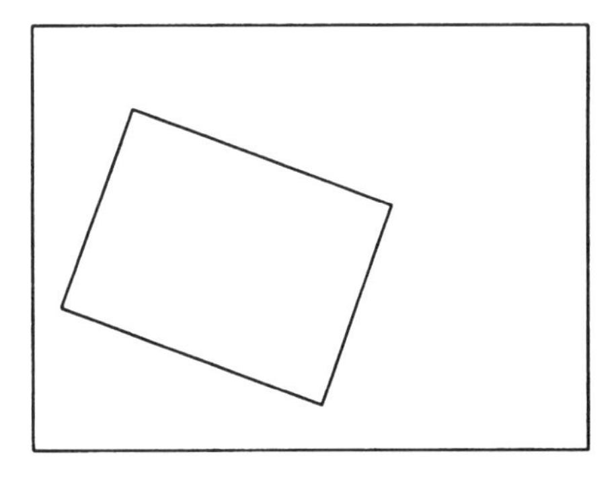

Ce point (il ne peut y en avoir qu'un) est déterminé en traçant une troisième figure liée à la deuxième par la même relation qu'entre les deux premières, puis en répétant l'opération. La suite des figures tend vers un point limite, qui est le point recherché.

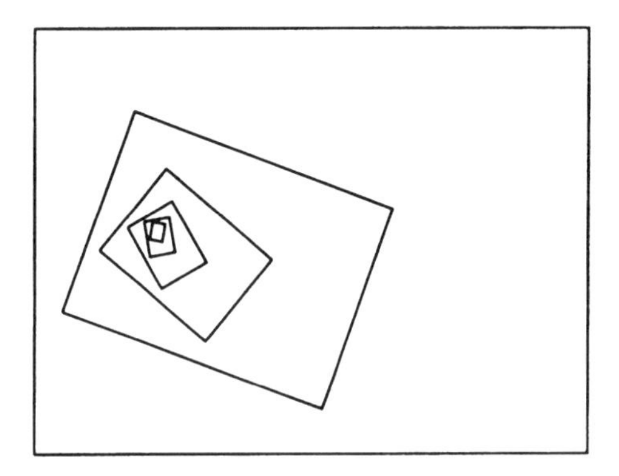

pôle, polaire

Si deux tangentes à une conique en A et B se coupent en P, P est appelé pôle de la droite AB par rapport à la conique, et AB est la polaire du point P.

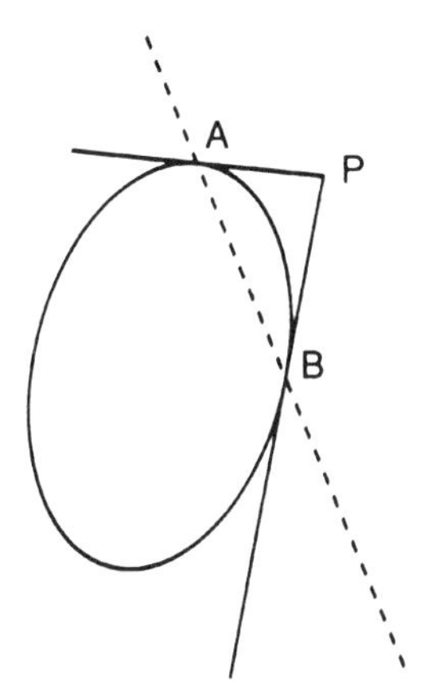

L'idée de pôle et de polaire est une généralisation du concept de point sur la courbe et de tangente en ce point. Tout point a une polaire par rapport à une courbe algébrique générale, et toute droite a un pôle. Si le point est situé sur la courbe, la polaire est la tangente en ce point.

Voici trois des nombreuses propriétés des pôles et des polaires. Une droite passant par P coupe la conique en X et Y et sa droite polaire coupe AB en Q. Ainsi, X et Y d'une part, et P et Q d'autre part, sont *conjugués harmoniques* : X et Y divisent le segment PQ intérieurement et extérieurement selon le même rapport. P et Q divisent également le segment XY selon le même rapport.

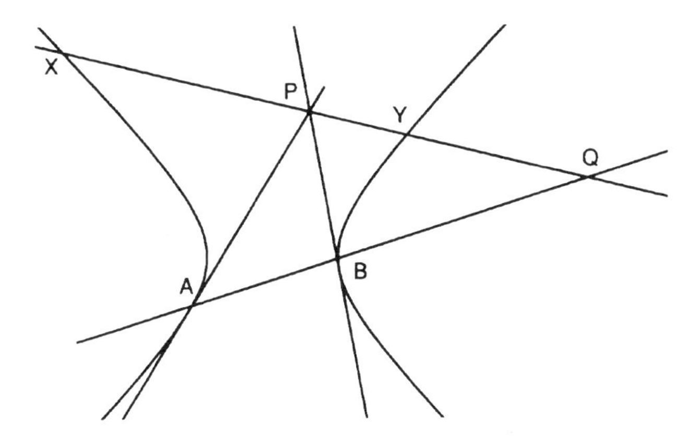

Deux droites passant par le pôle P coupent la conique en Q et R, et en S et T. Les droites QT et SR se coupent alors sur la polaire, de même que les lignes QS et RT.

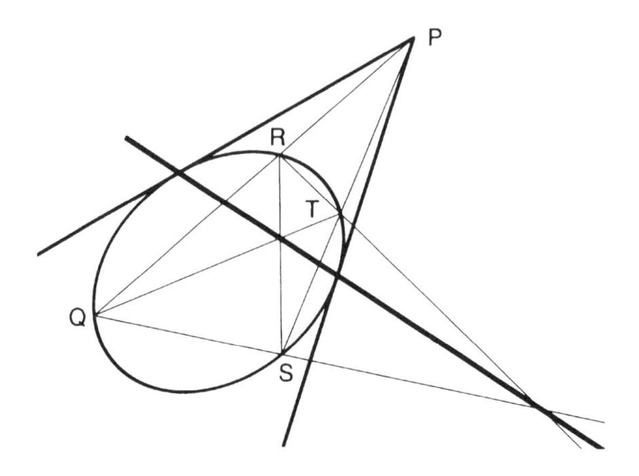

Si la polaire de X passe par Y, la polaire de Y passe par X. Cela fournit une méthode de construction de la polaire d'un point situé à l'intérieur de la conique.

polygone régulier à 17 côtés

Gauss démontra à l'âge de 18 ans (et publia en 1801 dans son *Disquisitiones Arithmeticae*) qu'il est possible de construire un *n*-gone régulier à la règle et au compas si *n* est un nombre de Fermat premier, ou le produit de plusieurs nombres de Fermat premiers différents.
Le *n*-ième nombre de Fermat est $2^{2^n}+1$, où *n* est un entier positif ou nul. Comme le troisième nombre de Fermat vaut 17, il est théoriquement possible de construire un 17-gone régulier à la règle et au compas. Les instructions les plus simples nous proviennent de H.W. Richmond et ont été interprétées de la façon suivante par Rouse-Ball :

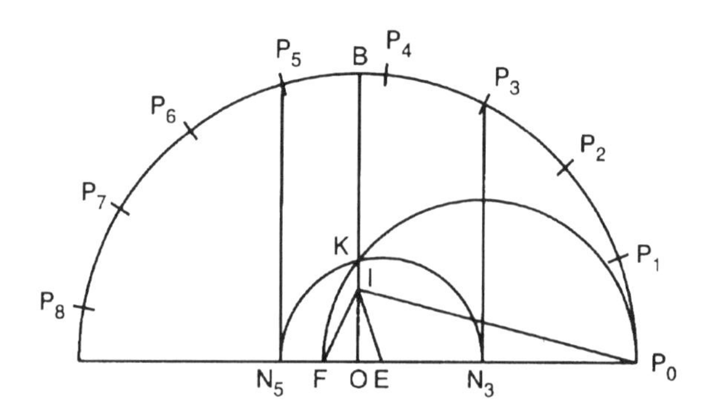

Trouver I sur OB tel que $OI = \frac{1}{4}OB$. Tracer IP_0 et trouver E et F sur OP_0 tels que $\angle OIE = \frac{1}{4}\angle OIP_0$, et $\angle FIE = \frac{1}{4}\pi$. Tracer le cercle de diamètre FP_0, qui coupe OB et K, et le cercle de centre E et de rayon EK, qui coupe OP_0 en N_3 (entre O et P_0) et N_5.
Les droites N_3P_3 et N_5P_5, parallèles à OB, coupent le cercle de départ en P_3 et P_5. P_0, P_3 et P_5 sont alors les sommets d'ordre 0, 3 et 5 d'un polygone régulier à 17 côtés, dont il est facile ensuite de construire les autres sommets.

polygones presque réguliers, pavages en

Il est impossible de dessiner un pavage construit à partir d'un mélange de polygones à 4, 5, 6, 7 et 8 côtés. La figure, qui provient d'un motif islamique, montre comment cela est *presque* possible. De légers ajustements des angles des polygones réguliers permettent de construire des pavages comme celui-ci, dans lequel les pentagones et les heptagones ne sont pas tout à fait exacts.

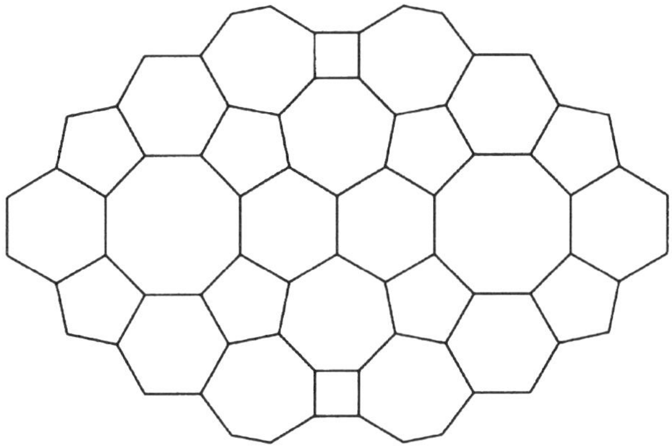

polyominos imbriqués

Un polyomino (penser à *domino*) est formé en disposant plusieurs carrés identiques les uns contre les autres bord à bord.
Quelle est la taille minimale d'un polyomino nécessaire pour construire un pavage imbriqué ? La question est incomplète : il faudrait en effet préciser si les pavés doivent s'imbriquer deux à deux ou seulement une fois que tous ont été mis en place.

Les solutions ci-dessus ont été découvertes par Bob Newman. La première s'imbrique deux à deux. La deuxième, motif bien connu, et la troisième ne se bloquent que lorsque tous les pavés sont en place, et s'avèrent également symétriques. Le quatrième motif implique de retourner la moitié des pavés, mais n'utilise que douze carrés unités par pavé.

polytope à 24 cellules

Ce polytope à quatre dimensions est son propre dual, avec 24 cellules et sommets, et 96 faces et arêtes. Chacune des 24 cellules est un octaèdre. Chaque octaèdre a 8 faces triangulaires, et chaque face est commune à deux octaèdres : d'où 96 faces.

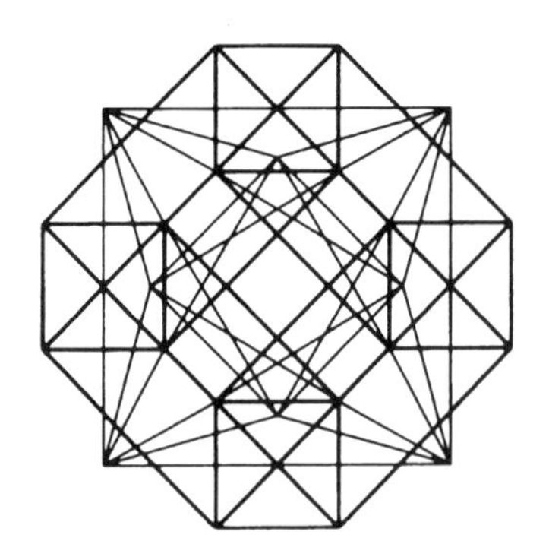

Le 24-tope est une troncature du 16-tope. Comme l'hypercube, il peut servir à remplir l'espace à quatre dimensions.
On peut construire un dodécaèdre rhombique à partir de deux cubes : on coupe l'un d'eux en six pyramides en joignant ses sommets à son centre, et on colle alors une pyramide sur chaque face de l'autre cube. De façon analogue, le 24-tope peut être construit à partir de deux hypercubes, en coupant le premier en 8 pyramides cubiques basées chacune sur l'une de ses 8 cellules cubiques.

polytopes réguliers à quatre dimensions

Ce sont les analogues en dimension quatre des polyèdres réguliers en dimension trois. Il en existe seize en tout, six convexes et dix étoilés.
Le tableau ci-dessous indique le nombre de sommets, d'arêtes, de faces bidimensionnelles et de cellules tridimensionnelles qui les composent.

	Sommets	*Arêtes*	*Faces*	*Cellules*
Pentatope	5	10	10	5
16-tope	8	24	32	16
Hypercube	16	32	24	8
24-tope	24	96	96	24
600-tope	120	720	1200	600
120-tope	600	1200	720	120

Le pentatope et le 24-tope sont leurs propres duaux. Le 16-tope est le dual de l'hypercube, et le 600-tope et le 120-tope sont duaux l'un de l'autre.
Pour tous les polytopes réguliers, le relation d'Euler s'applique :

$$\text{sommets} + \text{faces} = \text{arêtes} + \text{cellules}.$$

En cinq dimensions ou plus, il n'existe que trois polytopes convexes réguliers.

Poncelet, porisme de

Étant donné deux coniques, par exemple deux cercles, comme sur la figure suivante, s'il est possible de tracer un triangle inscrit dans l'une et tangent à l'autre, alors il existe une infinité de tels triangles.
Pour deux cercles, la condition est que $R^2 - 2Rr = d^2$, où R et r sont respectivement les rayons du grand et du petit cercle et d est la distance qui sépare leurs centres. Il s'agit en fait simplement de la relation liant les rayons des cercles inscrit et circonscrit d'un triangle quelconque à la

distance entre leurs centres. (Le porisme de Poncelet implique que, si deux cercles sont le cercle circonscrit et le cercle inscrit d'un triangle, alors il existe une infinité d'autres triangles dont ils sont également les cercles circonscrit et inscrit.)

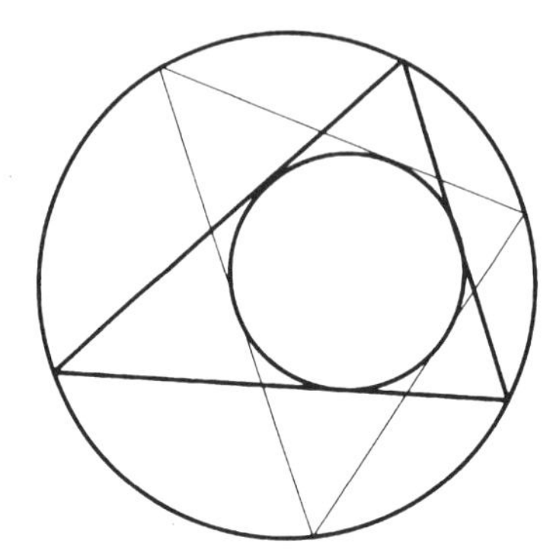

De même, si un quadrilatère (ou *n*-gone) peut être inscrit dans une conique et être circonscrit par une autre, alors il existe une infinité de tels quadrilatères (*n*-gones).

Pons asinorum

Dans un triangle isocèle, les angles de la base sont égaux et si l'on prolonge les deux côtés égaux, les angles situés sous la base sont également égaux. Voici la figure d'Euclide, avec les droites qu'il utilisa pour sa démonstration.

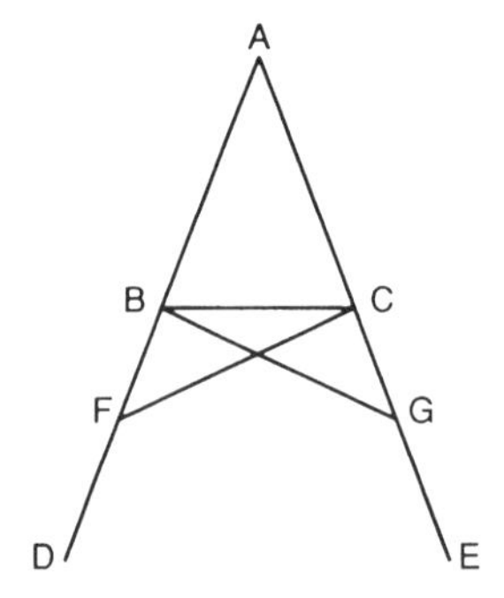

Cette proposition est la cinquième du premier livre des *Éléments*. On pense que c'est Thalès qui en apporta la première démonstration. Pappus le démontra également, en fait en retournant le triangle sur lui-même, procédé qui fut redécouvert il y a quelques années par un ordinateur servant à démontrer des théorèmes.

La dénomination *pons asinorum* signifie “le pont des idiots”, probablement du fait de sa ressemblance avec un pont à fermes, et aussi parce que les médiocres et les faibles ne pouvaient aller au-delà de ce point dans leurs études mathématiques.

poursuite, courbes de

Imaginons quatre chiens courant les uns après les autres en partant des quatre angles d’un carré. La trajectoire suivie par chaque chien sera une *spirale équiangle.* Cela se vérifierait encore si des chiens plus nombreux partaient des sommets d’un polygone régulier.

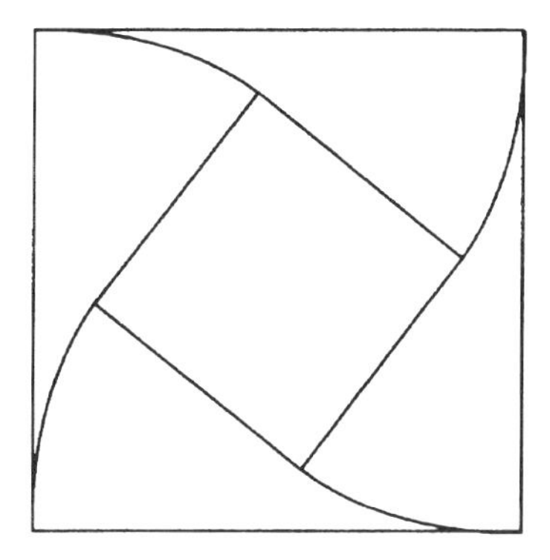

Le tracé des côtés de chaque polygone successif produit des figures qui furent très populaires au cours des années 60, dans les peintures du “op-art”, très porté sur les mathématiques. Cet intérêt était essentiellement dû à l’impression de profondeur qu’elles transmettent.

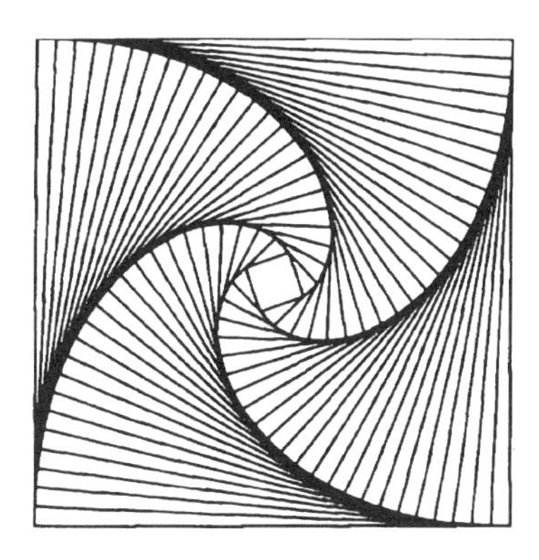

Soit un point cible mobile T à une vitesse constante le long d’une droite, et un point P se déplaçant à tout moment en direction de T. Si P part *d’un*

point quelconque de l'ellipse extérieure, et T part d'un foyer de la même ellipse, P rattrapera T toujours au même point, qui est le centre de l'ellipse.

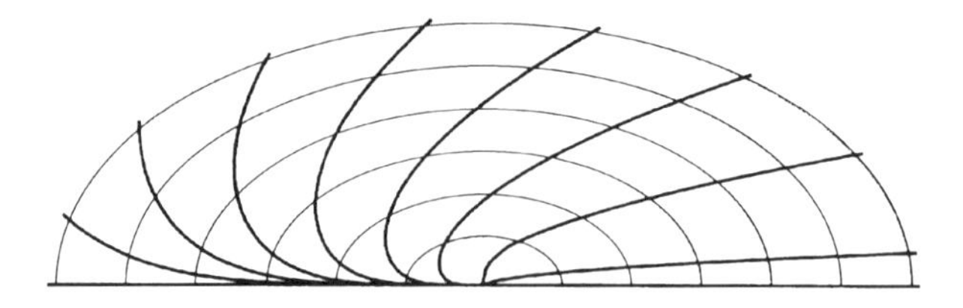

Les ellipses concentriques, dont la forme dépend des vitesse relatives de T et P, sont *isochrones* ; les courbes de poursuite sont leurs *courbes isoclines.*

Prince Rupert, cube du

Quelle est la taille maximale d'un trou de section carrée que l'on peut découper dans un cube donné ? Ce problème porte le nom du Prince Rupert, neveu du roi Charles Ier d'Angleterre et chef des forces royalistes pendant la Guerre civile anglaise. Il fut même élu à la Royal Society, nouvellement créée ; il a inventé un alliage, encore appelé métal du Prince, et étudia les propriétés de gouttelettes de verre après un refroidissement rapide. Il termina ses jours comme gouverneur du château de Windsor, où il disposait de sa propre forge et de son propre laboratoire.

Le problème revient à chercher le plus grand cube pouvant traverser un cube donné. Curieusement, la solution est effectivement plus grande que le cube de départ, même si c'est de peu. Si l'arête du cube de départ vaut 1, alors celle du plus grand cube pouvant y pénétrer vaut $\frac{3}{4}\sqrt{2}$, soit environ 1,060660.

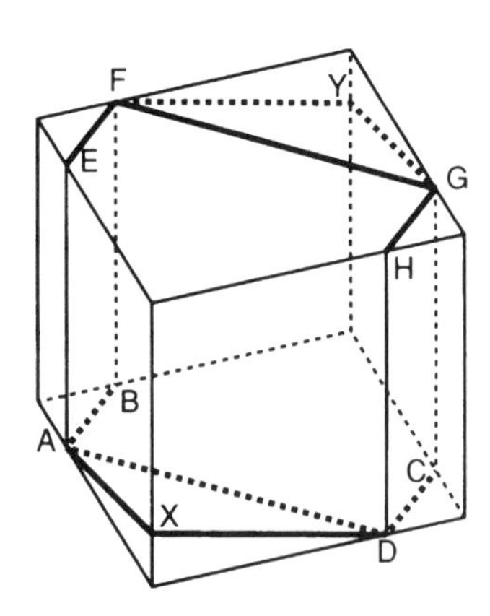

Sur la figure, le trou coupe la face supérieure du cube le long des lignes EFGH, la face inférieure le long de ABCD, et les deux autres arêtes verticales en X et Y, comme le montre la ligne la plus épaisse.

prisme triangulaire enroulé

La figure ci-dessous est obtenue à partir d'un prisme triangulaire, qui a été enroulé sur lui-même avant de raccorder ses extrémités. Il possède deux faces et une arête, et est équivalent à un tore ayant une spirale en faisant le tour trois fois avant de revenir à son point de départ.

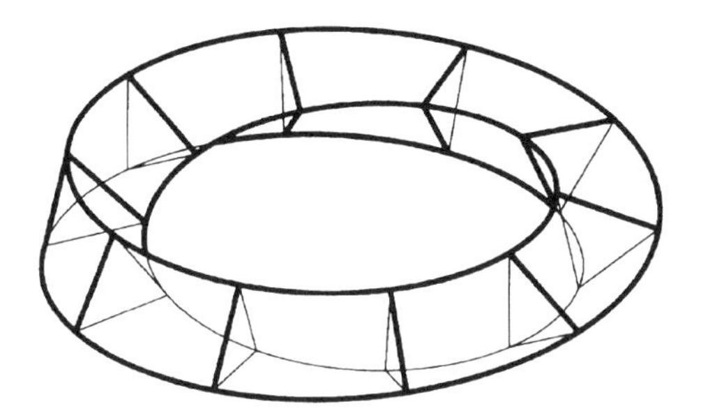

Sur South Bank, à Londres, un sculpteur a partiellement enterré un tel prisme triangulaire dans le sol. Certaines parties manquent, mais il fait néanmoins la grande joie des enfants.

projectif, plan

En géométrie projective, une droite contient un seul "point à l'infini", où ses deux extrémités se rencontrent. Autrement dit, la droite est interprétée comme une courbe fermée, qui ne semble disparaître dans des directions opposées sur un dessin plan que parce que le dessin possède une taille finie. De plus, toutes les droites parallèles les unes aux autres partagent le même point à l'infini.

Une conséquence de ce concept est qu'une droite s'étendant jusqu'à l'infini, qui divise en deux parties le plan de la géométrie euclidienne, ne sépare pas le plan projectif, qui reste d'un seul tenant.

Le plan projectif peut être représenté par une région dans laquelle des points opposés de la frontière sont considérés comme identiques : par exemple par le carré ci-dessous, dans lequel A et A' représentent le même point, de même que B et B', C et C', D et D', etc.

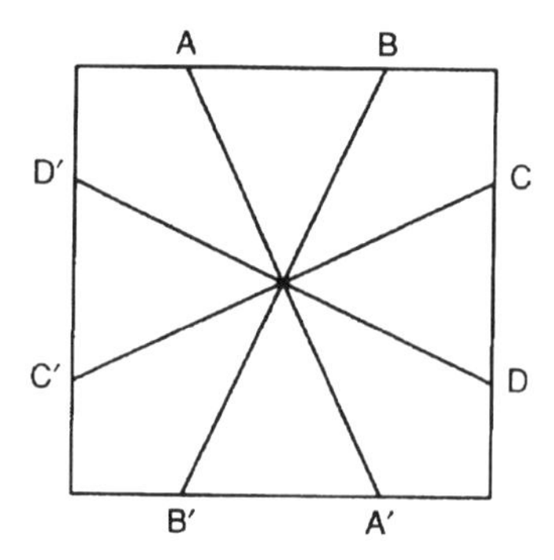

La figure suivante montre qu'une carte du plan projectif peut nécessiter jusqu'à six couleurs si l'on veut repérer par deux couleurs différentes deux régions adjacentes. Chacune des six régions est ici contiguë aux cinq autres.

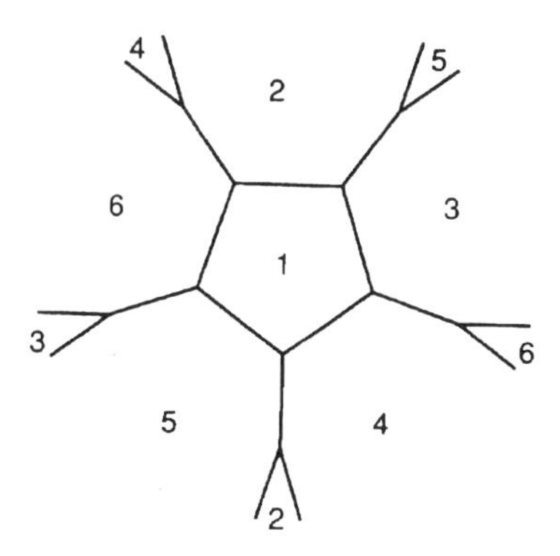

On peut modéliser le plan projectif par une surface fermée en associant les deux côtés du carré ci-dessus. Cependant, les deux paires de côtés opposés doivent être torsadées d'un demi-tour avant de se rejoindre (par opposition au *ruban de Möbius*, pour lequel on ne torsade que deux bords opposés).
On étire d'abord le carré pour former un hémisphère. On relie ensuite des diamètres par leurs extrémités, comme sur la deuxième figure, comme pour joindre les points du carré A et A', etc.

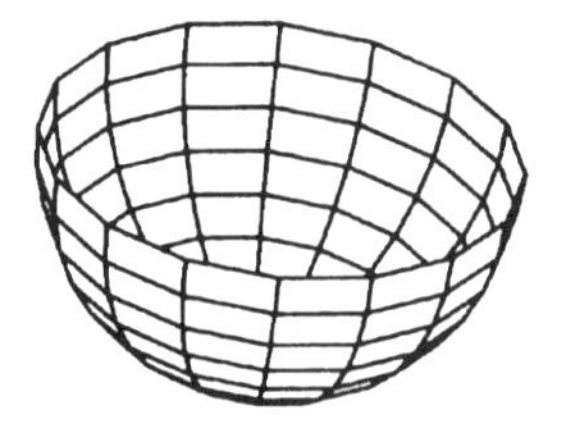

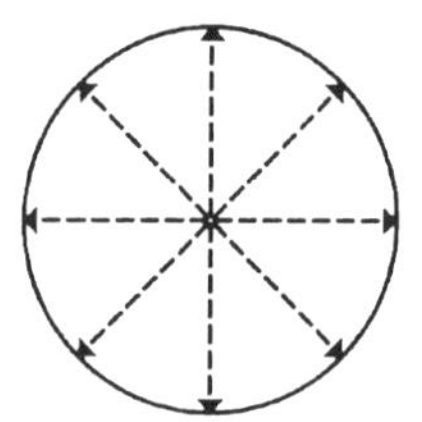

Dans l'espace à trois dimensions, il est impossible d'y parvenir sans que la surface se coupe elle-même. Ce qu'on obtient alors ressemble fortement à une sphère dans sa partie inférieure, avec un pincement dans sa partie supérieure :

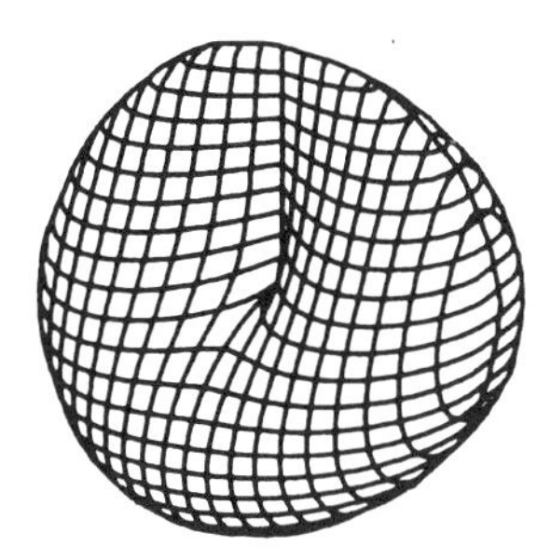

Cette surface ne possède qu'une seule face, et la relation d'Euler devient :

sommets + faces = arêtes + 1.

On peut le vérifier avec la carte colorée présentée plus haut. Elle comporte six régions, ou faces, 10 sommets et 15 arêtes, en accord avec la formule.

Il existe une surface algébrique de même forme, d'équation :

$$(px^2 + qy^2)(x^2 + y^2 + z^2) = 2z(x^2 + y^2),$$

où p et q sont des constantes appropriées.

pseudosphère

Le géomètre italien Eugenio Beltrami constata en 1868 que la surface de la pseudosphère fournissait un modèle de seulement une partie de l'espace hyperbolique non euclidien. (Il n'existe aucune surface exempte de points particuliers qui constitue un modèle de l'ensemble de l'espace hyperbolique.)

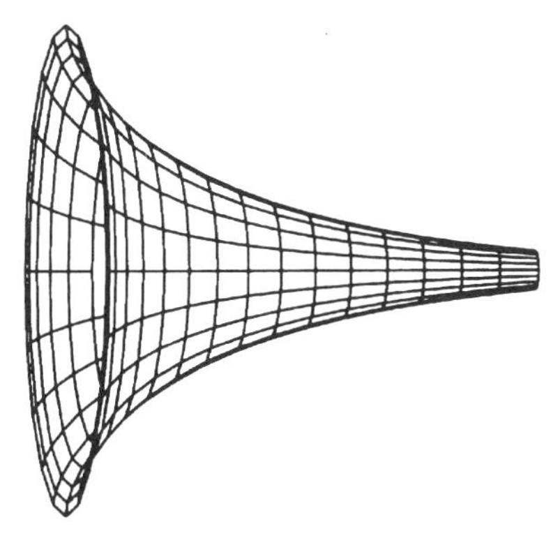

Pour construire la pseudosphère, on fait tourner une *tractrice* autour de son axe. Une droite hyperbolique correspond à une géodésique sur la pseudosphère. La distance entre des points est la distance mesurée le long de la géodésique.

Des figures congruentes, dont les angles et les longueurs sont identiques, peuvent se superposer en glissant à la surface de la pseudosphère. La figure nous semblera cintrée, mais pas déformée par ailleurs. La figure suivante montre à gauche une surface de courbure négative constante, coupée en haut et en bas par des cercles. La pseudosphère se trouve au milieu, et on pourrait la prolonger jusqu'à l'infini. À droite se trouve une surface délimitée en bas par un bord circulaire et en haut par un sommet.

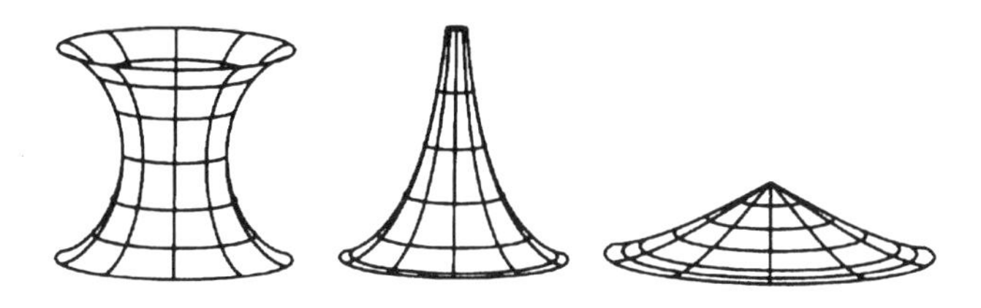

Il existe une relation simple mais remarquable entre la trigonométrie des surfaces de courbure négative constante et celle de la sphère, qui possède une courbure positive constante : dans les formules de trigonométrie sphérique, on laisse les angles inchangés, mais on multiplie les longueurs des côtés par i, la racine carrée de moins un.

Ptolémée, théorème de

Si ABCD est un quadrilatère cyclique, on a la relation :

$$AB \cdot CD + BC \cdot DA = AC \cdot BD$$

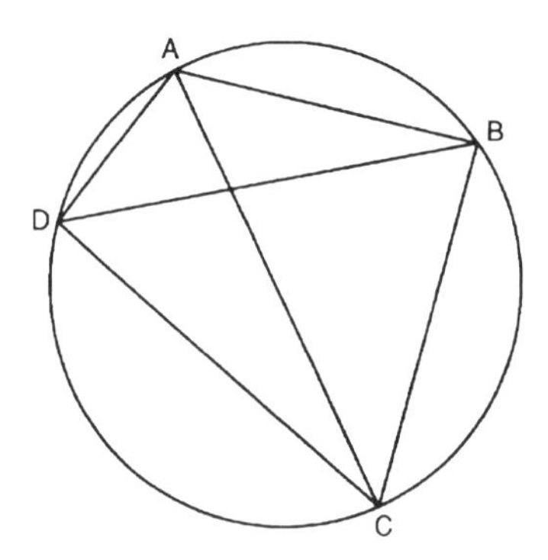

Dans un cas particulier (très utile pour trouver les *points de Fermat* et les arbres de Steiner), trois des sommets forment un triangle équilatéral, EFG. Alors, si P est un point quelconque sur l'arc EF, PG = PE + EF.

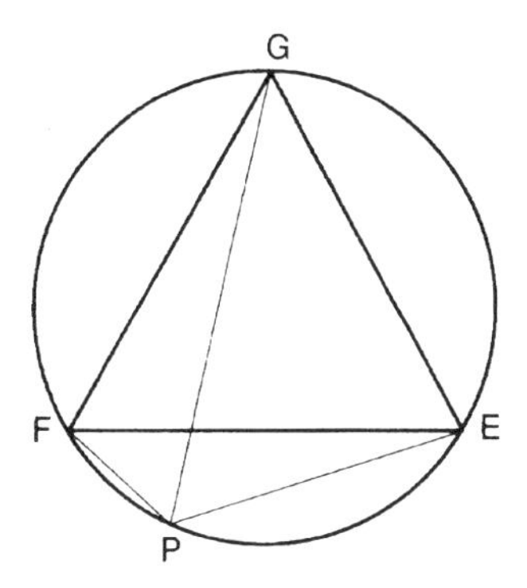

Pythagore, théorème de

Dans un triangle rectangle, le carré de l'hypoténuse est égal à la somme des carrés des deux autres côtés.

Théorème le plus célèbre de toute la géométrie, il est le seul à s'être même immiscé jusque dans des histoires drôles et des jeux de mots.
À l'origine, c'est la proposition 47 du Livre I des *Éléments* d'Euclide, mais la preuve que ce dernier en présenta est loin d'être la plus simple ou la plus facile à suivre. Le théorème fut parfois appelé "théorème de la mariée", et la figure ci-dessous est parfois qualifiée de "chaise de la mariée".

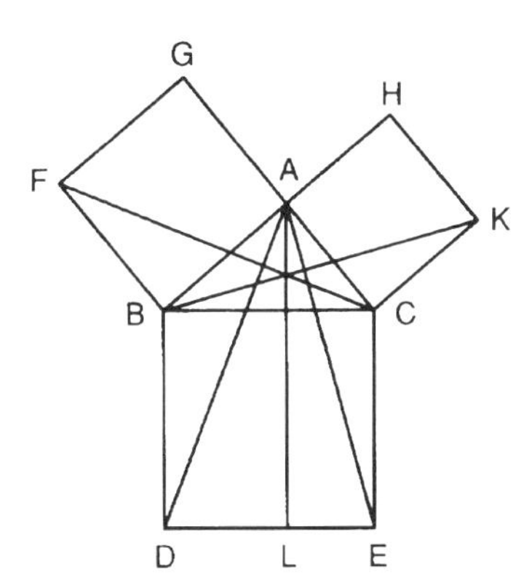

Euclide démontre que les triangles ABD et FBC sont identiques, de même que KCB et ACE. Il démontre ensuite que le rectangle de diagonale BL est

égal au carré BAGF et, de même, que le rectangle de diagonale CL est égal au carré CAHK.
La figure d'Euclide présente d'autres caractéristiques dont il n'avait pas besoin. Par exemple, AE et BK sont perpendiculaires, tout comme CF et AD et, comme le démontra Héron, AL, CF et BK sont concourantes.
Le théorème apparaît en Chine à une date antérieure : la figure suivante est issu du *Chou Pei Suan Ching* (Le principe arithmétique du gnomon et la trajectoire circulaire du ciel), qui date d'environ 500-200 av. J.C.

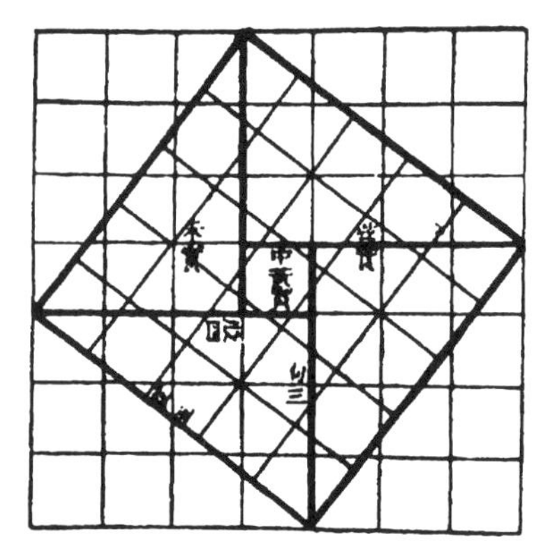

Plus que toute autre proposition mathématique, le théorème de Pythagore a fait l'objet d'innombrables preuves. En 1940, Elisha Scott Loomis publia *The Pythagorean Proposition*, un recueil qui contenait 367 preuves, dont une de James Gartfield, vingtième président des États-Unis, et de nombreuses autres envoyées par des correspondants, dont beaucoup d'adolescents. Elles sont classées en quatre chapitres et plus de trente sous-chapitres, et le recueil est encore loin d'être exhaustif !

Voici l'une des preuves les plus simples. Sur la figure ci-dessous, ABX + ACX = ABC, ces trois triangles étant semblables et construits respectivement avec AB, AC et BC pour base. Mais les aires de ces triangles suivent une proportion constante par rapport aux aires des carrés de mêmes bases, ce qui démontre le théorème.

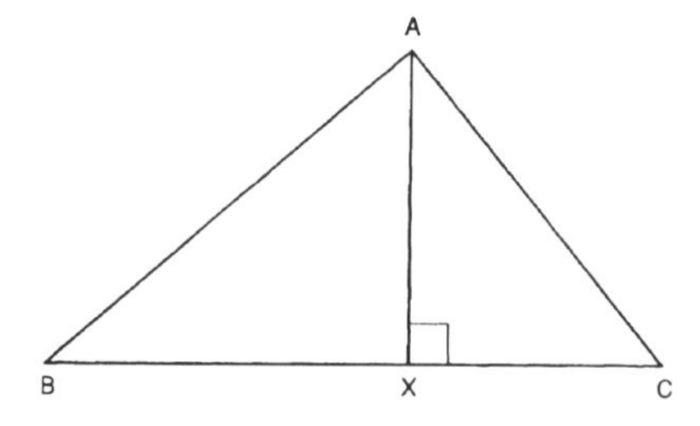

Le pavage à deux carrés de la page 167 apporte une autre preuve par découpage. En fait, elle permet une infinité de découpages (et donc une infinité de preuves !), car le carré incliné peut être placé n'importe où, à condition de conserver la même orientation. La première figure montre le découpage de Perigal, qui date de 1873.

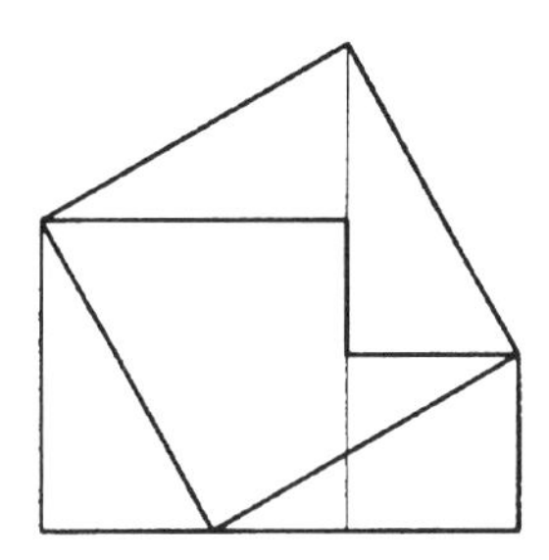

La deuxième est la construction de Henry Dudeney, de 1917 :

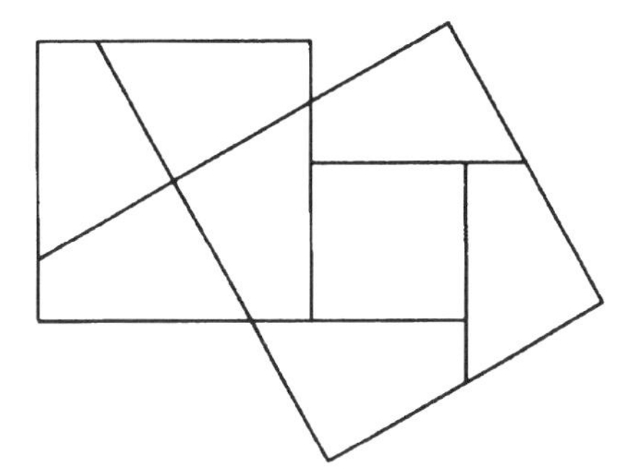

Paul Gerdes a récemment proposé une méthode très ingénieuse, qui permet de démontrer le théorème à partir du même motif décoratif.

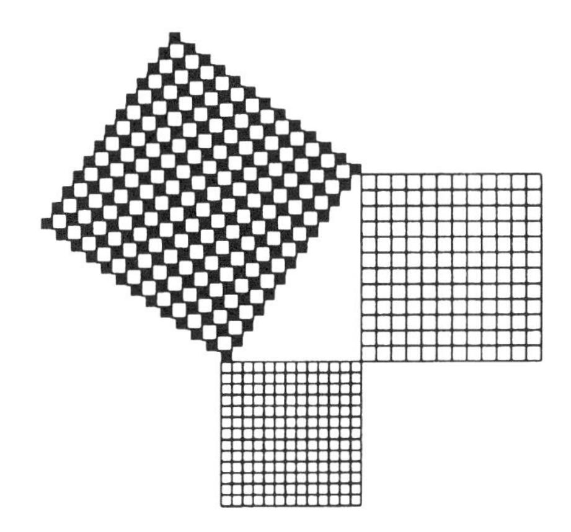

On doit à Léonard de Vinci l'une des preuves les plus élégantes. On ajoute en bas une copie du triangle de départ ; la figure est alors constituée de quatre quadrilatères identiques. Pour démontrer qu'ils sont de même surface, on fait tourner BA dans le sens horaire autour de B, jusqu'à ce que A se trouve le long de BX, et le quadrilatère BAUY se transforme ainsi en BXVC.

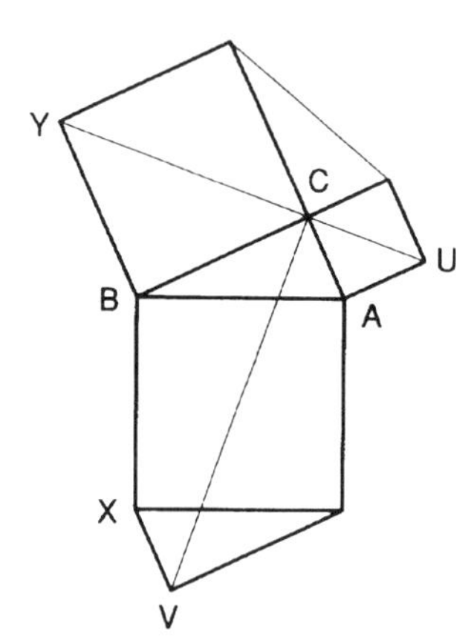

Le théorème de Pythagore peut se généraliser de nombreuses manières. Pappus considéra un triangle scalène et une droite XAYZ telle que XA = YZ. Il construisit trois parallélogrammes sur la figure (leurs angles peuvent varier, mais leurs bases et leurs hauteurs sont fixes), et conclut que le plus grand est la somme des deux petits.

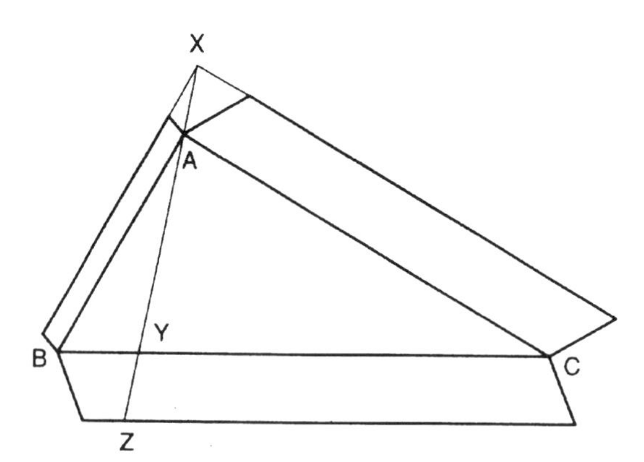

Une autre généralisation est due à De Gua de Malves, qui la décrivit en 1783, même si elle était déjà connue de Descartes. On fabrique un tétraèdre en coupant les coins d'une boîte rectangulaire, de sorte que les angles soient tous droits dans l'un des coins. Le carré de l'aire de la face ABC est alors égal à la somme des carrés des trois autres faces.

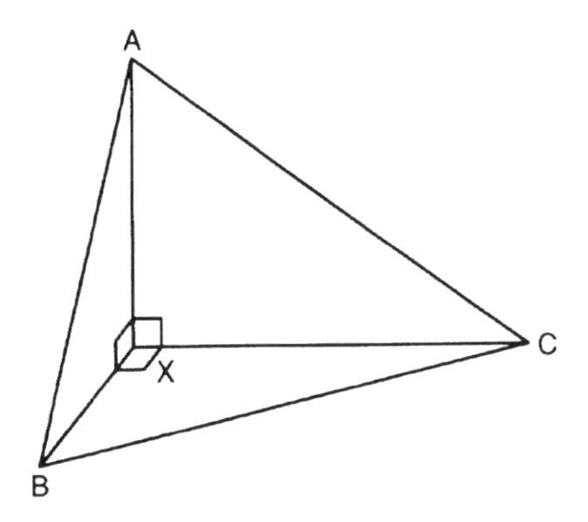

quadrilatère complet

Quatre droites quelconques se coupent en six points formant un quadrilatère complet. Un quadrilatère complet possède trois diagonales, au contraire d'un quadrilatère "ordinaire", et les milieux de ces diagonales sont alignés. Newton démontra que, si une conique est inscrite dans un quadrilatère, son centre se trouve sur la droite reliant les milieux de ses diagonales.

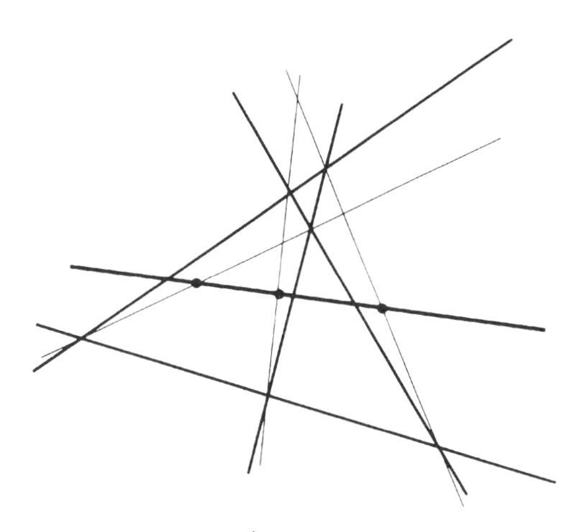

Les quatre droites forment quatre triangles, dont les orthocentres sont situés sur une droite perpendiculaire à la droite définie par les milieux des diagonales, et dont les cercles circonscrits possèdent un point commun.

Plücker démontra que les cercles admettant les trois diagonales pour diamètre ont deux points communs, situés sur une droite joignant les orthocentres des quatre triangles (cf. figure page suivante).

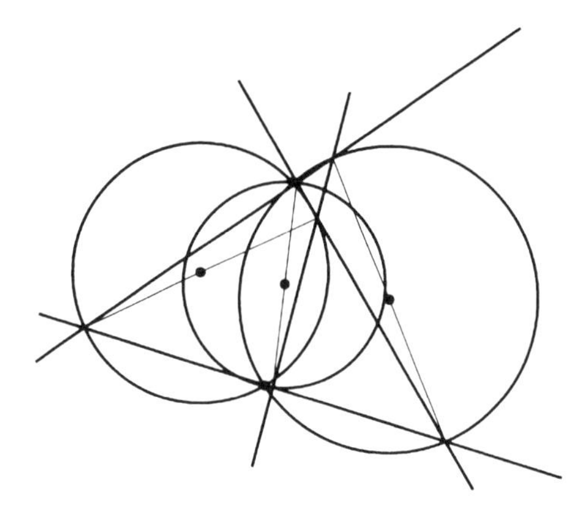

quadrilatère cyclique

Un quadrilatère inscrit dans un cercle est dit cyclique. Si ABCD est un quadrilatère inscrit dans un cercle, alors ses angles vérifient la relation $A + B = C + D = 180°$.

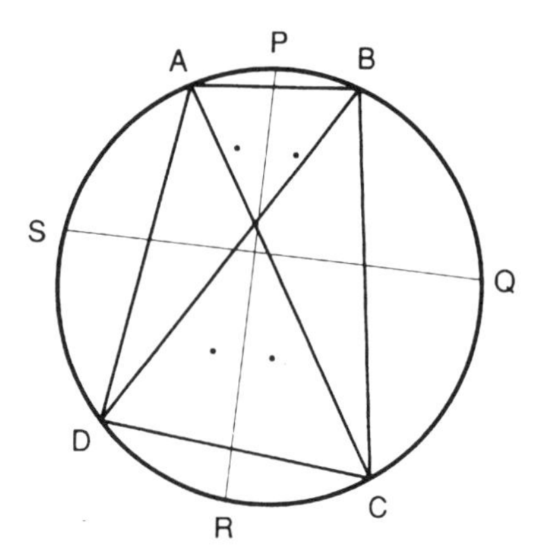

On supprime tour à tour un sommet pour former des triangles BCD, ACD, ABD et ABC. Sur la figure, les points désignent les centres des cercles inscrits à ces quatre triangles : ils forment un rectangle.

Si P, Q, R et S sont les milieux des arcs AB, BC, CD et DA, les côtés du rectangle sont parallèles à PR et QS, et que PR et QS se coupent au centre du rectangle.

En ajoutant les centres des cercles exinscrits des quatre mêmes triangles, ils forment avec les centres des cercles inscrits un réseau rectangulaire de $4 \times 4 = 16$ points.

Les centres de gravité des quatre mêmes triangles forment un quadrilatère semblable à l'original, de même que les centres des quatre cercles des neuf points. Les quatre orthocentres forment en outre un nouveau quadrilatère congruent à l'original.

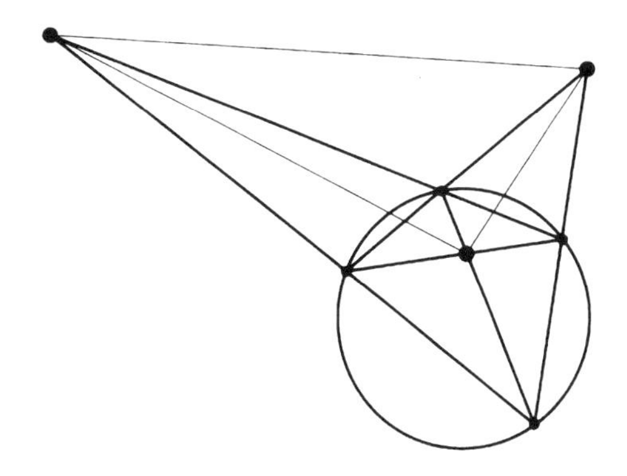

Soient quatre points sur un cercle et six lignes les joignant. Les trois points diagonaux forment le triangle diagonal (représenté en trait fin sur la figure). Chaque sommet est le pôle du côté opposé par rapport au cercle. Si l'on trace les tangentes au cercle en chacun des quatre points de départ, elles se coupent par paires sur les côtés du triangle diagonal.

quadrilatères, pavage en

Tout quadrilatère qui ne se coupe pas lui-même formera un pavage, même s'il présente une partie rentrante. Le pavage est relié d'une manière simple au pavage de parallélogrammes construit en reliant deux sommets opposés du quadrilatère.

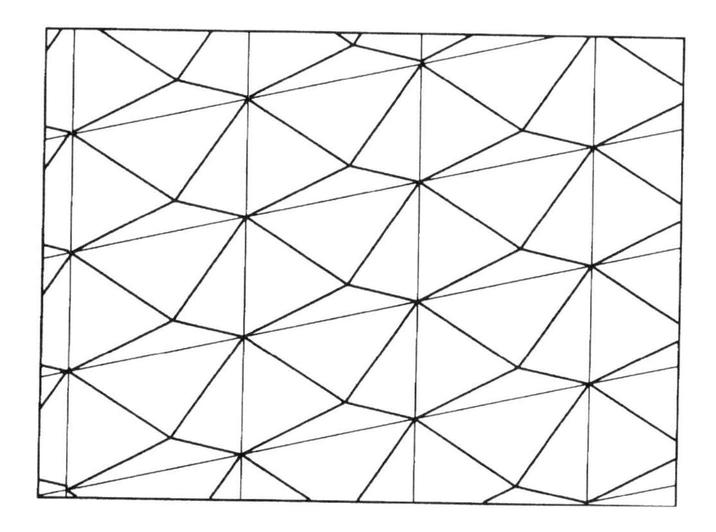

quarrables, carrés

Le mathématicien russe Lusin affirma un jour qu'il était impossible de découper un carré en carrés inégaux. Roland Sprague fut le premier à publier un tel découpage, en 1939. Il utilisa pour ce faire 55 carrés.
En 1978, A.J.W. Duijvestijn trouva l'unique plus petit carré quarrable simple parfait, composé de 21 carrés. Il est parfait car tous les carrés sont différents, et simple car aucun sous-ensemble de carrés ne forme un rectangle.

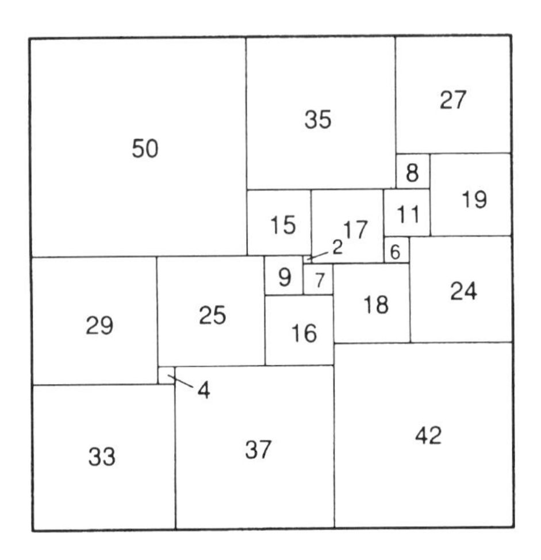

quarrables, rectangles

Z. Morón fut le premier à découper un rectangle en carrés inégaux, en 1925. La question lui avait été posée par S. Ruziewicz, et constitue le Problème 59 de *The Scottish Book*, de R.D. Mauldin.

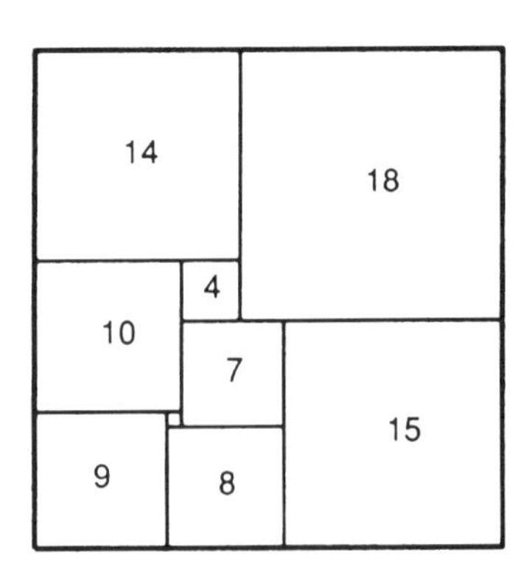

Curieusement, la coïncidence veut que le premier rectangle quarrable publié soit de 32 par 33 unités, donc très proche d'un carré quarrable, qui est beaucoup plus difficile à construire.

quartiques dégénérées

Deux coniques quelconques prises mutuellement peuvent être traitées comme une quartique, courbe de degré quatre. On peut faire de même avec une cubique et une droite.

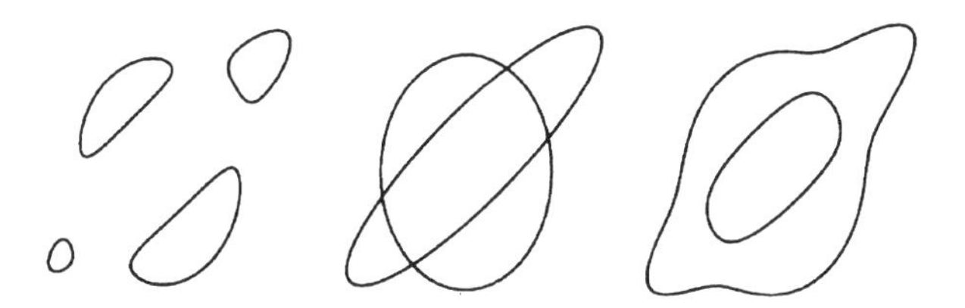

L'équation de la quartique est obtenue à partir de deux ellipses d'équations $E_1 = 0$ et $E_2 = 0$ et en écrivant simplement $E_1E_2 = 0$. Si l'on modifie alors légèrement les coefficients des différents termes de l'équation, on obtient une quartique qui est très proche des deux ellipses. Selon la variation adoptée pour les coefficients, deux possibilités existent : quatre secteurs, ou deux courbes en deux parties séparées seulement.

Toute quartique admet 28 bitangentes, mais la plupart d'entre elles sont généralement imaginaires. Si l'on choisit correctement les coefficients, alors chacun des 4 secteurs possède une bitangente et chacune des six paires de secteurs possède 4 bitangentes, de sorte que les 28 sont toutes réelles.

quatre couleurs, problème des

Toute carte du plan peut être colorée avec au plus quatre couleurs de sorte que deux régions ayant une frontière commune soient toujours de couleurs différentes.

Si la courbe ne revient pas à son point de départ, trois couleurs suffisent :

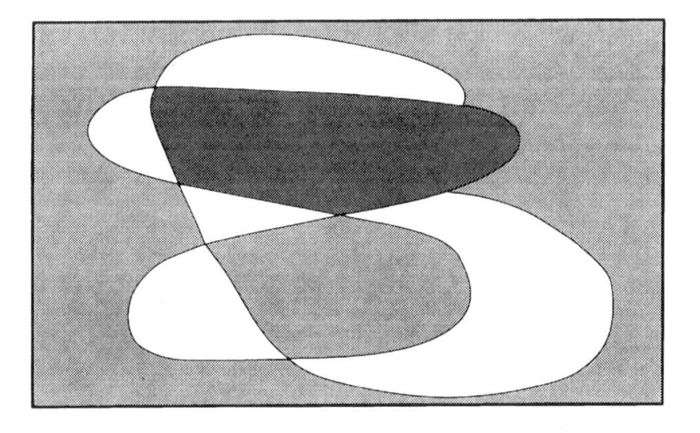

Et voici la figure la plus simple nécessitant quatre couleurs :

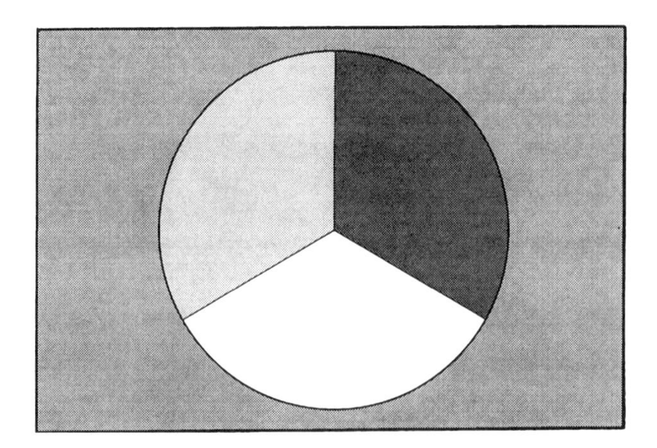

Le problème de la suffisance des quatre couleurs a connu une histoire longue et pleine de rebondissements, notamment “ce qui est probablement la preuve la plus fallacieuse de toutes les mathématiques”, annoncée par Kempe en 1879. On la crut juste pendant plus d'une décennie, avant que Heawood en trouve la faille en 1890.
Haken et Appel ont finalement démontré en 1976 que quatre couleurs suffisent toujours, mais ils n'ont pu le faire qu'à l'aide d'un programme informatique leur permettant de vérifier plusieurs centaines de configurations de base. Cette preuve a globalement été admise par les mathématiciens, mais avec une certaine réticence, car elle ne se prête pas à une vérification ligne par ligne, qui a toujours revêtu une grande importance aux yeux des mathématiciens.

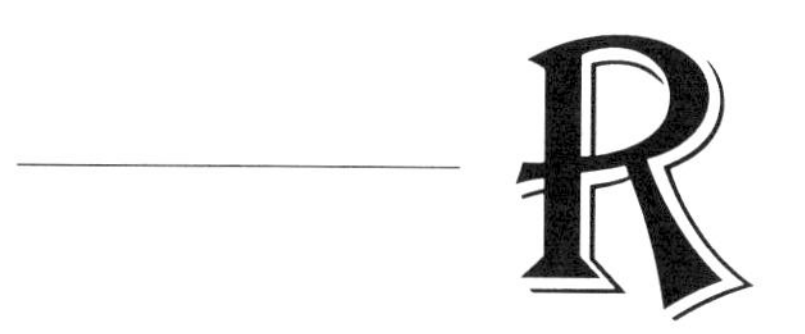

rapport anharmonique, ou birapport

Pappus démontra dans le septième livre de sa *Collection mathématique* que, si quatre droites passant par un point sont coupées par deux transversales, les rapports, appelés anharmoniques, de A, B, C et D et A', B', C' et D', respectivement, sont égaux. Le sujet des rapports anharmoniques resta ensuite inexploré jusqu'à ce que Descartes le développe à nouveau dans son *Projet de brouillon*, en 1639.

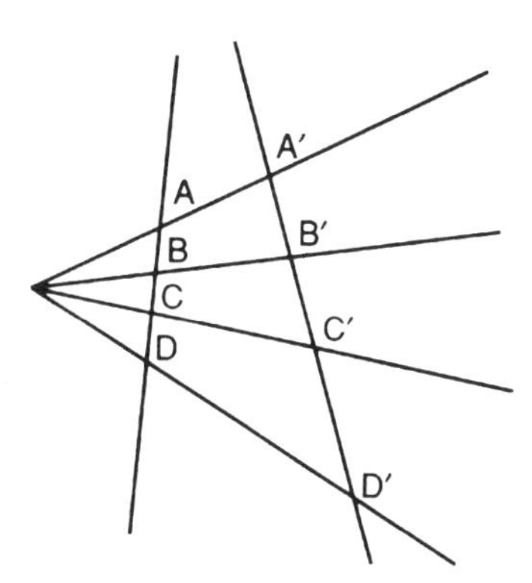

Le birapport peut être vu comme un rapport de rapports : AB/BC divisé par AD/DC. Le rapport anharmonique de quatre lignes concourantes est le birapport créé par toute ligne les coupant.

rapport d'or, nombre d'or, ou divine proportion

Il suffit d'inscrire un pentagone étoilé à l'intérieur d'un pentagone régulier pour faire tout naturellement apparaître le Nombre d'Or. Il est présent également dans le dodécaèdre et l'icosaèdre qu'Euclide construisit par la division d'une droite en ce qu'il appelait “moyenne et extrême mesure”.

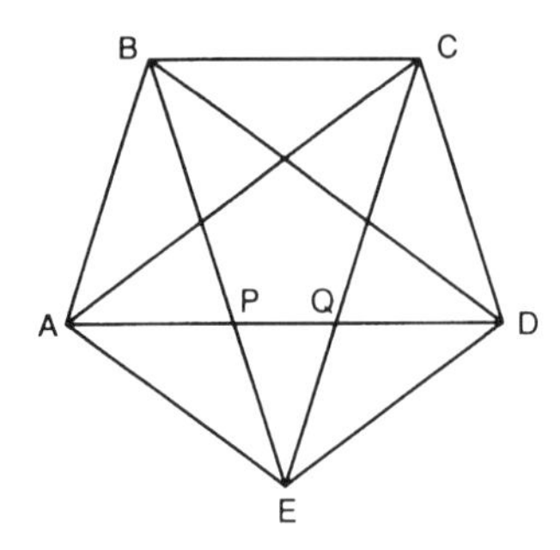

Chacun des rapports AQ/QD, AP/PQ et AD/BC est égal à $\frac{1}{2}(1+\sqrt{5})$, soit environ 1,618. Les Grecs le désignaient généralement par la lettre ϕ (ou parfois τ).
Ce nombre possède la propriété que $\phi = 1/(\phi - 1)$, ce qui peut s'écrire également $\phi^2 = \phi + 1$.

Un "rectangle d'or", dont les côtés suivent les proportions du nombre d'or, peut dont être découpé en un carré et un autre rectangle de même forme. Et on peut ensuite répéter le processus à l'infini.

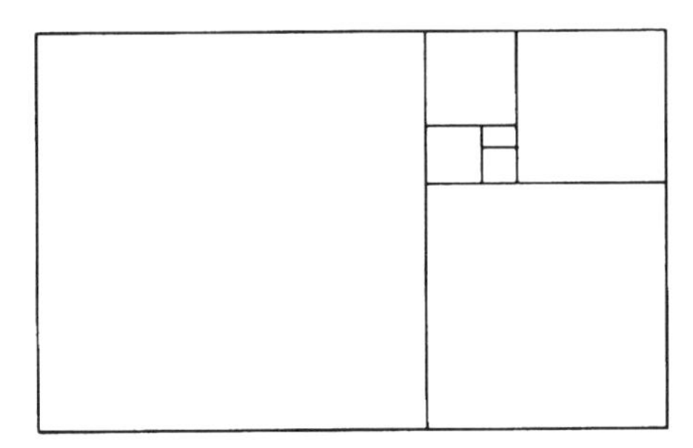

Les sommets ainsi formés peuvent servir au tracé d'une *spirale équiangle.* Une suite de quarts de cercle en constitue une bonne approximation : en réalité, la spirale ne touche pas tout à fait les côtés du rectangle.

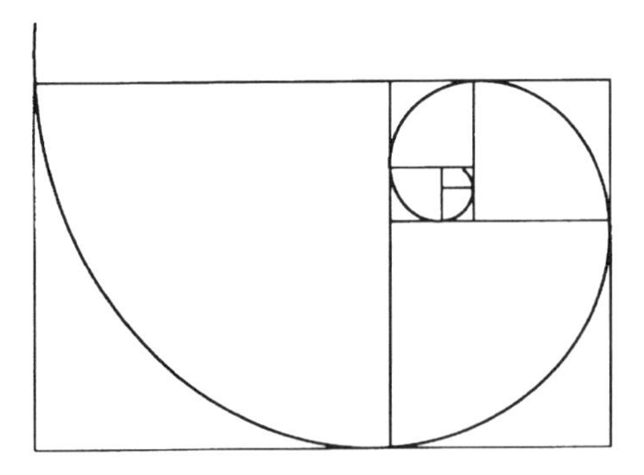

rectangles sans défaut

Le découpage d'un rectangle en plusieurs rectangles plus petits peut comprendre une droite, appelée défaut, allant d'un côté à un autre et divisant le rectangle de départ en deux autres plus petits. Les découpages qui ne comprennent pas une telle droite sont dits "sans défaut".
Une division en 3, 4 ou 6 pièces ne peut pas être sans défaut. La figure montre une division sans défaut en cinq parties, et une division sans défaut d'un rectangle de 5 par 6 en quinze rectangles de 2 par 1.

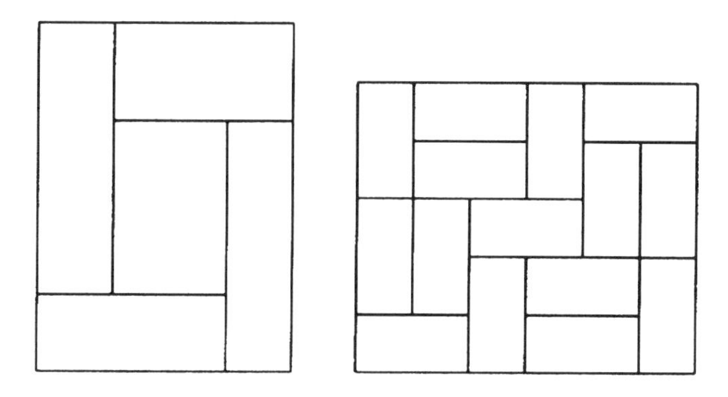

réflexions de triangles

Tracer un triangle ABC et un point quelconque P. Repérer ensuite les réflexions X, Y, Z du point P sur les côtés du triangle. Alors les cercles XYC, XZA, YZA, ZXB et ABC lui-même se coupent tous en un point commun.

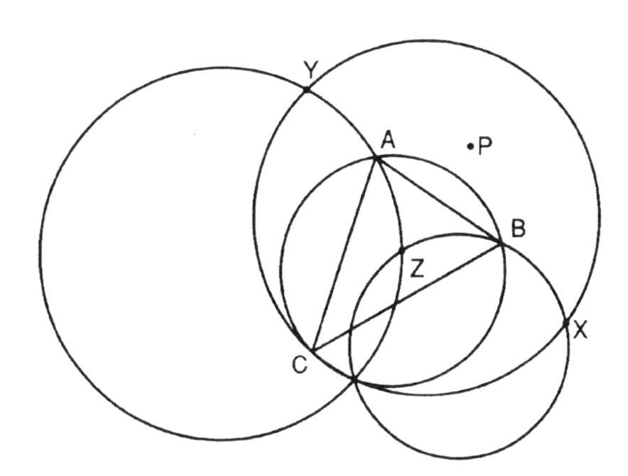

réguliers, pavages

Kepler fut le premier à s'intéresser aux pavages réguliers, en y reconnaissant des analogues des polyèdres réguliers. Il existe trois pavages réguliers, qui utilisent des carrés, des hexagones et des triangles équilatéraux.

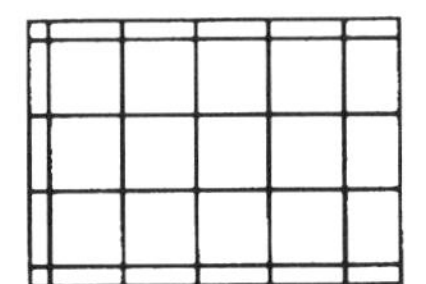
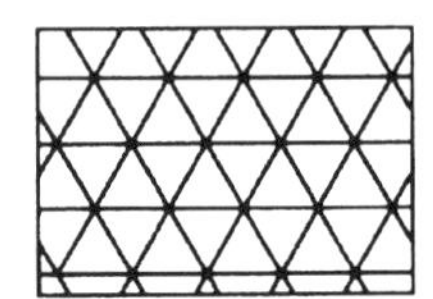
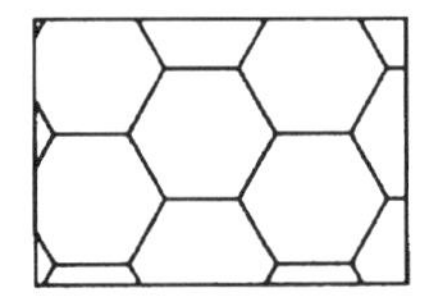

remplissage de l'espace avec des polyèdres

De manière évidente, les cubes peuvent remplir l'espace. Parmi les autres solides réguliers, seule une combinaison d'octaèdres et de tétraèdres réguliers remplit l'espace, six octaèdres et huit tétraèdres remplissant l'espace autour d'un point d'une manière qui peut ensuite être étendue à l'infini. Pour s'en rendre compte, prendre quatre cubes formant un carré. Inscrire un tétraèdre régulier à l'intérieur de chacun d'eux, en joignant des sommets alternés, pour former un anneau de quatre tétraèdres ayant un sommet inférieur commun.

L'espace situé au milieu forme la moitié d'un octaèdre régulier ; renouveler l'opération avec huit cubes empilés, comme pour construire un plus grand cube, et l'espace intérieur forme alors un octaèdre complet. Répéter ensuite l'opération sur tout l'espace rempli de cubes, pour obtenir le remplissage de l'espace par des octaèdres et des tétraèdres.

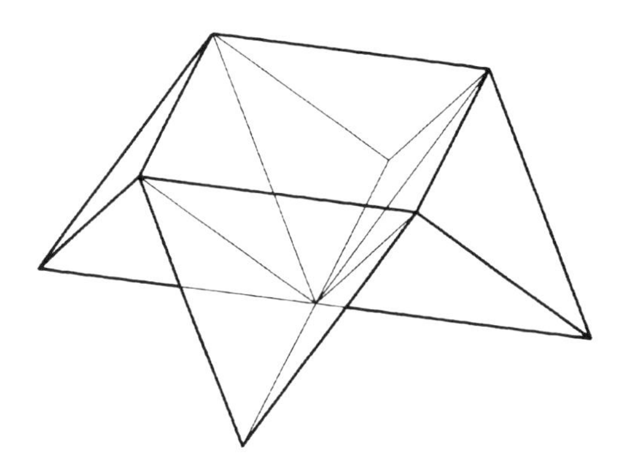

Lorsqu'on empile des sphères en couches, identiques deux à deux, et qu'on les comprime ensuite, on obtient un empilement de dodécaèdres rhombiques qui remplit l'espace.

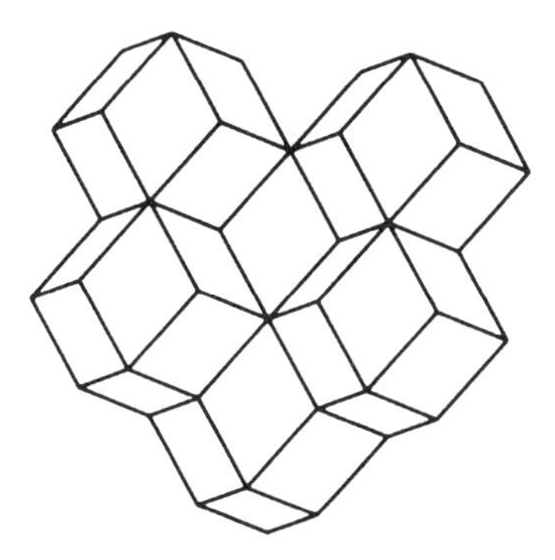

L'octaèdre tronqué remplit également l'espace. (Le volume de l'octaèdre tronqué est de moitié inférieur à celui du cube formé en élargissant ses faces carrées jusqu'à ce qu'elles se rencontrent.) La figure suivante montre une partie d'une rangée d'octaèdres tronqués et assemblés au niveau de leurs faces carrées. En ajoutant de nouvelles rangées dans le même plan horizontal, puis en remplissant le plan vers le haut et vers le bas, on crée un réseau d'octaèdres tronqués, dont les trous sont des octaèdres tronqués identiques.

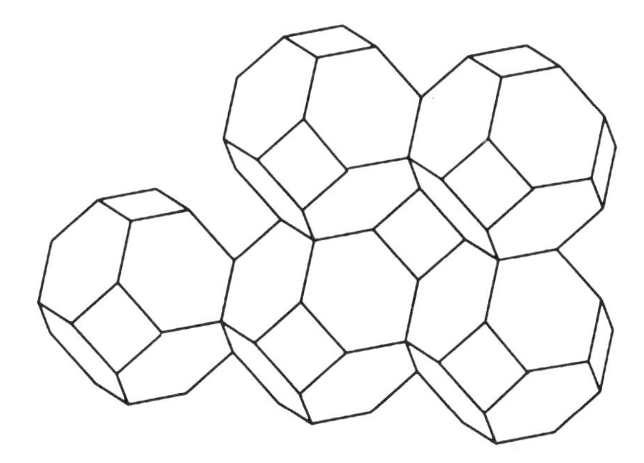

Un autre remplissage de l'espace, moins évident, est celui formé par des tétraèdres à arêtes biseautées. En 1914, Föppl découvrit un remplissage composé de tétraèdres et de tétraèdres tronqués. Le centre de chaque tétraèdre est joint à ses sommets, ce qui le divise en quatre pyramides triangulaires identiques, de faible hauteur, qui sont ensuite fixées au tétraèdre tronqué adjacent.

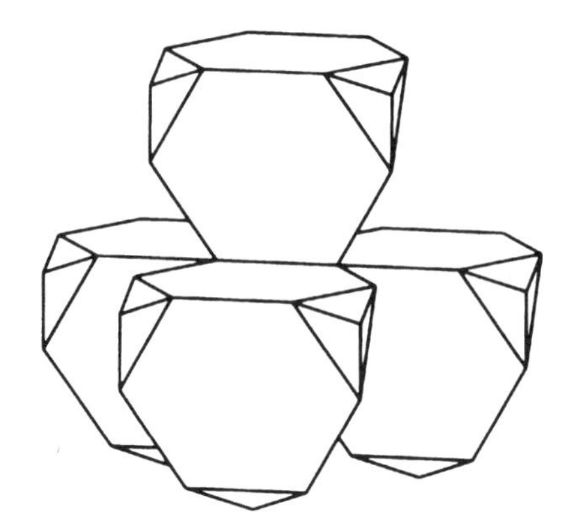

Ce sont apparemment les seuls solides remplissant l'espace ayant au moins la symétrie du tétraèdre régulier. Si aucune symétrie n'est requise, alors un solide convexe remplissant l'espace peut avoir un grand nombre de faces, certainement 38 ou plus. P. Engel a découvert de tels solides en 1980. La figure ci-dessous possède 18 faces et un axe de symétrie de rotation d'ordre trois.

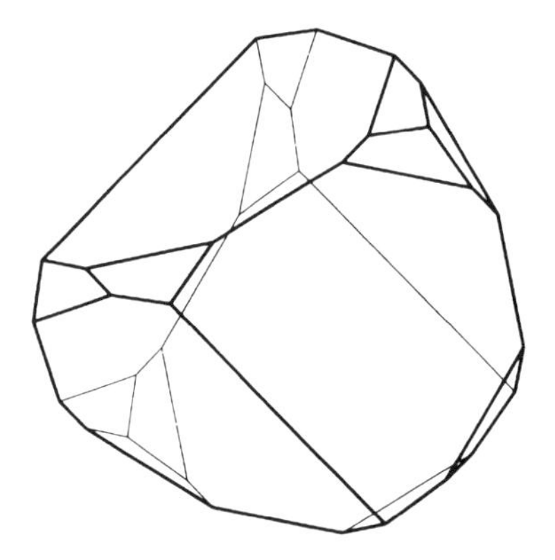

De nombreuses autres possibilités existent pour remplir l'espace avec des polyèdres de deux types différents ou plus. Des cubes tronqués s'associent à des octaèdres, de même que les tétraèdres tronqués et les tétraèdres déjà mentionnés.

Le remplissage représenté ci-après est composé d'octaèdres tronqués, de cuboctaèdres tronqués et de cubes, selon le rapport 1:1:3.

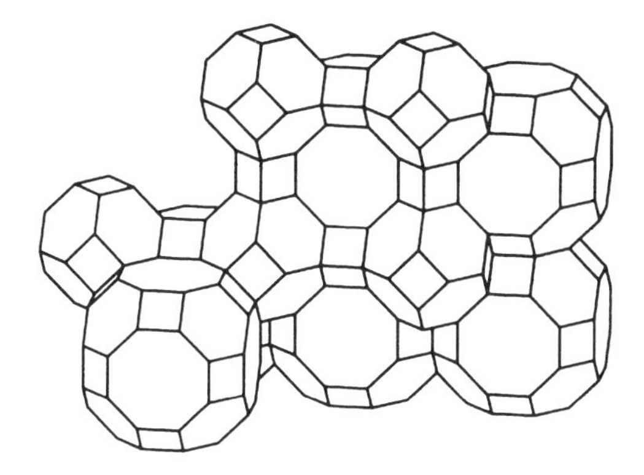

En supprimant certains polyèdres dans un remplissage, il est possible de créer un labyrinthe tridimensionnel. Voici un empilement de cuboctaèdres tronqués, d'octaèdres tronqués et de cubes, ces derniers ayant été supprimés.

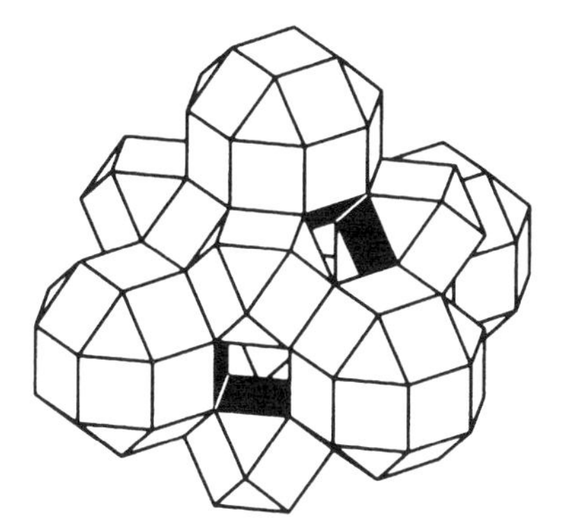

répétitifs, pavés

Quelles formes peuvent être découpées en copies identiques ? C'est le cas pour un triangle rectangle isocèle, et pour tout parallélogramme dont les côtés suivent le rapport $1 \div \sqrt{2}$, chacun donnant lieu à deux copies.

Ces trapèzes se découpent chacun en 4 copies d'eux-mêmes, tout comme le sphinx (page suivante), le seul pentagone connu présentant cette propriété.

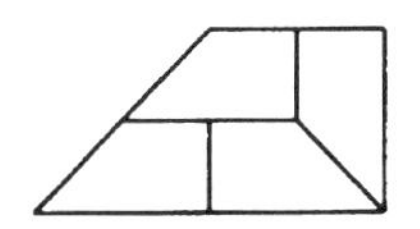
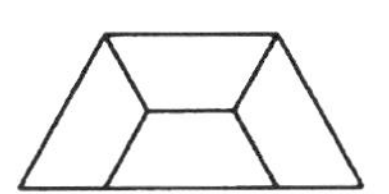
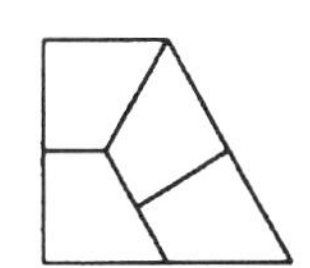

Les formes en L suivantes se découpent également en quatre :

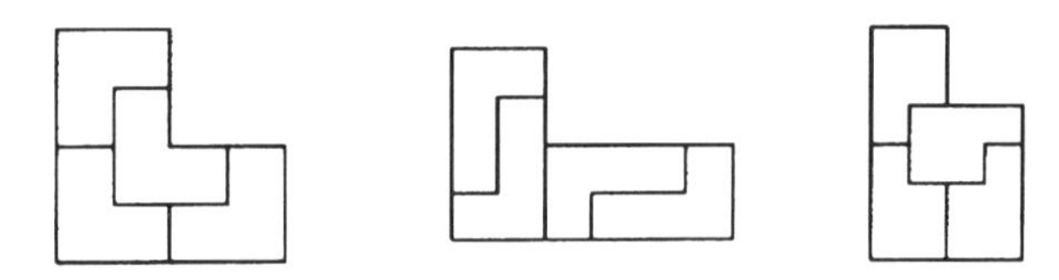

Ces deux formes peuvent également être décomposées en des formes plus petites identiques :

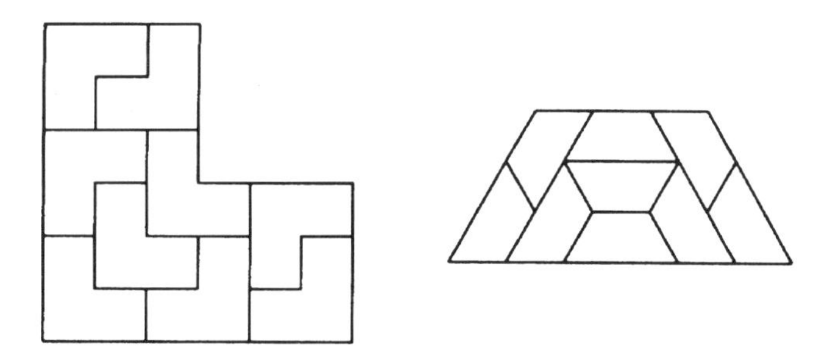

Tout découpage en pavés répétitifs peut être réitéré pour produire un pavage de grands et de petits pavés. Mais on peut aussi inverser le processus et assembler les pavés de départ de façon réitérée pour former un pavage du plan.

Reuleaux, figures de

Un objet que l'on fait rouler sur un cylindre à base circulaire se déplace en douceur sans tressauter, car le cylindre a un diamètre constant. Cependant, il existe d'autres figures de diamètre constant qui ne sont pas des cercles.

Voici le *triangle de Reuleaux*, un triangle équilatéral sur lequel on a ajouté trois arcs de cercle centrés sur les sommets. Le diamètre constant de cette figure est égal à la longueur des côtés du triangle.

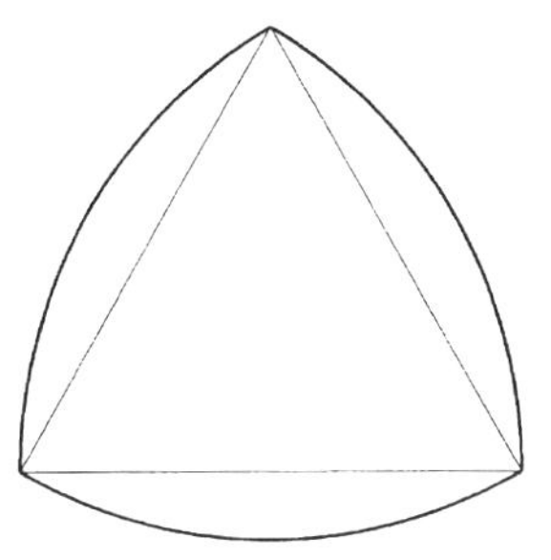

Partant du même triangle, l'ajout de six arcs produit une autre figure de Reuleaux, dont le diamètre est égal à la somme des deux rayons utilisés :

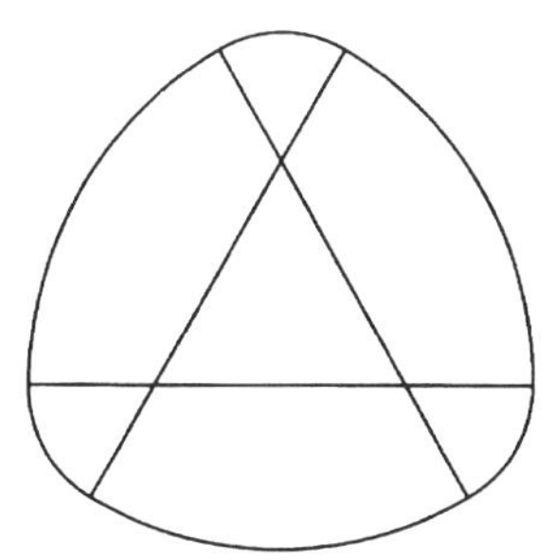

La forme sur laquelle est basée ce type de figure n'est pas nécessairement un triangle, encore moins équilatéral : il est possible de partir d'un nombre quelconque de droites se coupant. Étant donné quatre droites sur la figure, placer la pointe du compas en A et tracer l'arc PQ. Puis placer le compas en D et tracer l'arc QR. Passer ensuite en B et tracer l'arc suivant, et continuer jusqu'à revenir en A. La courbe terminée a un diamètre constant.

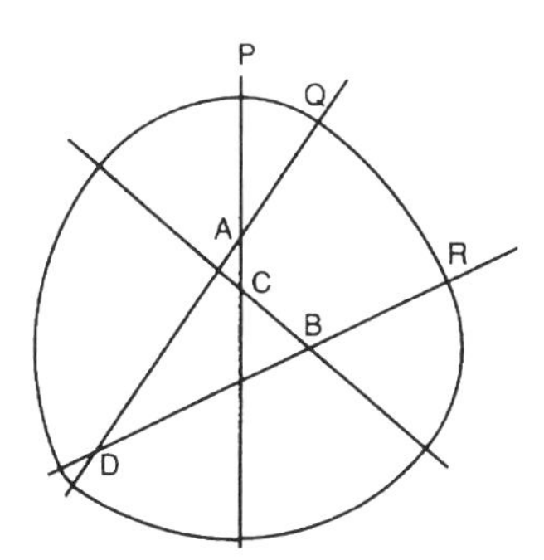

Toutes les courbes de diamètre constant *d* ont le même périmètre qu'un cercle de même diamètre, soit πd.

Reye, configuration de

Prendre les huit sommets d'un cube et ajouter son centre, ainsi que trois "points à l'infini" où se rencontrent les familles d'arêtes parallèles du cube, comme indiqué par les flèches sur la figure ci-après. Cela donne un total de douze points.

Pour compter douze plans, ajouter les six faces du cube aux six plans passant par deux arêtes opposées. C'est la configuration de Reye, dans laquelle on a douze plans et douze points, avec six points sur chaque plan et six plans passant par chaque point.

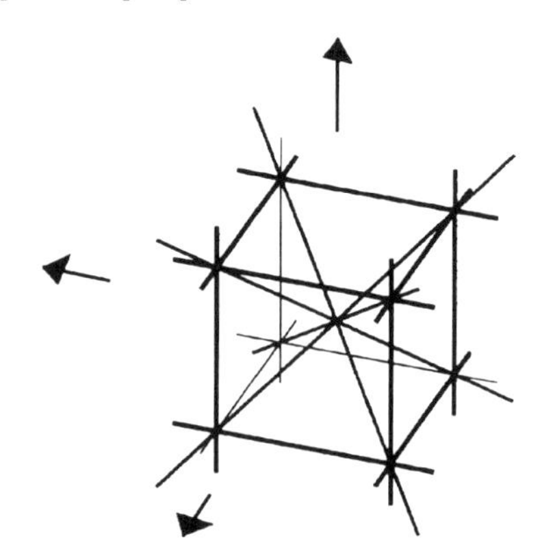

Partir d'un cube ordinaire est seulement une manière commode d'envisager cette configuration. Voici une alternative à la configuration de Reye, sans point à l'infini :

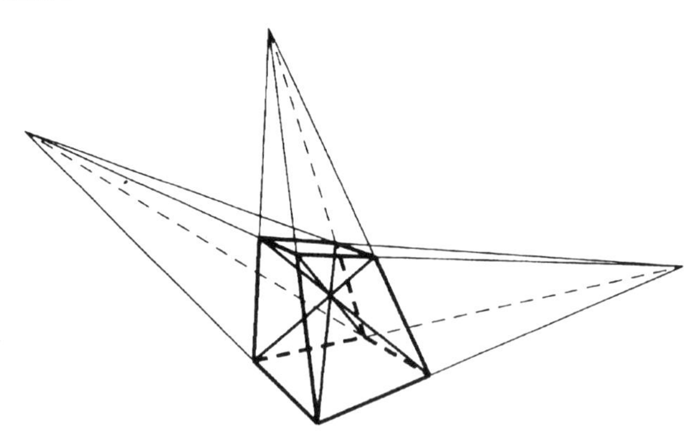

On peut également l'interpréter comme une configuration de droites et de points : seize droites, les douze arêtes et les quatre diagonales du cube, et les mêmes douze points que précédemment. Il y a alors quatre droites passant par chaque point et trois points sur chaque droite.

rotors

Un objet à symétrie de rotation, comme un hexagone régulier, peut tourner facilement à l'intérieur d'un cercle, en touchant toujours les bords. Mais il n'est pas nécessaire que le rotor ou la courbe extérieure soit symétrique.

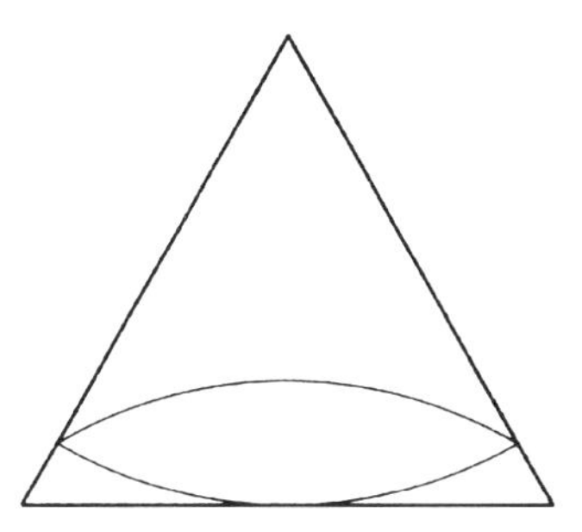

Sur la figure, le triangle équilatéral possède une symétrie de rotation d'ordre trois. Le rotor possède une symétrie bilatérale, chaque côté étant l'arc de cercle dont le centre est le sommet du triangle et qui est tangent au côté opposé du triangle. (La longueur du rotor est égale à la hauteur du triangle.)

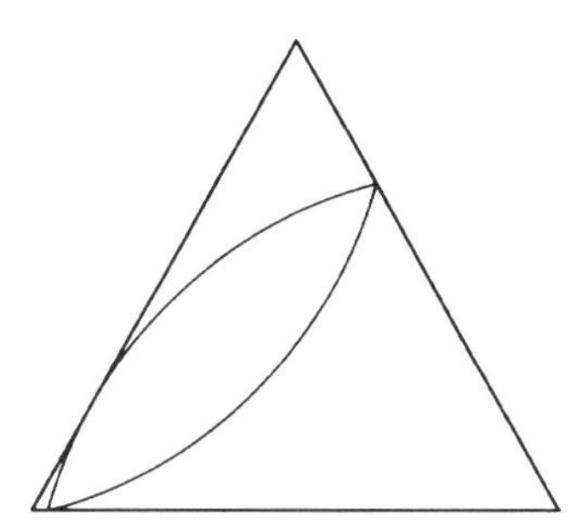

Le cylindre ne doit pas être obligatoirement circulaire. Un triangle équilatéral peut tourner dans le cylindre suivant :

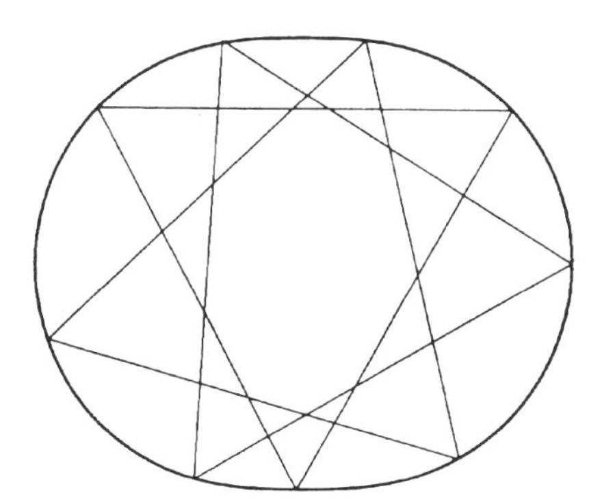

S

Scherk, surface de

C'est une surface minimale dont l'équation, ce qui est rare, est très simple : $e^z \cos y = \cos x$. Elle s'étend entre quatre droites verticales passant par les sommets d'un carré horizontal. Sur la figure, la surface a également été coupée en haut et en bas par des plans horizontaux.

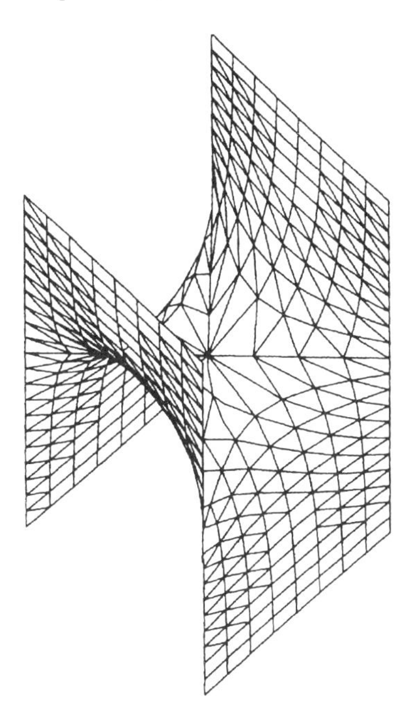

Schläfli, double six de

Comme la *configuration de Reye*, le double six de Schläfli est plus facile à se représenter en partant d'un cube. Sur la figure (qui montre deux vues différentes du double six), on a trente points, avec deux droites passant par chaque point, et douze droites avec cinq points sur chaque droite. Chacune des six faces du cube contient deux droites, et toutes les droites pourraient être colorées, par exemple en rouge et en vert, pour que chaque droite rouge ne coupe jamais que des droites vertes, et inversement.

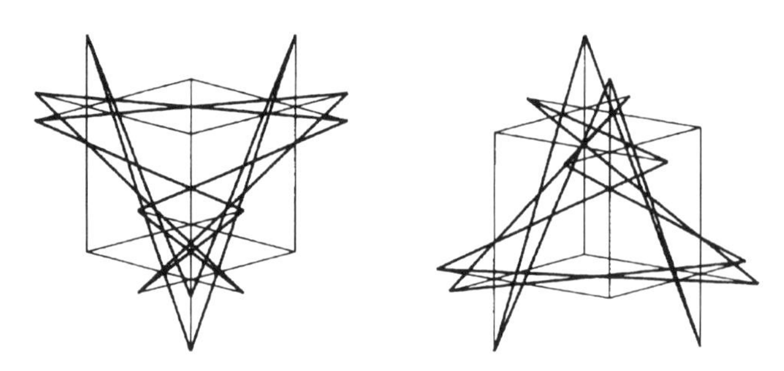

L'existence de la configuration de Schläfli peut s'exprimer sous la forme du fameux "théorème du double six". Soit une droite, désignée par 1, et cinq droites obliques la coupant, désignées par 2', 3', 4', 5', 6'. L'unique autre droite coupant 2', 3', 4', 5', 6' est désignée par 6. On définit de même les droites 2, 3, 4, 5. Le théorème affirme alors qu'il existe une unique droite 1' qui coupe les droites 2, 3, 4, 5 et 6. La configuration formée par toutes ces droites est le double six de Schläfli.

Schwarz, polyèdre de

Intuitivement, il semble possible de mesurer l'aire d'une surface de courbure continue en l'approchant par de nombreux triangles de petite taille, et en déterminant ensuite la limite de l'aire lorsque le nombre des triangles augmente et que leur taille diminue.

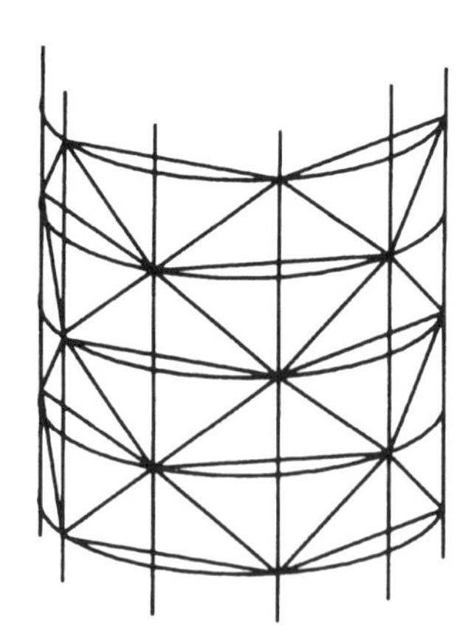

On doit à H.A. Schwarz l'exemple ci-dessus, qui montre à quel point l'intuition peut tromper. La surface de base est un cylindre. On le divise parallèlement à son axe par $2n$ droites verticales équidistantes, puis perpendiculairement à son axe par $2n^3$ cercles équidistants. On joint ensuite les sommets, comme sur la figure, pour obtenir une surface plissée à la manière d'un accordéon, puis on fait tendre n vers l'infini. Au lieu de se rapprocher de plus en plus de la surface du cylindre, les triangles de retournent contre la surface, et l'aire totale tend vers l'infini.

Schwarz, surface périodique minimale de

Schwarz découvrit deux principes de surfaces minimales qui lui permirent de construire de grandes surfaces à partir d'unités plus réduites :

> Si une partie de la frontière d'une surface minimale est une droite, la symétrique par rapport à la droite, ajoutée à la surface d'origine, forme une autre surface minimale.
>
> Si une surface minimale coupe un plan à angle droit, l'image spéculaire dans le plan, ajoutée à la surface d'origine, forme également une surface minimale.

La frontière de la surface périodique minimale de Schwarz est constituée par des droites tracées sur les faces d'un cube. En remplissant l'espace de manière usuelle à l'intérieur de ces cubes, on obtient une surface minimale périodique infinie.

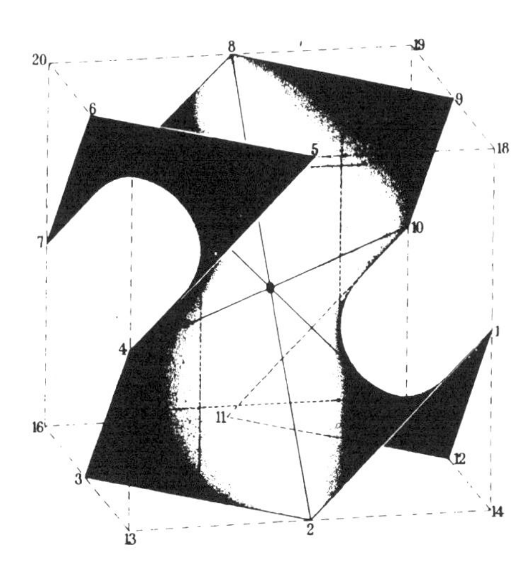

semi-réguliers, pavages

Il existe huit pavages semi-réguliers, ou *archimédiens*, dont tous les pavés sont des polygones réguliers, avec deux pavés différents ou plus autour de chaque sommet, et avec un motif identique en chaque sommet. Le pavage d'hexagones réguliers et de triangles équilatéraux a deux formes qui sont l'image spéculaire l'une de l'autre.

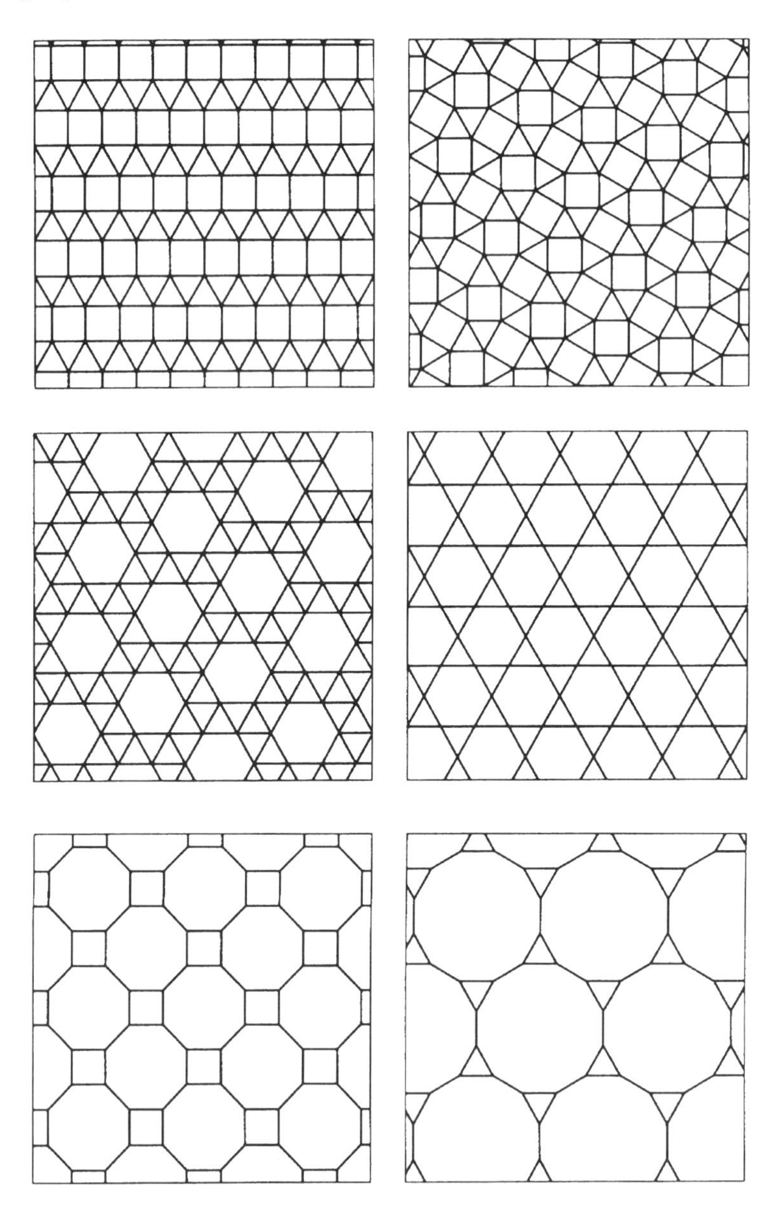

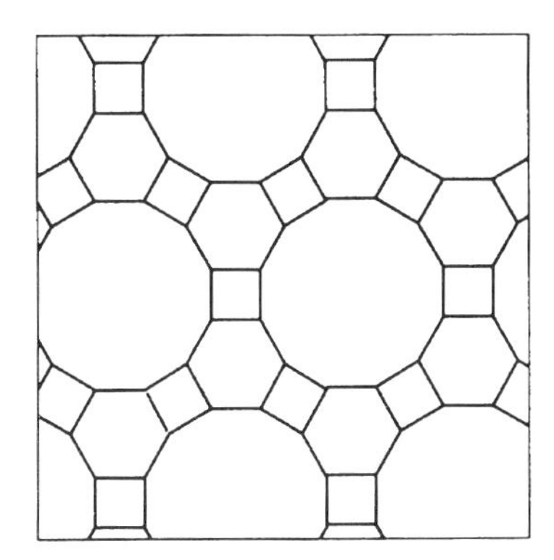 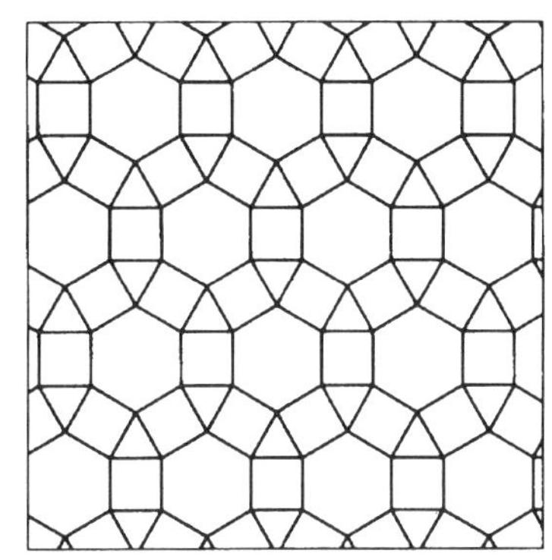

Si l'on accepte que le motif autour de chaque sommet puisse être variable, il est possible de construire une infinité de pavages de polygones réguliers. Une méthode de construction simple consiste à prendre l'un des pavages semi-réguliers, à en écarter les pavés, et à remplir les interstices formés avec plusieurs polygones réguliers, tout comme (au moins) deux pavages semi-réguliers peuvent être construits de cette manière à partir de pavages réguliers.

sept cercles, théorème des

Tracer un cercle et placer six autres cercles autour de lui. Ils peuvent être de taille quelconque, mais ils doivent former une suite de cercles tangents les uns aux autres, et être tous tangents à celui de départ. Les droites joignant des points de contact opposés sont concourantes.

Il existe de nombreuses variantes de la figure de base. Dans la figure ci-après, le cercle d'origine est placé en haut : cinq des cercles ajoutés sont tangents extérieurement les uns aux autres, mais le sixième cercle entoure le cercle d'origine et les cinq autres.

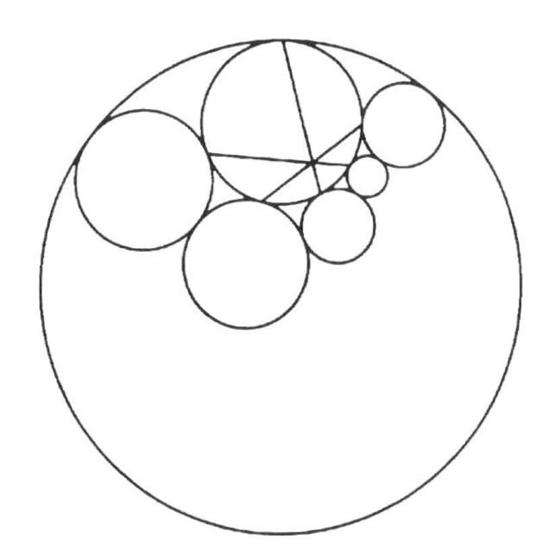

Autre variante : on augmente indéfiniment le rayon de trois des cercles ajoutés, de sorte qu'ils se transforment en droites, lesquelles forment alors les côtés d'un triangle. Le théorème reste vrai.

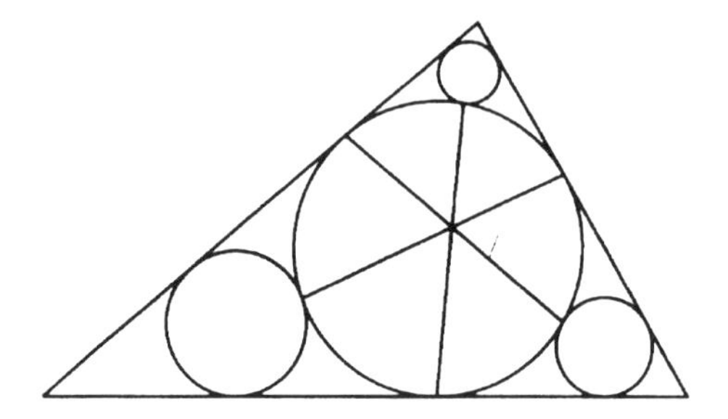

sept couleurs, tore à

Une carte plane peut être colorée avec au plus quatre couleurs afin que deux régions adjacentes aient toujours des couleurs différentes. Une carte tracée sur un tore peut, en revanche, demander jusqu'à sept couleurs. Dans ce cas, chaque région a une frontière commune avec chacune des six autres régions, et il faut donc sept couleurs pour le colorier.

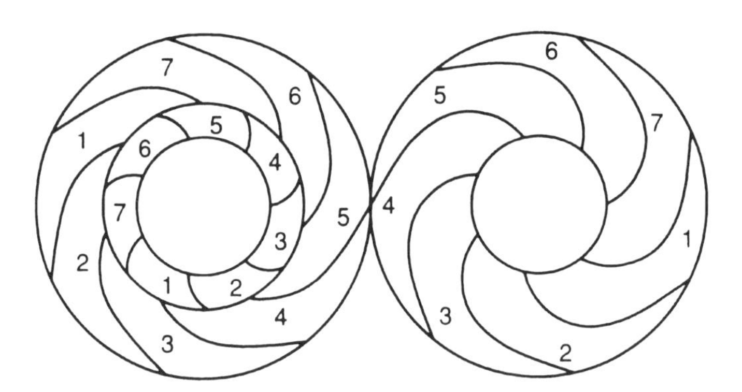

Sierpinski, courbe de

Voici la solution proposée par Sierpinski au problème consistant à tracer une courbe passant par tout point d'un carré. Les figures correspondent aux quatre premières approximations de la courbe. Les deux premières montrent un quadrillage utilisé pour son tracé.

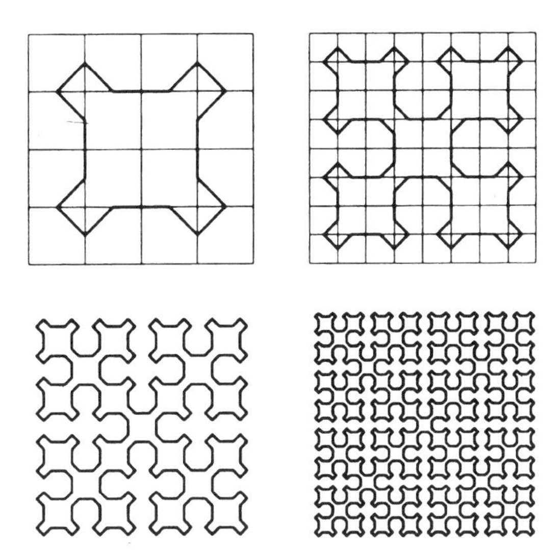

À chaque étape, chaque carré est divisé en quatre quarts, qui sont remplis comme dans l'étape 1, puis joints comme dans l'étape 2 aux carrés auxquels ils étaient précédemment reliés. La limite de ce procédé est une courbe qui passe par chaque point du carré de départ.

Simson, droite de

Soit un triangle et un point P sur son cercle circonscrit. Tracer les perpendiculaires aux côtés du triangle passant par P. Les pieds de ces droites se trouvent sur une droite, appelée droite de Simson de ce point, du nom de Robert Simson, rendu célèbre par son édition des *Éléments* d'Euclide.

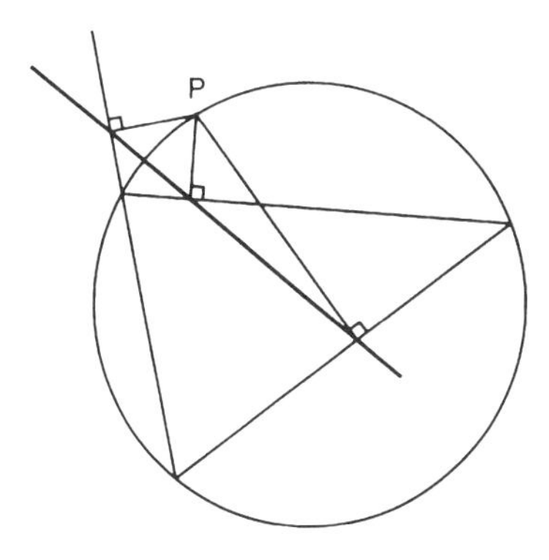

Joindre un point quelconque du cercle circonscrit à l'orthocentre. Le milieu de ce segment se trouve sur le cercle des neuf points et sur la droite de Simson de ce point.

Les droites de Simson de deux points diamétralement opposés du cercle circonscrit sont perpendiculaires et se coupent sur le cercle des neuf points. Soient trois points du cercle circonscrit, formant un triangle. Leurs droites de Simson forment un autre triangle, semblable au premier.

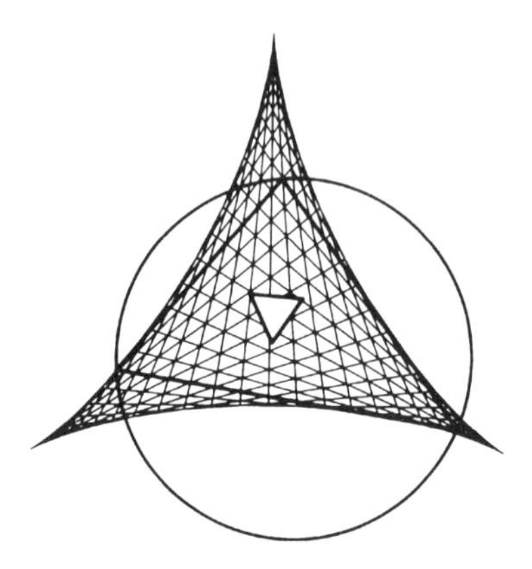

Les droites de Simson de tous les points du cercle circonscrit enveloppent une *deltoïde.* Il est assez remarquable que la forme de l'enveloppe soit indépendante de la forme du triangle de départ. Chaque côté du triangle est tangent à la deltoïde en un point dont la distance au milieu des côtés est égale à la corde du cercle des neuf points interceptée par ce côté. L'aire de la deltoïde est égale à la moitié de l'aire du cercle circonscrit du triangle. Le cercle inscrit de la deltoïde est le cercle des neuf points du triangle.
Tracer le *triangle de Morley* du triangle de départ : il présente la même orientation que la deltoïde.

six cercles, théorème des

Partant d'un triangle, tracer un cercle tangent à deux côtés, puis ajouter un autre cercle tangent à deux autres côtés et au premier cercle. Continuer ainsi autour du triangle, en ajoutant des cercles supplémentaires. Le sixième ferme la boucle en étant tangent au cercle de départ.

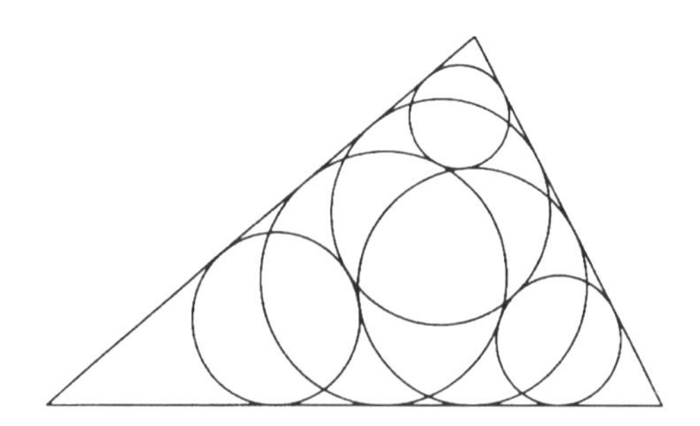

Soddy, hexuplet de

Sir Frederick Soddy, le chimiste qui découvrit les lois qui déterminent les "chaînes" ou séries par lesquelles des éléments radioactifs se désintègrent pour en former d'autres, a également découvert une remarquable suite de sphères.

Imaginer un collier de sphères, chacune tangente à deux sphères centrales et à une autre qui renferme tout le collier.

Un tel collier de sphères peut-il toujours être fermé, de sorte que la dernière sphère touche la première, comme dans la *suite de cercles de Steiner*? Soddy montra que la réponse est positive, où que l'on place la première sphère, et que le collier contient toujours six sphères.
De plus, les centres des six sphères du collier et leurs six points de contact successifs se trouvent tous dans un plan, et il existe deux plans tangents à chacune des six sphères, un de chaque côté du collier.

L'analogie avec la suite des cercles de Steiner est effectivement très étroite. La figure de Soddy peut être obtenue par inversion de six sphères identiques disposées autour d'une septième et toutes prises en sandwich entre deux plans parallèles.

sphère dans un cylindre

Archimède détermina que le volume d'une sphère valait les deux tiers de celui d'un cylindre de même diamètre et de même hauteur, et que l'aire de sa surface était égale à l'aire de la surface courbe du même cylindre.
Plus généralement, si l'on découpe en tranches la sphère et le cylindre qui la contient par deux plans perpendiculaires à l'axe du cylindre, les zones ainsi définies sur la sphère et sur le cylindre ont une surface identique.

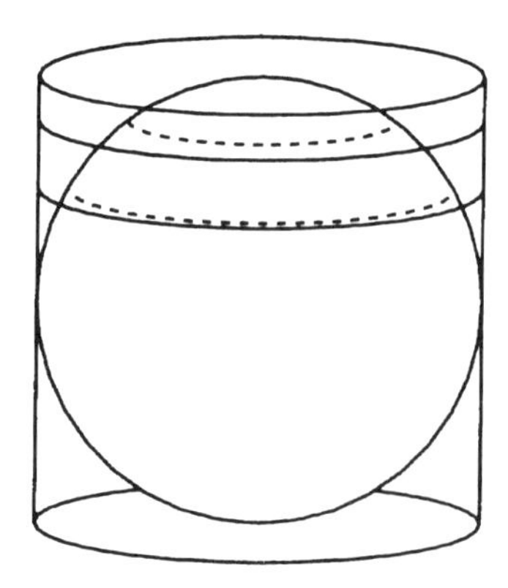

Archimède demanda que cette figure soit gravée sur sa tombe. Beaucoup plus tard, Cicéron chercha cette tombe, et la trouva, avec l'inscription et la figure intactes.

sphères, empilement de

Placer une couche de sphères identiques sur une surface plane, puis une autre couche par-dessus, une sphère de la deuxième couche recouvrant chaque creux de la première couche. Continuer de la sorte. Le résultat est l'empilement le plus dense connu de sphères identiques : les sphères occupent $\pi/3\sqrt{2}$, soit approximativement 0,7403 de l'espace.

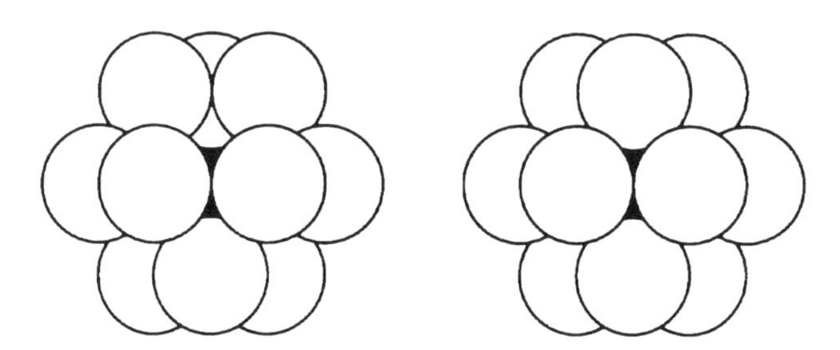

Pour poser la troisième couche, on a le choix : soit on pose les sphères dans une famille de creux pour qu'elles se trouvent directement au-dessus de celles de la première couche, soit elles se trouvent au-dessus des creux de la première couche qui ne sont pas occupés par les sphères de la deuxième.

Dans chaque cas, une sphère de la deuxième couche touche douze autres sphères. La première méthode est la plus symétrique, les centres des douze sphères formant un cuboctaèdre. Dans le deuxième cas, le cuboctaèdre a été coupé le long d'un équateur et une moitié a été tournée pour produire le deuxième polyèdre montré sur la figure.

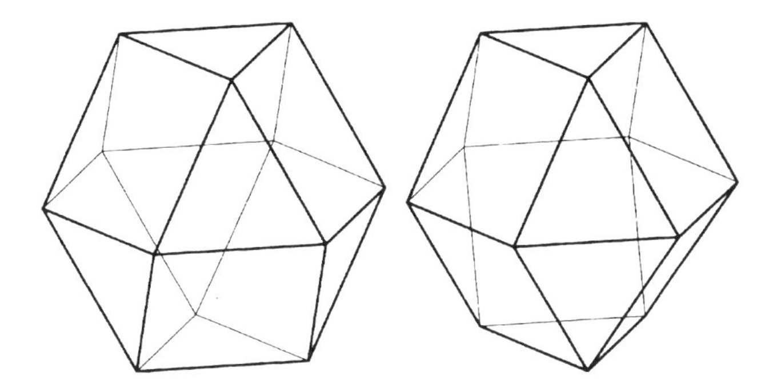

Comme on peut choisir entre deux manières de poser chaque nouvelle couche, il existe, pour remplir l'espace avec des sphères, une infinité de manières qui produisent toutes la même densité d'empilement.

sphérique, géométrie

Forme de géométrie non euclidienne dans laquelle la courbure est constante et positive.

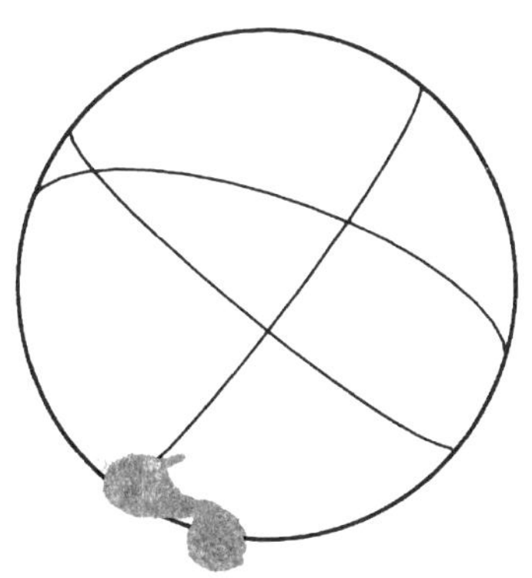

Les droites sont de grands cercles. Deux droites quelconques se coupent en deux points, et il n'existe pas de droites parallèles. Les distances sont des longueurs entre points mesurées le long de l'arc d'un grand cercle, et l'angle entre deux droites est l'angle compris entre les grands cercles correspondants. Comme en géométrie *hyperbolique*, un triangle est défini par ses angles, et il n'existe pas deux triangles semblables.
La somme des angles d'un triangle est supérieure à deux droits, et la différence entre la somme des angles et π donne une mesure de l'aire

(comme en géométrie hyperbolique). Sur la figure, si les angles du triangle sphérique situé au centre valent π/2, 2π/5 et π/6, alors l'aire du triangle est égale à $R^2(\pi/5 + 2\pi/5 + \pi/6 - \pi) = \pi R^{2/15}$.
De façon assez ironique, de très anciens résultats de trigonométrie sphérique, qui remontent aux Grecs, deviennent désormais des formules correctes dans cette géométrie non euclidienne!

spirale équiangle ou logarithmique

Découverte par Descartes en 1638, elle coupe selon le même angle tout rayon issu de l'origine. Si on appelle ρ cet angle, l'équation polaire de la spirale est $r = a\exp(\theta \cot \rho)$.

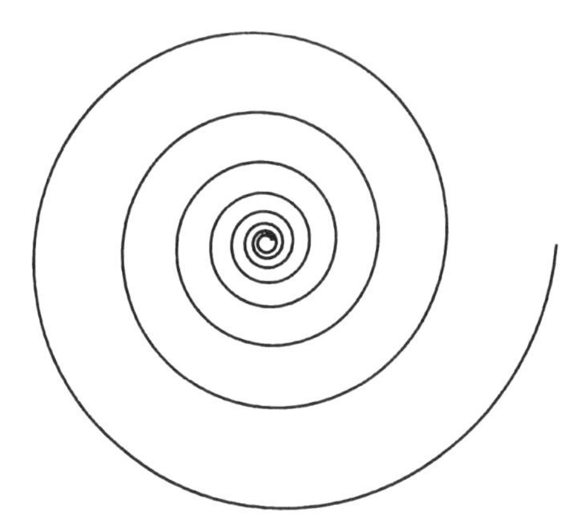

Elle fut étudiée par Jakob Bernoulli, qui fut si impressionné par son aptitude à réapparaître après une transformation d'elle-même qu'il laissa des instructions pour qu'on grave la courbe sur sa tombe, accompagnée des paroles *Eadem mutata resurgo* ("Je resurgirai identique des modifications").
Sa développée est une spirale équiangle identique, et c'est donc son inverse par rapport à l'origine. Si l'on place une source lumineuse à l'origine, alors ses caustiques par réflexion et par réfraction sont des spirales équiangles également identiques.

Elle est semblable à elle-même, puisque toute partie de la courbe, agrandie ou réduite, est semblable à une autre partie de la même courbe.
Si l'on fait rouler la spirale sur une droite, la trajectoire de l'origine de la spirale, que l'on appelle son pôle, est une autre droite. La longueur de la courbe depuis le pôle (appelons-le O) au point X est égale à XT, où T est le point de départ du pôle et TOX est un angle droit.

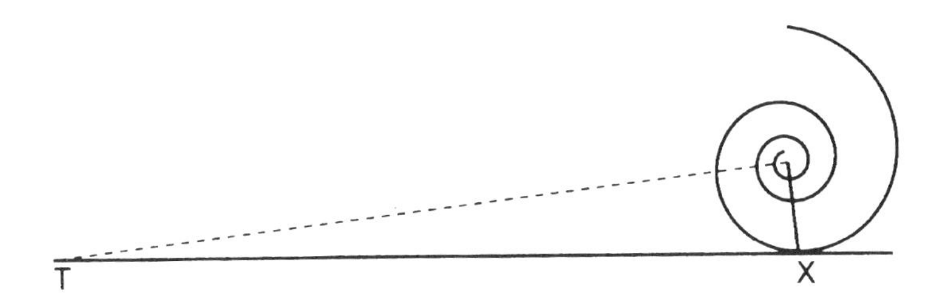

La spirale équiangle apparaît en de nombreuses occasions dans la nature. Les enroulements de la coquille du nautile, par exemple, sont des spirales équiangles. Cependant, des motifs tels que ceux des têtes de tournesols ne sont des spirales équiangles qu'en première approximation ; les *spirales de Fermat* en donnent une meilleure description.

spirale, pavage en

Une manière de généraliser l'idée d'un pavage d'éléments identiques consiste à permettre aux pavés d'avoir des tailles différentes, mais en conservant la même forme.
Le pavage ci-dessous est constitué de deux formes de triangles. En associant les triangles deux à deux selon l'une des trois possibilités différentes, on peut le considérer comme un pavage de quadrilatères semblables.

Dans ce pavage, toute famille de points correspondants est située sur une spirale équilatère, et toutes ces spirales ont le même pôle ou point limite. Le pavage s'enroule une infinité de fois autour de ce point limite, et se recouvre donc lui-même jusqu'à l'infini.

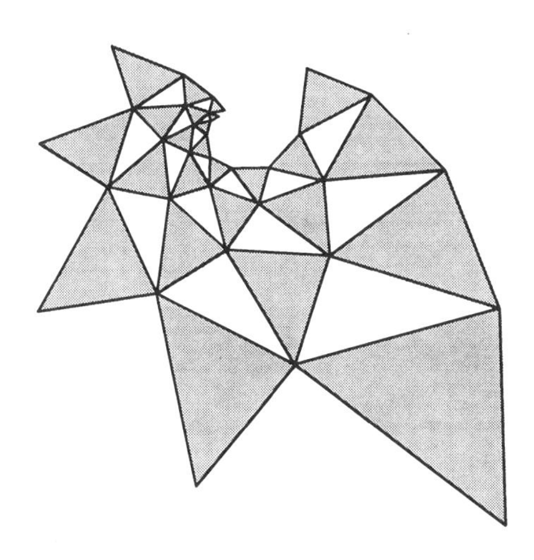

Tout pavage ordinaire peut être transformé en une telle spirale. Considérons par exemple les six triangles, trois blancs et trois gris, qui partagent un sommet commun sur la figure. Ils forment un hexagone, et tout le pavage peut être interprété également comme formé de tels hexagones.

spirolatères

Partant d'instructions simples, Frank Olds obtint des règles simples pour la création d'une multitude de motifs différents. Choisir un point de départ et une direction, et suivre les instruction suivantes :

AVANCER 1
TOURNER À GAUCHE
AVANCER 2
TOURNER À GAUCHE
AVANCER 3

RECOMMENCER

Après avoir parcouru cette boucle quatre fois, on revient au point de départ en ayant tracé la figure représentée à gauche. Les virages se font à 90°, de sorte qu'on peut décrire la courbe par (90°: 1, 2, 3). Pour la figure de droite, il suffit de produire un spirolatère répondant à la description (90°: 1, 2, 3, 4, 5, 6, 7, 8, 9), et l'on voit bien alors d'où provient le nom de ces figures.

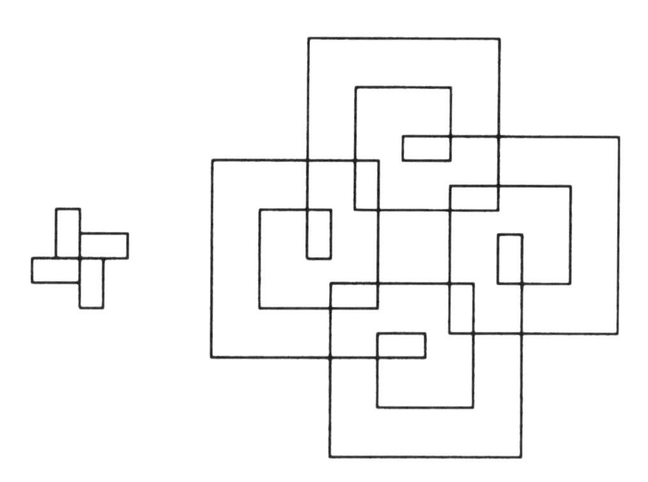

Les déplacements peuvent se faire en "marche arrière" (écrites en nombres négatifs) et les virages ne doivent pas être obligatoirement droits. Les figures ci-dessous ont été créées par (72°: 2, 3, 4, 5) et (108°: 1, 2, 3, 4).

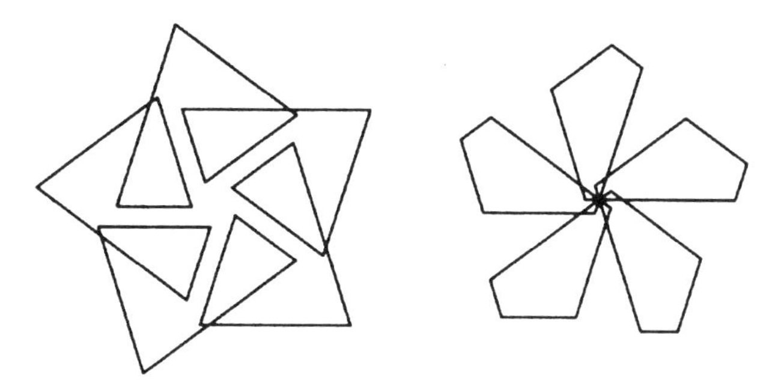

Les spirolatères comprennent les équivalents géométriques les plus proches des mystérieuses coïncidences tant appréciées des numérologistes. Les figures suivantes sont identiques, si ce n'est l'angle de virage : (90°: 1, 3, 2, -1, -2) et (60°: 1, 3, 2, -1, -2).

Steiner, réseaux de

Steiner étendit le problème du *point de Fermat* en considérant quatre points ou plus et en cherchant le plus court chemin les reliant tous.
Pour quatre points situés en des positions appropriées, la solution s'obtient en construisant un triangle équilatéral sur des côtés opposés d'un quadrilatère.

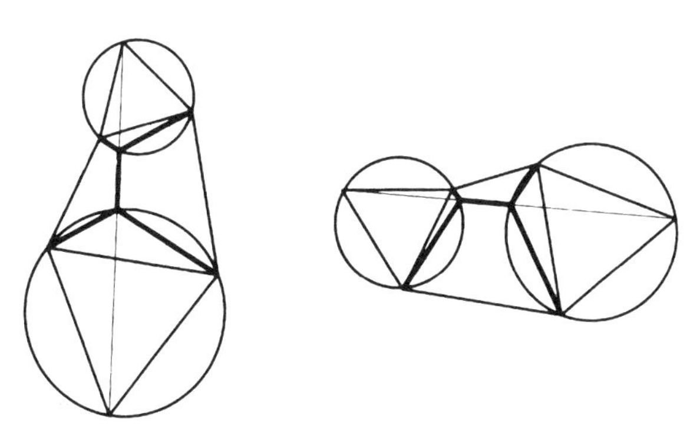

En joignant les nouveaux sommets et d'autres points d'intersection, comme sur chacune des figures, on obtient un réseau dans lequel des droites se coupent à 120°. (L'astuce de cette construction est qu'en choisissant de tracer des triangles équilatéraux, avec des angles de 60°, nous sommes sûrs que les angles opposés, lorsqu'ils apparaissent, seront de 180°, du fait de la propriété selon laquelle la some des angles opposés d'un quadrilatère inscrit dans un cercle est égale à 180°.) Chacune de ces solutions constitue un minimum local : toute modification augmente la longueur du chemin. Cependant, il sera encore vrai que l'une de ces solutions sera globalement plus courte que toutes les autres et constituera le minimum absolu.
La figure ci-dessous montre les trois solutions possibles pour six points situés aux sommets d'un hexagone de côté unité. Les longueurs totales valent respectivement $3\sqrt{3}$, $2\sqrt{7}$ et 5, et il est décevant d'observer que la solution la moins attrayante est en fait la plus courte.

On peut également trouver expérimentalement des solutions pour des points plus nombreux. Disposer deux plaques reliées l'une à l'autre par des pointes représentant les points de départ. Tremper le modèle dans de l'eau savonneuse, et il se forme un film de savon qui relie les pointes entre elles. Après quelques secondes, il se contracte sous l'effet de la tension de surface pour former une surface minimale et matérialiser ainsi le plus court chemin entre les points.

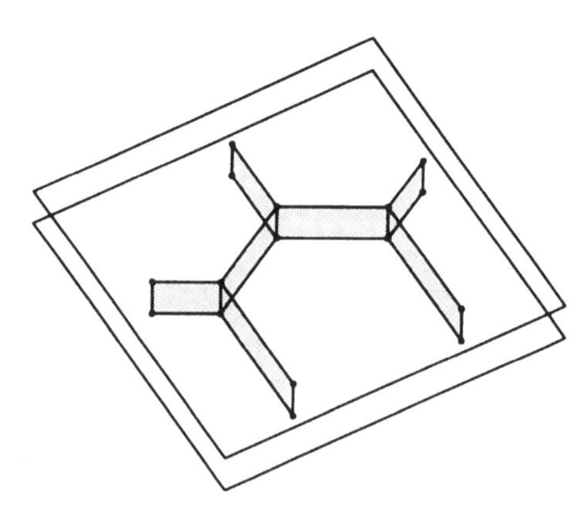

Steiner, suite de cercles de

Placer un cercle à l'intérieur d'un autre, et construire une suite de cercles, chacun touchant le précédent et les deux de départ. En général, la suite finira par se répéter.

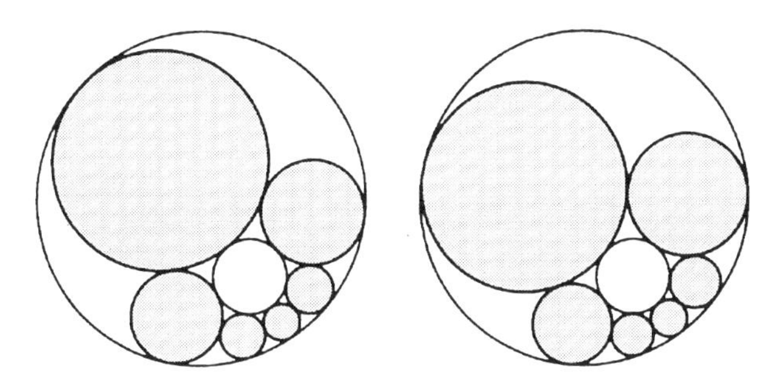

Le théorème de Steiner affirme que, si la suite se referme lorsque le dernier cercle touche le premier, alors elle se refermera quel que soit le tracé du premier cercle.
La première suite est fermée. Partant des deux mêmes cercles et plaçant un cercle en un endroit quelconque, mais touchant les deux autres, la suite obtenue sera encore fermée, comme le montre la deuxième figure. Les centres de tous les cercles de la suite sont situés sur une ellipse, que la suite soit fermée ou non.
Il est possible que la suite ne se referme pas lors de la première boucle, mais seulement après avoir fait plusieurs fois le tour. Le théorème s'applique encore : si une suite se referme après, par exemple, trois tours complets, alors toute suite se refermera après trois tours complets.
Étant donné deux cercles servant de départ, le problème consistant à construire une suite de cercles conduisant de l'un à l'autre soit n'admet aucune solution, soit en admet une infinité. Il s'agit donc d'un porisme.
Steiner démontra ce théorème en 1826. Le mathématicien japonais Ajima Chokuyen avait cependant étudié la même figure et était parvenu aux mêmes conclusions dès 1784.
La figure présente encore d'autres propriétés. Les tangentes aux points de contact successifs des cercles, et les droites joignant les points de contact de chaque cercle de la suite avec les deux cercles extérieur et intérieur passent toutes par un même point.

Steiner, surface romaine de

Les mathématiciens du dix-neuvième siècle étaient en général très frustrés lorsqu'ils ne parvenaient pas à décrire une surface par une équation algébrique. La surface romaine de Steiner est ainsi une surface à deux faces, d'équation :

$$y^2z^2 + z^2x^2 + x^2y^2 + xyz = 0$$

Ses axes sont des doubles droites s'étendant jusqu'au "point de pincement" à une distance du centre, situé à l'origine, égale à 1/2. Elle touche quatre cercles situés dans quatre plans $x \pm y \pm z = 0$, et a sensiblement la même forme que l'heptaèdre.

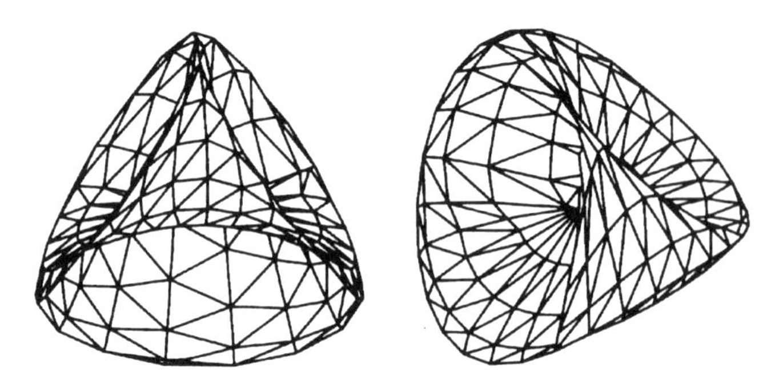

Steiner, théorème de

Soit deux lignes obliques et un segment de droite sur chacune d'elles. Les segments de droite sont de longueur fixe, mais chacun peut glisser le long de sa propre ligne. Un tétraèdre se forme lorsqu'on relie les extrémités des segments. Son volume est constant et ne change pas lorsque la position de chaque segment se déplace le long de chaque ligne.

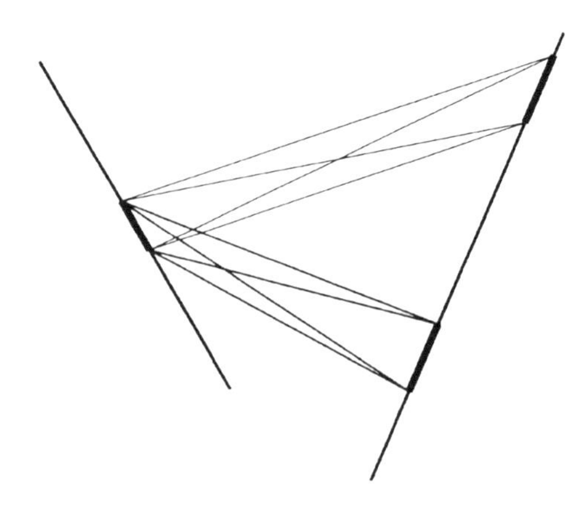

stella octangula

Imaginons qu'on découpe un petit octaèdre à partir d'un bloc de bois, en procédant par des coupes planes. On obtiendra neuf morceaux : l'octaèdre lui-même et huit petits tétraèdres provenant de ses faces.

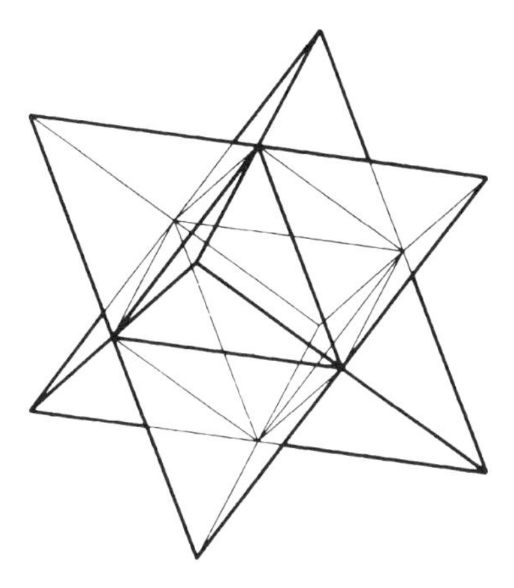

Si on replace ces morceaux sur les faces de l'octaèdre, on obtient l'unique octaèdre étoilé, découvert par Kepler. On peut également le concevoir comme le solide formé en étirant les faces de l'octaèdre jusqu'à ce qu'elles se rencontrent le long de nouvelles arêtes.
La *stella octangula* est également le composé de deux tétraèdres : les deux tétraèdres qui peuvent être inscrits dans un cube en choisissant des sommets alternés.

surfaces à une face

Une surface à une face peut n'avoir qu'un seul bord, qui peut être noué ou non. Si elle possède deux bords, il existe de nombreuses possibilités : chacun peut être noué ou non, et les bords peuvent être joints ou non. Il n'existe pas moins de huit surfaces illustrant ces diverses possibilités. La première d'entre elles est le ruban de Möbius.

une face, un bord

Le bord est une simple courbe fermée

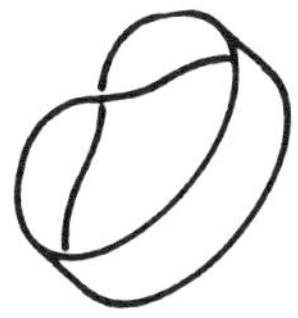

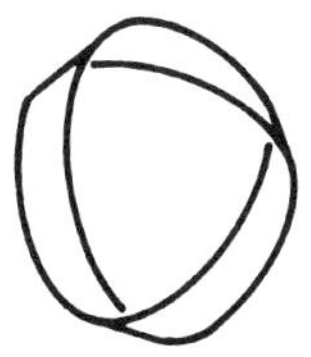

Bord noué

une face, deux bords

Les deux bords sont de simples courbes fermées non reliées

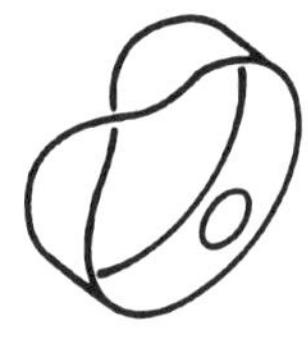

Les deux bords sont de simples courbes fermées, reliées

Les deux bords sont noués, mais non reliés

Les deux bords sont noués et reliés

Un bord est simple, l'autre est noué et non relié

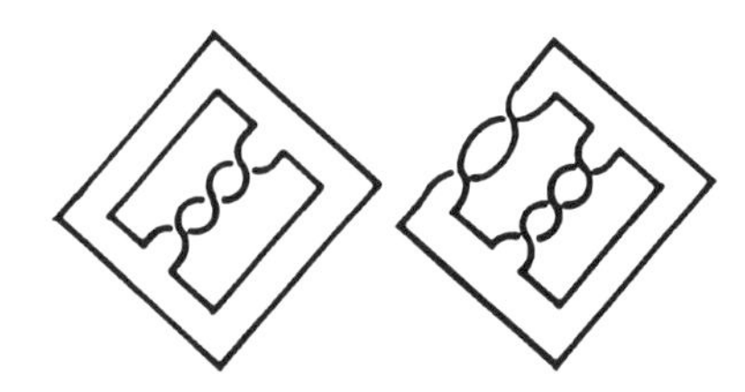

Un bord est simple, l'autre est noué et relié

T

tétraèdre

Le centre de gravité de poids égaux placés aux sommets d'un tétraèdre s'obtient en les prenant par paires, et en repérant pour chaque paire le milieu des deux points. Les deux points ainsi trouvés seront les milieux de deux côtés opposés, et le centre de gravité se trouvera à mi-chemin de ces milieux.

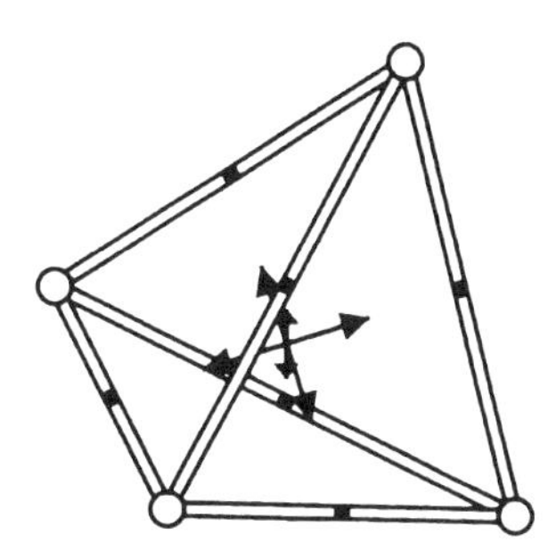

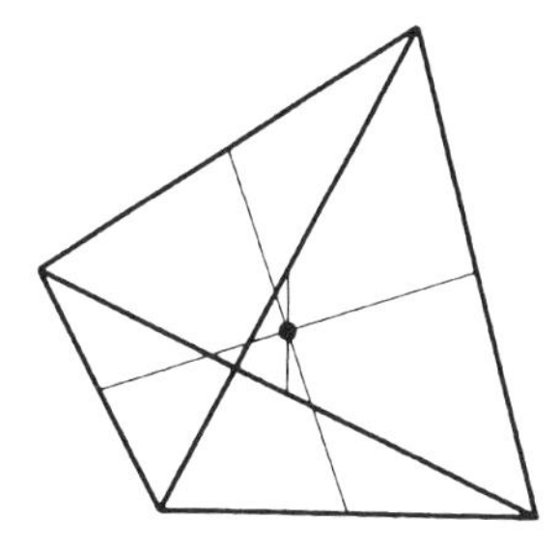

Comme il existe trois façons de choisir une paire de côtés opposés, il s'ensuit que les trois droites joignant des milieux de paires de côtés opposés sont concourantes. De plus, comme le montre la deuxième figure, cela se transforme en un théorème sur les milieux des côtés et les diagonales d'un quadrilatère, une fois que l'on a projeté le tétraèdre sur un plan.
Huit sphères touchent les quatre faces d'un tétraèdre quelconque, une inscrite et sept exinscrites. Pour un tétraèdre régulier, trois des sphères exinscrites ont leur centre à l'infini.

Les hauteurs d'un tétraèdre ne sont en général pas concourantes. Elles se coupent si des côtés opposés sont perpendiculaires. De même, si deux se coupent, alors les deux autres également, et si trois hauteurs sont concourantes, alors elles le sont toutes les quatre. Cela provient de l'élégant résultat publié par Jakob Steiner en 1827, selon lequel toute droite qui coupe trois des hauteurs d'un tétraèdre général coupe également la quatrième.

tétraèdres, découpages de

En deux dimensions, il est facile de découper un triangle en un autre triangle de même surface, par exemple en découpant chaque triangle pour former le même carré. En fait, deux polygones plans quelconques peuvent se découper mutuellement si, et seulement si, ils ont la même surface. Deux tétraèdres de même volume ne peuvent en général pas être découpés l'un dans l'autre : en trois dimensions, deux polyèdres de même volume ne peuvent généralement pas se découper mutuellement. David Hilbert conjectura que cela était impossible lorsqu'il présenta ses fameux "Vingt-trois problèmes" au Congrès International des Mathématiciens, en 1900 à Paris. (La difficulté survient dans un espace euclidien de dimension *impaire.*)

Le découpage ci-dessous d'un tétraèdre en un prisme triangulaire est l'un de ceux que M.J.M. Hill fit publier en 1896. L'arête arrière cachée du prisme est perpendiculaire à l'arête horizontale droite et à l'arête verticale gauche. Toutes ces arêtes ont la même longueur. La première découpe est horizontale, au tiers de la hauteur ; la deuxième est verticale, à mi-chemin de l'arête gauche et de l'arête créée par la première découpe.

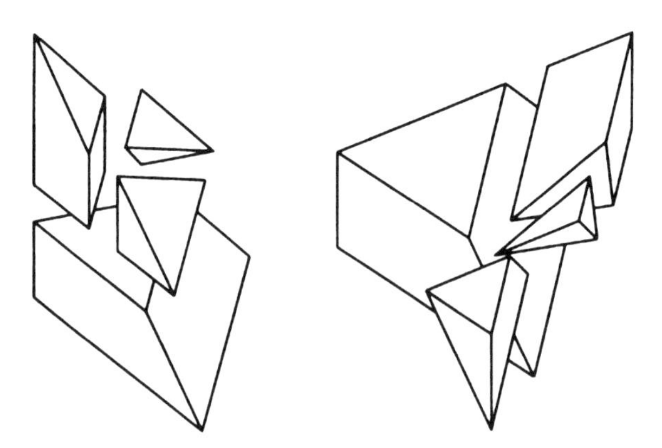

Une fois formé le prisme de la deuxième figure, on peut le découper à son tour en un parallélépipède, puis en un cube.

Thébault, théorème de

En 1937, Victor Thébault, célèbre connaisseur en géométrie élémentaire (et pas si élémentaire que cela), publia un résultat selon lequel, si l'on construit des carrés sur les côtés d'un parallélogramme quelconque, leurs centres forment un autre carré.

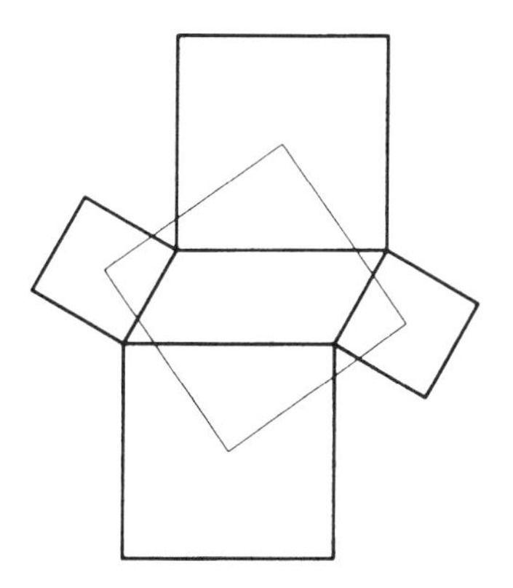

Thurston, papier hyperbolique de

Le modèle suivant a été suggéré par William Thurston comme support pour visualiser certaines des différences qui existent entre l'espace ordinaire et l'espace de la géométrie hyperbolique.
Fabriquer une surface à partir de triangles équilatéraux, mais assembler sept triangles autour de chaque point. La surface sera molle, et le deviendra de plus en plus lorsqu'on l'étendra en rajoutant à chaque fois sept triangles autour d'un sommet.

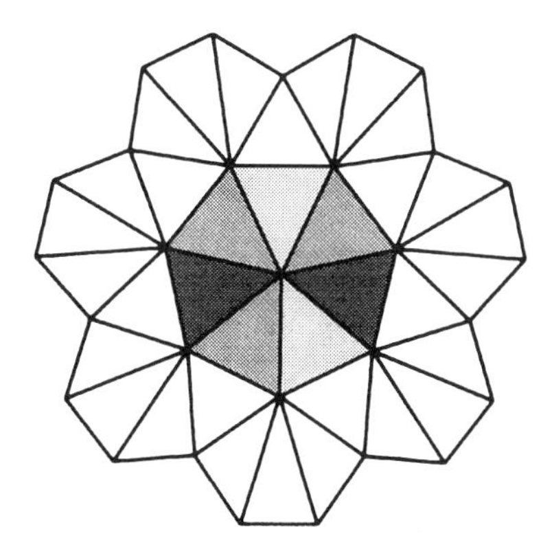

Il y a "plus" d'espace hyperbolique autour d'un point que d'espace euclidien, et si l'on tente d'aplatir ce modèle d'espace hyperbolique, il se comprimera ou formera des plis. C'est exactement le contraire de la surface d'une sphère, qui s'étire et se déchire lorsqu'on essaie de l'aplatir et se referme sur elle-même à mesure qu'on s'éloigne du point de départ.

C'est aussi ce que montre la figure ci-dessous, avec trois axes perpendiculaires et trois plans perpendiculaires entre eux passant par ces droites. Ces "plans" ne sont pas complètement plats près de l'origine, et ils se froissent et se plient lorsqu'on s'en écarte.

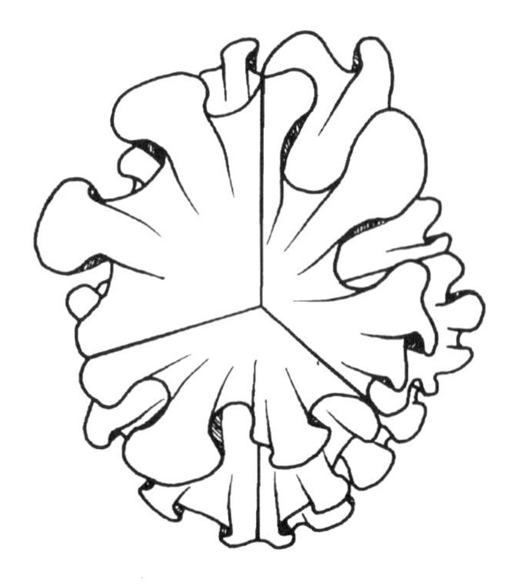

tissés, polyèdres

Est-il possible d'entourer la surface d'un polyèdre de façon uniforme et symétrique avec des bandes cylindriques ? Oui, comme le démontra Jean Pedersen. Ses modèles sont similaires à certains types de nœuds, ainsi qu'aux boules décoratives appelées Temari que l'on trouve au Japon. La figure montre six brins couvrant la surface d'un dodécaèdre.

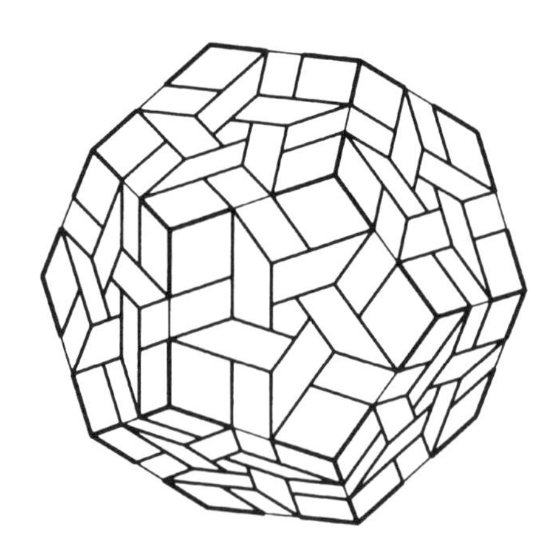

tractrice

Placer une vieille montre à gousset sur la table, de sorte que sa chaînette atteigne juste le bord de la table. Déplacer la chaînette le long de la table ; la trajectoire suivie par la montre sera une tractrice, ou plutôt la moitié d'une tractrice. Le bord de la table est l'asymptote de la courbe. Si l'on fait tourner la tractrice autour de son asymptote, la surface obtenue est la *pseudosphère.*

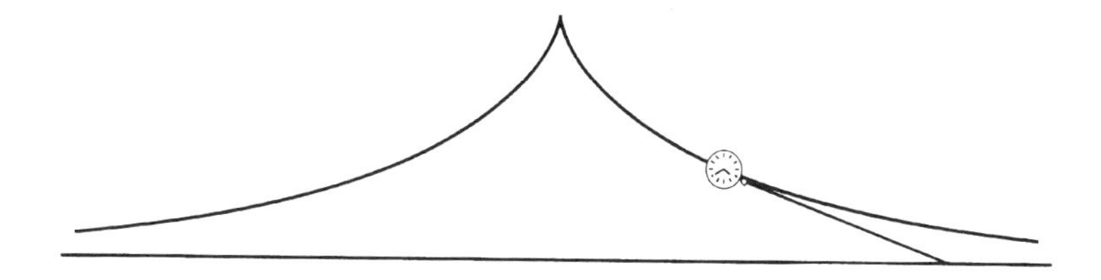

La tractrice est une développante de caténaire. Entourer un fil autour d'une moitié de caténaire, en terminant à son sommet, puis dérouler le fil en le gardant tendu. La trajectoire de l'extrémité du fil sera la tractrice. Bien que de longueur infinie, la surface comprise entre la courbe et l'asymptote a une valeur finie, $\frac{1}{2}\pi a^2$, a étant la distance du sommet à l'asymptote.
Considérons une famille infinie de cercles identiques dont les centres sont tous sur la même droite. La courbe qui coupe tous les cercles à angle droit (outre le cas évident de la droite des centres) est une tractrice.

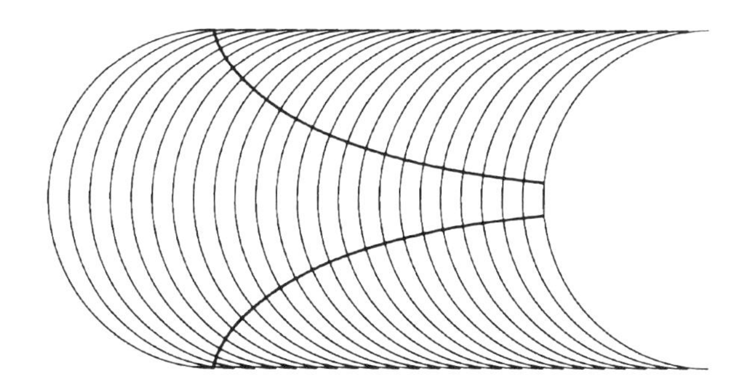

trèfle, nœud de

C'est le plus simple de tous les nœuds propres, avec seulement trois croisements. Il existe dans deux variétés différentes, à gauche et à droite. Chaque forme peut se transformer en l'autre par rotation en dimension quatre, comme Möbius le découvrit dès 1827.

La deuxième figure montre la symétrie d'ordre trois du nœud. Il est équivalent au bord d'une bande de papier continue, représentée à droite.

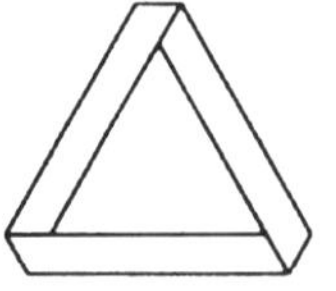

Deux nœuds de trèfle de même orientation (droite ou gauche) forment un nœud de vache, et deux nœuds d'orientation opposées (images miroir l'un de l'autre) forment un nœud plat.

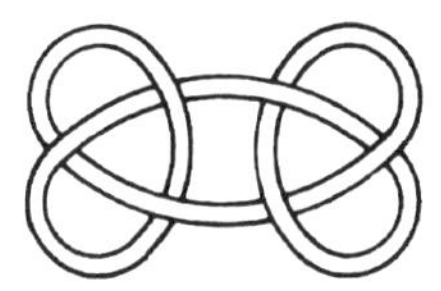

Voici le trèfle le plus court, et le plus court de tous les nœuds en général, qui peut être "noué" avec une suite de cubes assemblés face contre face :

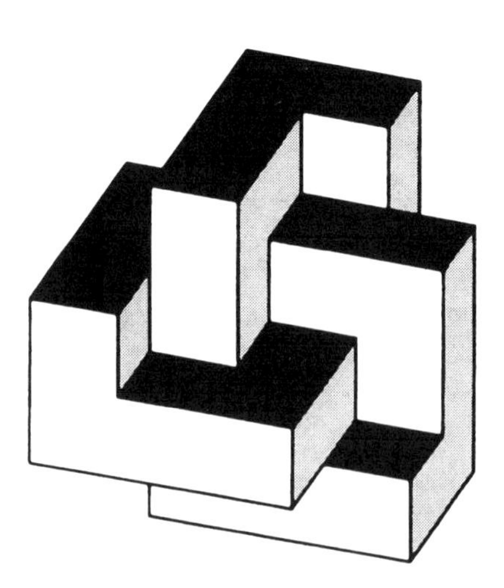

tresses

La tresse la plus connue est la tresse répétitive utilisée pour attacher de longs cheveux. Elle existe sous deux formes, à gauche et à droite.

Si on l'arrête en un point et qu'on attache les extrémités, on obtient trois anneaux joints ou un nœud simple.

tressés, polyèdres

A.R. Pargeter, s'inspirant des *Modèles de cristaux tressés* de John Gorham (1888), élabora des méthodes destinées à tresser de nombreux autres polyèdres, y compris les platoniciens. Le terme de "tressage" se réfère ici directement aux tresses alternées nouant les cheveux.

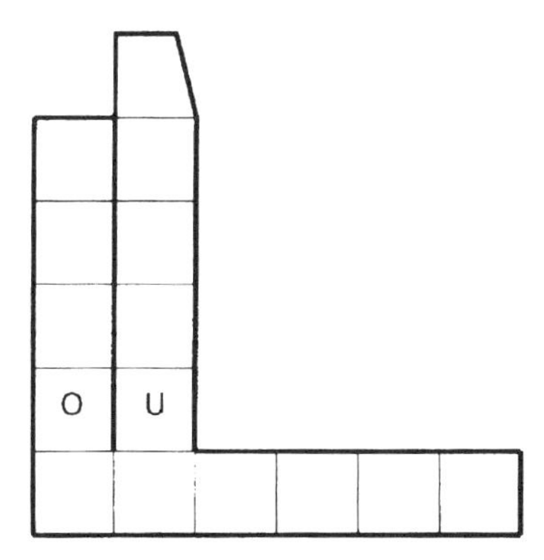

Les lignes épaisses indiquent les découpes à pratiquer. Le premier motif se "tresse" pour former un cube, la surface supérieure de celui-ci étant toujours tournée vers le haut et la première opération consistant à placer le cube O sur le cube U. Le dernier carré est légèrement biseauté pour pouvoir être enfilé dans l'assemblage et le consolider.

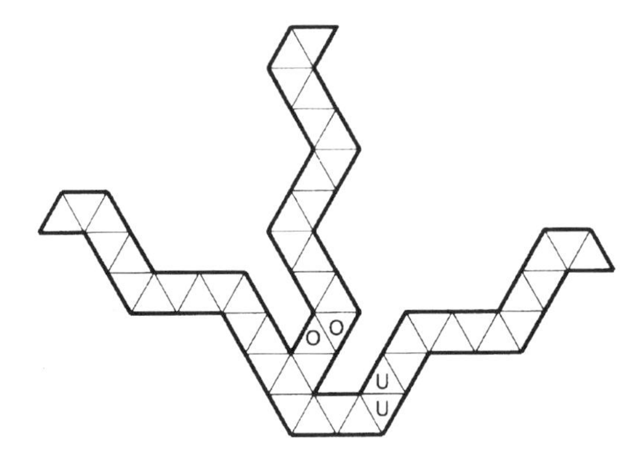

Selon les mêmes principes, la deuxième figure permet de construire un icosaèdre. On a ici deux extrémités à enfiler, constituée chacune de deux triangles.

triangles équilatéraux, pavages de

L'un des pavages réguliers est composé de triangles équilatéraux identiques. Comme les triangles de ce pavage forment des bandes, il existe en fait une infinité de pavages du plan composés des mêmes triangles, mais d'une nature moins régulière.

Si les triangles peuvent être de tailles différentes, il existe de nombreuses autres possibilités. La figure suivante montre trois tailles différentes de triangles équilatéraux assemblés en pavage.

triangulaires, pavages

Tout triangle isolé pavera le plan, en l'assemblant par paires pour former un parallélogramme :

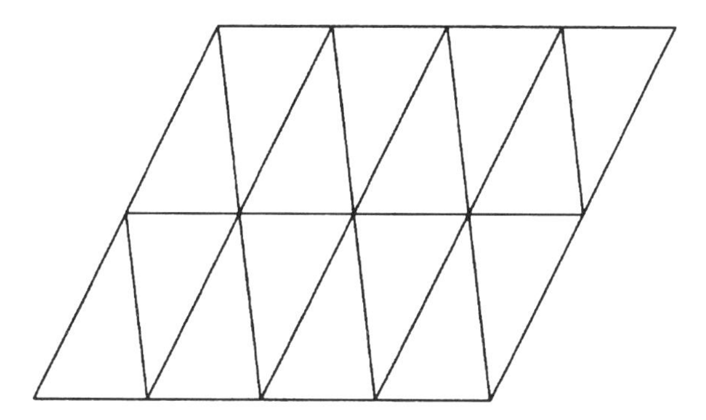

Mais il existe de nombreuses autres possibilités, basées sur la grande variété de tous les triangles, et qui ont encore été à peine étudiées.
Voici un pavage formé de deux triangles différents apparaissant chacun dans trois tailles différentes :

trisection à l'équerre

L'un des trois grands problèmes grecs classiques, qui ne pouvait pas être résolu seulement à l'aide du compas et de la règle, était la trisection d'un angle quelconque. On peut y parvenir à l'aide d'une équerre :

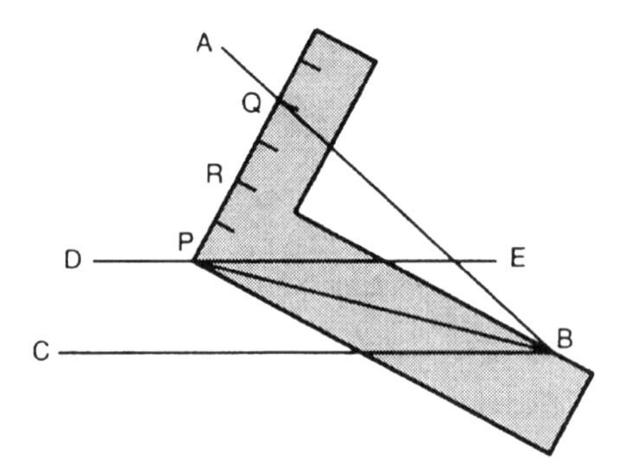

∠ABC est l'angle à trisecter. Utiliser d'abord la partie large de l'équerre pour tracer DE parallèle à BC. Puis poser l'équerre pour qu'un bord passe par B et que l'angle extérieur se trouve sur DE, et pour que la longueur PQ soit double de la largeur de la partie large de l'équerre. Repérer le milieu R de PQ. BP et BR sont alors les trisectrices de ∠ABC.

trois carrés en un

Le premier traité sur les découpages fut écrit par Muhammed Abu'l-Wefa. La figure suivante montre le découpage qu'il proposa pour former un seul carré à partir de trois.
Le même principe fonctionne également si les demi-carrés situés à l'extérieur sont de tailles différentes. Ils peuvent également être imaginés comme les quartiers d'un plus grand carré, auquel cas le découpage original part de deux carrés, dont l'un est d'une surface double de celle de l'autre.

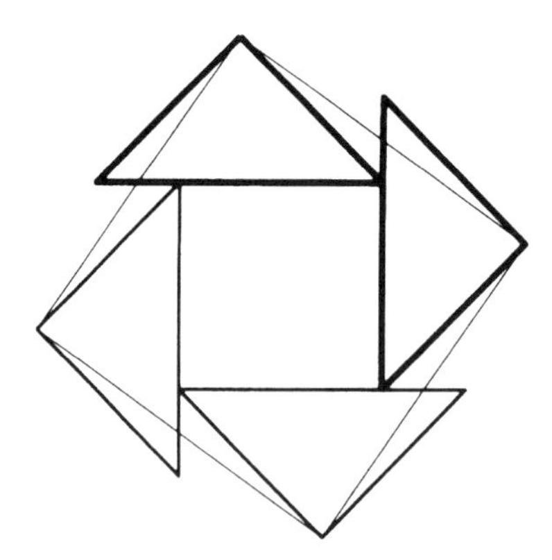

Toutes ces variantes sont liées au pavage de deux tailles de carrés. Il suffit de prendre un tel pavage et d'y repérer l'un des petits carrés et les quartiers de quatre des grands carrés qui lui sont contigus.

Voici deux variantes sur le thème d'Abu'l-Wefa. Dans la première, un hexagone a été divisé en six triangles isocèles à 120°, disposés autour d'un autre hexagone.

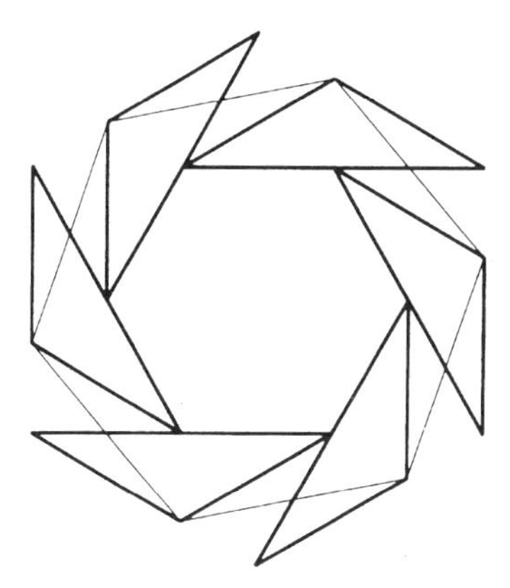

Dans la deuxième variante, ci-dessous, des triangles congruents et un triangle semblable sont découpés pour former un autre triangle semblable et plus grand.

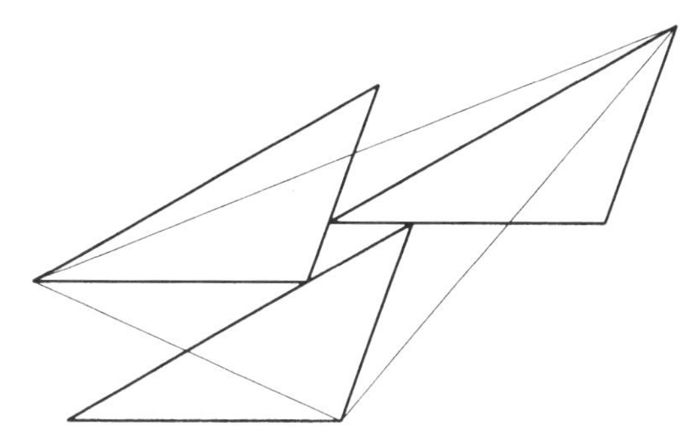

Une autre variante sur le même thème est le découpage d'une croix grecque en un carré en joignant un sommet sur trois.

U

uniformes, polyèdres

Un polyèdre est dit uniforme si toutes ses faces sont régulières (il peut s'agir de polygones réguliers étoilés) et si tous ses sommets sont identiques. Les solides platoniciens et archimédiens sont des polyèdres uniformes convexes. En voici deux autres, le petit cubicuboctaèdre (à gauche) et le petit dodécahémicosaèdre (à droite), qui ne sont pas convexes, et dont les faces se coupent entre elles.

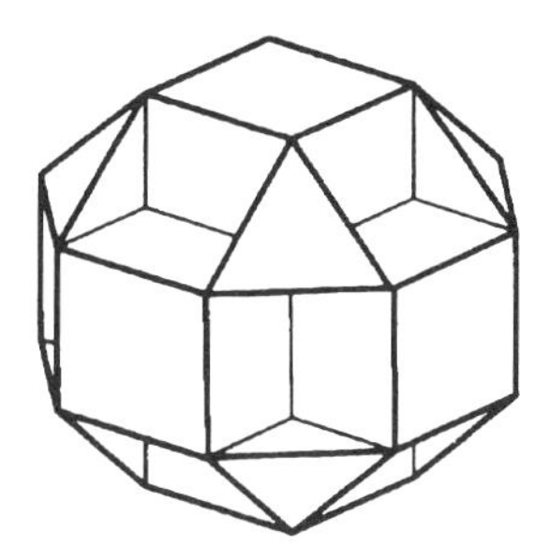

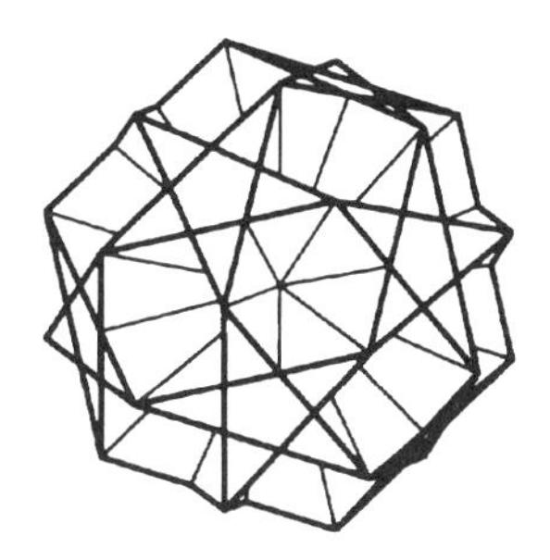

Le petit cubicuboctaèdre est un rhombicuboctaèdre à douze faces carrées supprimées et six faces octogonales régulières rajoutées. Les sommets de ce solide sont les sommets extérieurs, qui sont les sommets des triangles équilatéraux. Leurs points intérieurs, où les faces se coupent, ne comptent pas comme sommets.
Le petit dodécahémicosaèdre a douze pentagones étoilés sur les faces d'un dodécaèdre régulier, ainsi que dix hexagones réguliers, qui passent tous par le centre du solide. De nouveau, les intersections intérieures des faces ne sont pas comptées comme sommets.

Coxeter, Longuet-Higgins et Miller ont publié en 1954 une liste des polyèdres uniformes et en ont dénombré 53 en plus des polyèdres platoniciens, archimédiens et de Kepler-Poinsot, et des prismes et antiprismes. Ils pensent que leur liste est complète, mais n'en ont encore aucune preuve.

unistables, polyèdres

Existe-t-il un polyèdre qui, construit dans une matière de densité uniforme, tiendrait droit sur une seule face et roulerait ou tomberait si on le plaçait sur une autre face ? Richard Guy démontra que oui, et que le prisme ci-dessous, qui a 17 arêtes et 19 faces, est unistable.

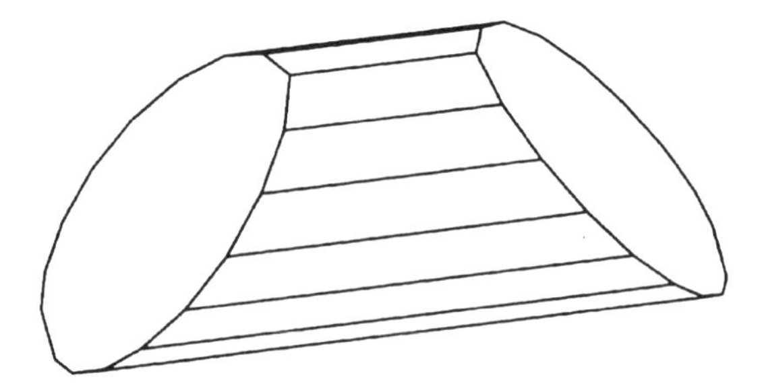

La deuxième figure présente sa section transversale, qui témoigne de la symétrie du prisme.

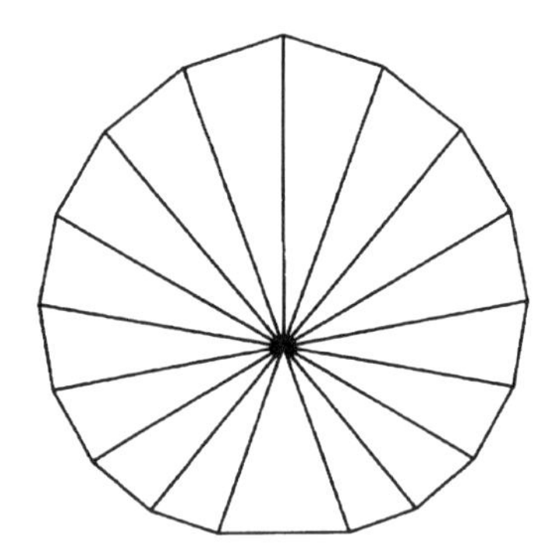

Verhulst, procédé de

Verhulst, qui fut un pionnier de l'étude des populations, décrivit en 1838 une loi selon laquelle une population ne s'accroît pas indéfiniment, contrairement aux prévisions pessimistes de Malthus, car les obstacles à sa croissance augmentent plus rapidement que la population elle-même. Les procédés de la forme $x_n + 1 = rx_n(1 - x_n)$ portent son nom.

Le comportement du procédé de Verhulst dépend dans une large mesure de la valeur choisie pour *r*. Si $r < 2$, le système se fige rapidement à une valeur stationnaire. Mais si $2 < r < 2{,}5$, la population oscille entre deux valeurs. On dit que la solution a subi une *bifurcation*.
Lorsque *r* augmente un peu au-delà de 2,5, la solution bifurque de nouveau, puis encore, pour osciller entre huit valeurs, puis seize, et ainsi de suite. Ces bifurcations se rapprochent de plus en plus, jusqu'à ce que les solutions

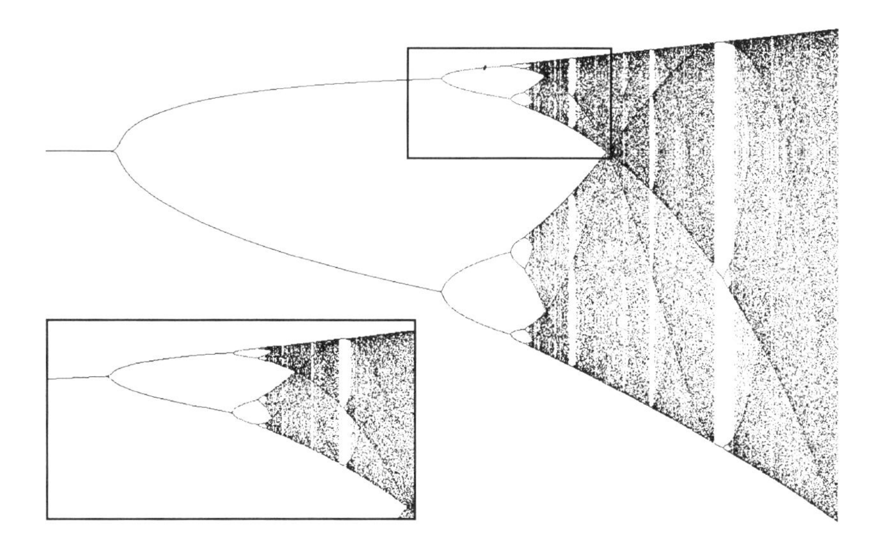

deviennent chaotiques après un nombre infini de bifurcations, lorsque r vaut approximativement 2,570.

Le point commence alors à faire des bonds, sans raison ni rythme apparents. En fait, soit le système se comporte de manière non périodique, soit il présente de très longues périodes. Cependant, cette région chaotique présente en elle-même une structure : elle comporte des bandes verticales et est traversée par des lignes issues des frontières précédentes et qui se prolongent en elle. Enfin, autour de $r = 2{,}83$, la figure de Verhulst réapparaît entièrement en miniature.

Pour qu'une infinité de bifurcations se produise dans un intervalle fini, les distances entre bifurcations successives doivent décroître très rapidement. C'est effectivement le cas, et le rapport de ces distances tend vers une limite, appelée nombre de Feigenbaum, d'après son découvreur. Elle vaut approximativement 4,669 201 660 9.

visuelle, preuve

De nombreux faits arithmétiques simples peuvent faire l'objet d'une preuve “visuelle”, par l'examen d'une figure appropriée.

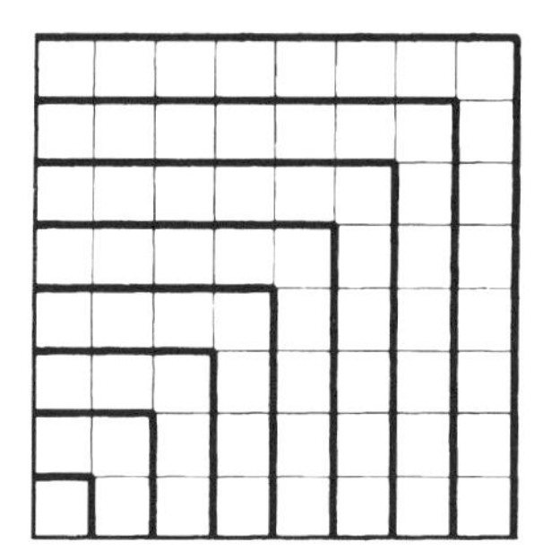

La somme des n premiers nombres impairs est égale à n^2. Tout nombre impair peut être représenté par une bande en forme de L composée de carrés unités.

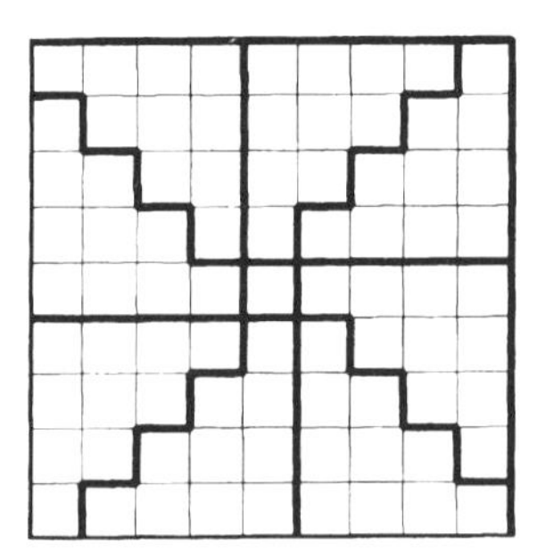

Si T_n est le n-ième nombre triangulaire (le n-ième nombre de la suite 1, 3, 6, 10, 15, 21, 28, 36...), alors $8T_n + 1 = (2n + 1)^2$. Tout nombre triangulaire est représenté par un escalier, car le n-ième nombre triangulaire est égal à $1 + 2 + 3 + 4 + ... + n$.

La figure suivante montre deux carrés de 2 × 2, trois carrés de 3 × 3, etc., qui illustrent élégamment que, dans le plan, la somme des cubes des entiers est donnée par :

$$1^3 + 2^3 + 3^3 + 4^3 + 5^3 + \ldots = (1 + 2 + 3 + 4 + 5 + \ldots)^2$$

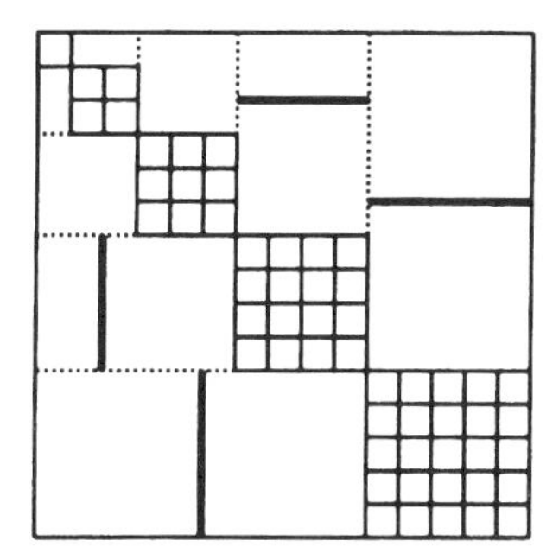

Viviani, théorème de

Dans un triangle équilatéral, la somme des perpendiculaires allant d'un point P aux côtés est égale à la hauteur du triangle :

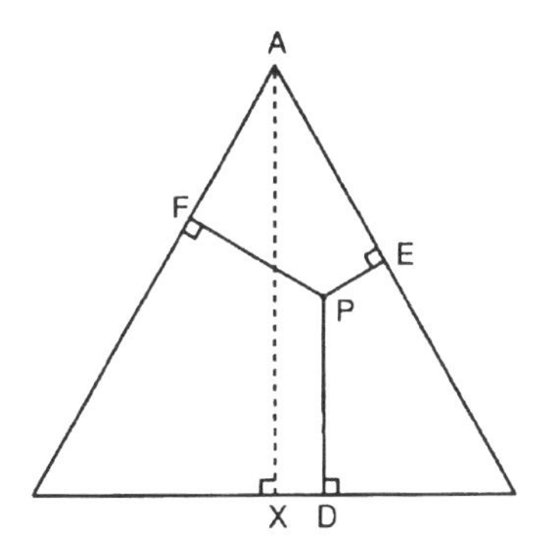

$$PD + PE + PF = AX$$

Si P se trouve en dehors du triangle, la relation reste valable, à condition qu'une ou deux des perpendiculaires (celles qui se trouvent entièrement à l'extérieur du triangle) soient mesurées en valeurs négatives.

Voderberg, pavage de

C'est en 1936 que Voderberg publia une description de ce remarquable pavé. Deux éléments entourent complètement non seulement un autre pavé, mais en fait deux. Sur la deuxième figure, les quatre pavés forment un décagone dont les côtés opposés sont égaux et parallèles.

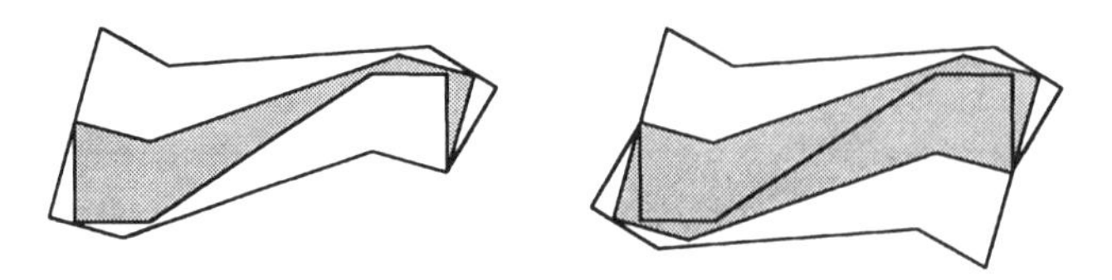

De tels sous-ensembles s'assemblent pour former une bande horizontale infinie, et des bandes identiques permettront ensuite de couvrir le plan entier. Mais ce pavé est également à la base du pavage en spirale à deux "centres" :

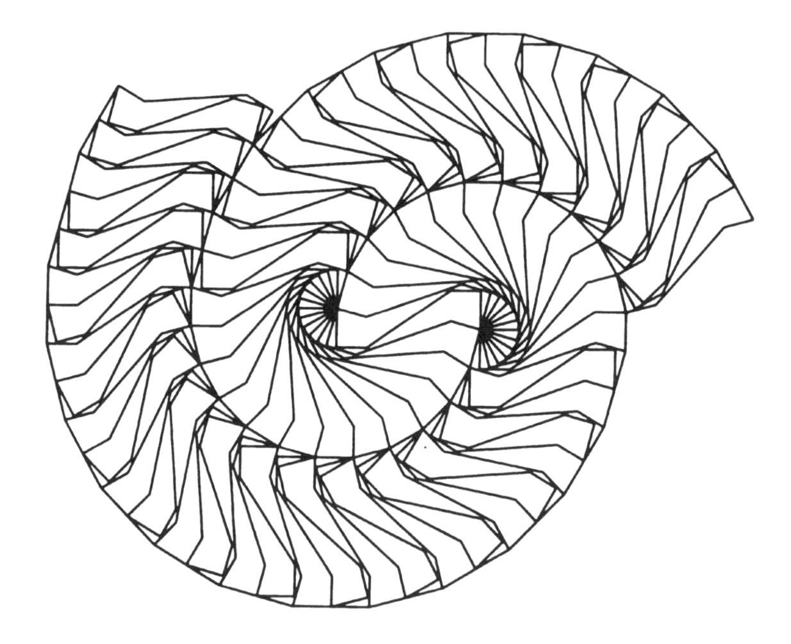

La figure suivante montre comment construire une branche de la spirale. La première partie est constituée de 12 pavés agencés en demi-cercle autour du "centre" de droite. La deuxième partie se compose de 3 × 12 = 36 pavés, disposés en groupes de trois, 24 étant "tournés" vers l'extérieur et 12 vers l'intérieur. La troisième partie, si on la représentait entièrement, comporterait

5 × 12 = 60 pavés par groupes de cinq, 36 tournés vers l'extérieur et 24 vers l'intérieur. Le motif se poursuit de la sorte, chaque branche occupant un demi-cercle et étant formée de 12 groupes de 5, 7, 9... pavés.

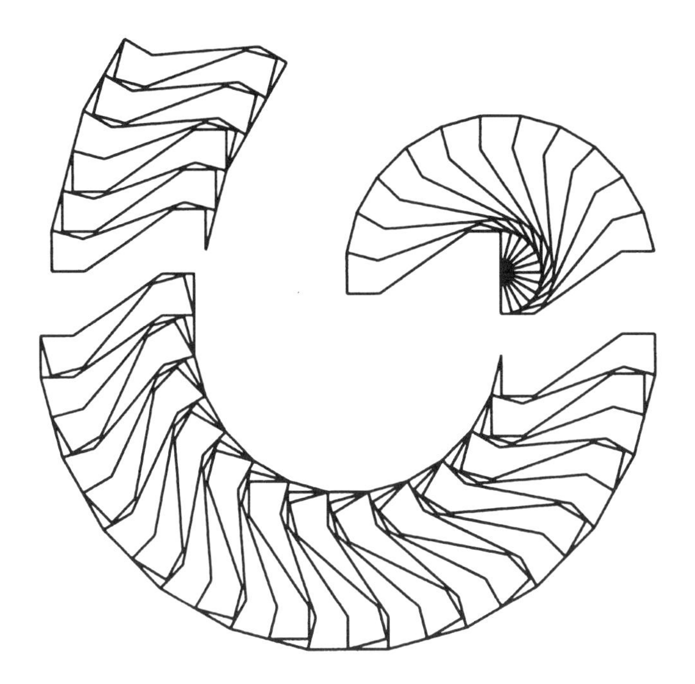

Depuis que Voderberg a ouvert la voie, de nombreux pavés présentant des propriétés similaires ont été inventés. Par exemple, Branko Grünbaum et G.C. Shephard ont découvert le pavé suivant, qu'ils ont appelé *versatile*, et qui peut servir à construire des spirales à 1, 2, 3 et 6 centres, ainsi que bien d'autres pavages.

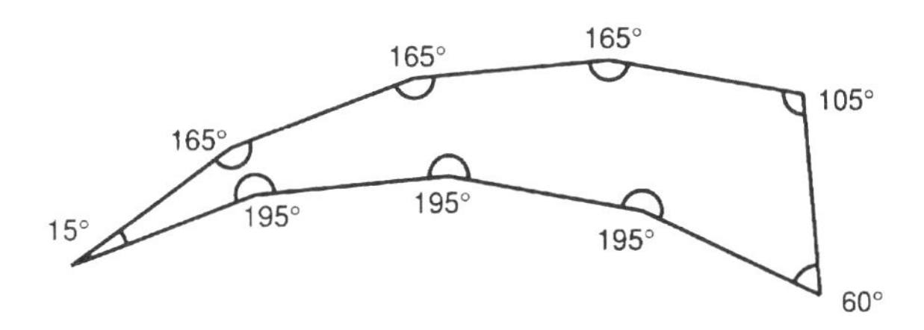

Les figures suivantes illustrent un mode de construction de pavages en spirale à partir de la première figure du groupe, qui présente une symétrie de rotation d'ordre 10. Ce pavage peut être étendu vers l'extérieur à l'infini.

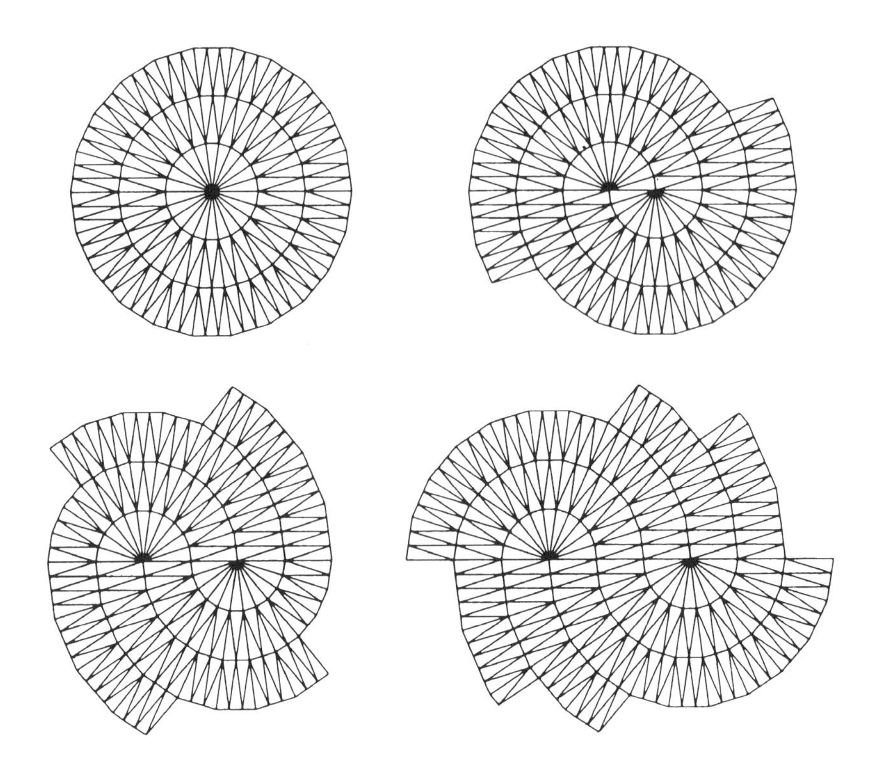

Faire glisser le pavage de moitié le long d'un des diamètres, jusqu'à obtenir la deuxième figure, avec une branche de spirale. Continuer à faire glisser les deux moitiés du pavage de départ le long du diamètre, de la même distance à nouveau, pour créer la troisième figure, avec deux spirales distinctes. Le même mouvement conduit ensuite à la dernière figure, qui comporte trois branches distinctes, et le procédé peut se poursuivre ainsi à l'infini.

Z

zonaèdres

Les zonaèdres furent d'abord étudiés par E.S. Fedorov dans le cadre de travaux de cristallographie. Toutes les arêtes d'un zonaèdre sont de même longueur, et toutes les faces sont des losanges ; les arêtes sont orientées dans seulement n directions données. Le zonaèdre possède nécessairement $n(n - 1)$ faces. (Si les faces ne sont pas des losanges mais sont encore équilatérales et ont des arêtes opposées parallèles, alors la figure obtenue est un paralléloèdre.)

Le zonaèdre le plus simple est le prisme rhombique, ou rhomboèdre, dont les arêtes suivent seulement trois directions. Le cube en est un cas particulier. Le dodécaèdre rhombique général a des arêtes dans seulement quatre directions, et possède donc $4 \times 3 = 12$ faces. Si les arêtes suivent les directions des quatre diagonales d'un cube, il s'agit d'un dodécaèdre rhombique régulier.
Les six diamètres d'un icosaèdre régulier conduisent au tricontaèdre rhombique, qui a trente faces et est le dual de l'icosidodécaèdre. Par élimination d'une zone complète des losanges de cette figure (c'est-à-dire en éliminant tous les losanges contenant des arêtes dans une direction donnée), on obtient l'icosaèdre rhombique à vingt faces qui, par élimination d'une zone, donne un dodécaèdre rhombique (qui n'est pas le dodécaèdre rhombique dual du cuboctaèdre).

Tout zonaèdre peut être découpé en parallélépipèdes, qui peuvent à leur tour être découpés en cubes. Ainsi, deux zonaèdres quelconques peuvent conduire l'un à l'autre par découpage, à condition qu'ils aient le même volume.

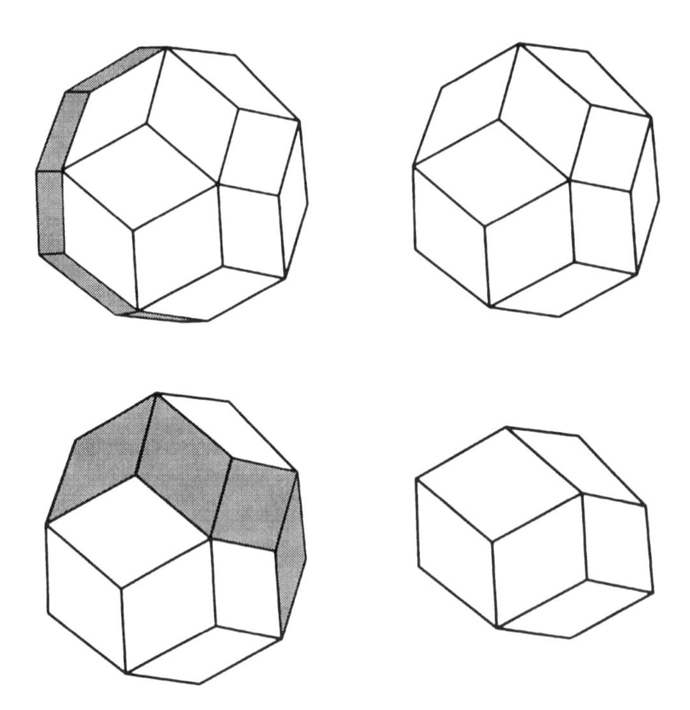

zonagones

Si un polygone possède un nombre pair de faces, si toutes ses faces sont de même longueur et ses faces opposées sont parallèles, il porte le nom de zonagone. Il peut être découpé en losanges. Un carré, qui est déjà un losange, est le seul polygone de ce type n'admettant pas plus d'un découpage. Un zonagone hexagonal peut être découpé de deux manières en losanges, un zonagone octogonal de huit manières, etc.

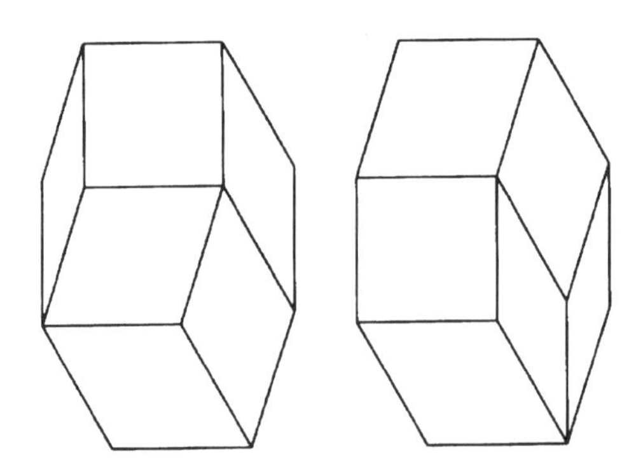

Les polygones réguliers à faces paires sont des zonagones, et les polygones à faces impaires peuvent être transformés en zonagones et découpés en losanges si l'on prend les milieux des faces comme sommets supplémentaires, doublant ainsi le nombre de faces.
Ces divisions en losanges sont utiles pour résoudre des problèmes de découpage, comme l'illustre le *découpage du dodécagone.*

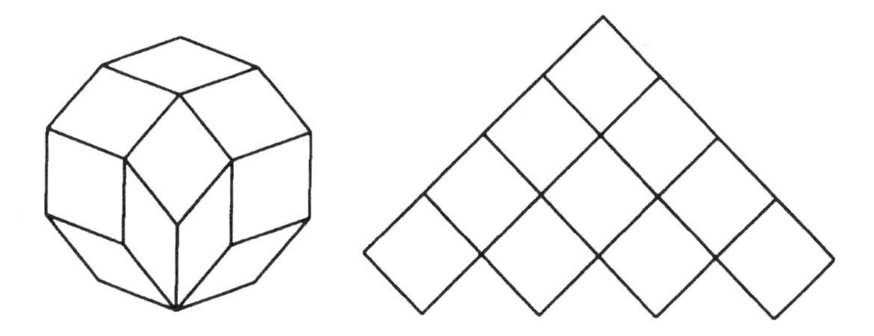

Comme les éléments ont des arêtes égales, ces polygones peuvent être articulés et même transformés en pavages de carrés. Il suffit pour cela de rompre d'abord le sommet du bas de la figure de gauche, où se rencontrent quatre losanges.

Index

D

E

F

G

H

I

J

K

L

M

N

Q

R

S

T

V

W

Z

Achevé d'imprimer
sur les presses de l'imprimerie IBP
à Fleury Essonne 91 (1) 69.43.16.16
Dépôt légal : Décembre 1995
N° d'éditeur : 5804
N° d'impression : 6348